Nordwin Beck

Reliefentwicklung im nördlichen Rheinhessen unter besonderer Berücksichtigung der periglazialen Glacis- und Pedimentbildung

FORSCHUNGEN ZUR DEUTSCHEN LANDESKUNDE

Herausgegeben von den Mitgliedern des Zentralausschusses
für deutsche Landeskunde e. V. durch Gerold Richter

FORSCHUNGEN ZUR DEUTSCHEN LANDESKUNDE
Band 237

Nordwin Beck

Reliefentwicklung im nördlichen Rheinhessen unter besonderer Berücksichtigung der periglazialen Glacis- und Pedimentbildung

1994

Zentralausschuß für deutsche Landeskunde, Selbstverlag,

54286 Trier

Zuschriften, die die Forschungen zur deutschen Landeskunde betreffen, sind zu richten an:

Prof. Dr. G. Richter, Zentralausschuß für deutsche Landeskunde, Universität Trier, 54286 Trier

Schriftleitung: Dr. Reinhard-G. Schmidt

Als Habilitationsschrift auf Empfehlung des
Naturwissenschaftlichen Fachbereiches der Universität
Koblenz-Landau
gedruckt mit Unterstützung der Deutschen Forschungsgemeinschaft

ISBN: 3-88143-048-2

Alle Rechte vorbehalten

EDV- Bearbeitung von Text, Graphik und Druckvorstufe: Erwin Lutz, Kartographisches Labor, FB IV, Universität Trier

Druck: Paulinus-Druckerei GmbH, 54290 Trier

Vorwort

Die vorliegende Habilitationsschrift beschäftigt sich mit dem Heimatraum des Autors und erwuchs aus seiner eingehenden Kenntnis des Raumes, die sich aus vielen Einzelbeobachtungen und wissenschaftlichen Untersuchungen zusammensetzt.

Die Arbeit behandelt die Reliefentwicklung in Rheinhessen vom Tertiär bis zur Gegenwart. An ausgewählten Aufschlüssen und Bohrprofilen konnte der Aufbau der quartären Deckschichten beschrieben und geochemisch analysiert werden. Durch das wiederholte Auftreten interglazialer Verwitterungsböden in den Decksedimenten konnten die im Periglazialraum der Kaltzeiten durch Abspülung gebildeten Bergfußflächen (Glacis, Pediment) zeitlich eingestuft und verschiedenen Kaltzeiten zugeordnet werden. Relikte tertiärer Paläoböden, kaltzeitliche Solifluktions- und Spülschuttdecken sowie fluviatile Terrassen und rezente Rutschungen und die Bodenerosion und -umlagerung kennzeichnen die Vielfalt der Formbildungen im nördlichen Rheinhessen.

Zu besonderem Dank bin ich Prof. Dr. H. Fischer und Prof. Dr. Dr. Semmel verpflichtet, die mir bei Geländebegehungen zahlreiche Hinweise und Anregungen gegeben haben. Prof. Dr. Seuffert, Prof. Dr. Stöhr und Prof. Dr. Plass möchte ich danken für das Interesse an der Arbeit, das sie in Fachgesprächen bekundet haben.

Weiterhin habe ich Prof. Dr. Zenker und Dr. Burbach zu danken für die Mitwirkung bei der Erstellung von bodenchemischen Analysen.

Mein Dank gilt ebenso Prof. Dr. Geyh für die Anfertigung von Altersbestimmungen und Prof. Dr. Berg, Dr. Igel sowie Herrn Geissert für die Bestimmung von Fossilien und Mollusken. Dr. Wechsler und Dr. Hoffmann danke ich für die Einsichtnahmen in die geologischen Bohrunterlagen und Gutachten im Bereich der Autobahnstrecke in Rheinhessen.

In zwei großzügig geförderten Bohrprojekten unterstützte die DFG das wissenschaftliche Vorhaben, wofür ich mich an dieser Stelle bedanken möchte.

Prof. Dr. G. Richter danke ich sehr für die Aufnahme der Arbeit in die Reihe der Forschungen zur deutschen Landeskunde.

Bei den Geländearbeiten, Bohrungen und Probennahmen haben mich tatkräftig und in dankenswerter Weise Dietmar Fuest und Gerald Schock unterstützt.

Meiner Frau, Ursula Beck, danke ich herzlich für die vielfältige Unterstützung, das Tippen und Korrekturlesen der Arbeit.

Herrn Erwin Lutz danke ich für die EDV-Umsetzung von Text und Graphik und die Erstellung von Layout und Druckvorlagen dieser Arbeit.

Koblenz, am Jahreswechsel 1993/94
Nordwin Beck

INHALTSVERZEICHNIS

	Vorwort	5
	Verzeichnis der Abbildungen	8
1.	Einleitung	13
1.1	Problemstellung	13
1.2	Lage des Untersuchungsgebietes	14
1.3	Geologisch-tektonische Gegebenheiten	16
1.4	Grundwasser und Hangwasser in den tertiären und pleistozänen Sedimenten	22
1.5	Petrographische Merkmale der tertiären und devonischen Gesteine - Verwitterung und Formbildung unter warm- und kaltzeitlichen Bedingungen	24
2.	Tertiäre Altflächen und ihre Decksedimente	30
2.1	Altflächenreste im nördlichen Rheinhessen	30
2.2	Bohrprofile zur Stratigraphie der Decksedimente im Bereich der Plateaus	37
2.2.1	Das Nordostrheinhessische Plateau	37
2.2.2	Das Wörrstädter Plateau	46
3.	Pleistozäne Formbildungen und Prozesse	50
3.1	Der Periglazialraum	50
3.2	Frostdynamik und Formbildung im Dauerfrostboden	51
3.3	Frostdynamik und Formbildung in der Auftauschicht	52
3.3.1	Kryoturbationen	53
3.3.2	Gelisolifluktion	55
3.3.3	Rutsch- und Gleitvorgänge in der Auftauschicht	56
3.3.4	Nivation	57
3.3.5	Periglaziale Abspülung	58
3.4	Pleistozäne Formung der Schichtstufe	60
3.4.1	Hangkerben, -buchten und Sporne	60
3.4.2	Hangdellen	61
3.4.3	Verhülltes Hangrelief	62
3.4.3.1	Verschüttete Dellen	62
3.4.3.2	Verheilte Abrißnischen	63
3.4.3.3	Verfüllte Hangrinnen	64
3.4.4	Gelisolifluktionsdecken	66
3.4.5	Zeitliche Einstufung der Sedimentdecken	68
3.4.6	Kaltzeitliche Hangabtragung: Prozesse und Formbildungen	70
3.5	Glacis am Rande des Westrheinhessischen Plateaus	72
3.5.1	Glacis im Raum Sprendlingen	72
3.5.1.1	Aufschlußbeschreibung	74
3.5.1.2	Stratigraphische und zeitliche Gliederung des Lößprofils	76
3.5.2	Reliefgenerationen der Gau-Weinheim Vendersheimer Ausraumbucht	78
3.5.3	Verbreitung der Glacis im Nahetal	81
3.5.3.1	Der obere Teil des Glaciskomplexes	81

3.5.3.2	Decksedimente und Morphodynamik	83
3.5.3.3	Der untere Teil des Glaciskomplexes	83
3.5.3.4	Stratigraphische und zeitliche Gliederung	84
3.5.3.5	Die älteren Glacisgenerationen	85
3.5.3.6	Entwicklung der Glacisgenerationen	87
3.5.3.7	Dellenpässe	88
3.5.3.8	Periglaziale Morphodynamik am Hang und auf der Fußfläche	88
3.5.4	Glacisgenerationen östlich des Wörrstädter Plateaus	89
3.5.5	Die Partenheimer Ausraumbucht	95
3.5.6	Formungsbedingungen und -prozesse auf dem Plateau, am Steilhang und auf dem Glacis	102
3.5.7	Pediment- und Glacisbildung während der kaltzeitlichen Klimaphasen	106
3.5.8	Zeitliche und räumliche Abgrenzung der quartären Flächenbildung	107
3.6	Asymmetrische Mesoformen	109
3.6.1	Die asymmetrische Lage der Glacis in den Ausraumzonen	109
3.6.2	Reliefentwicklung im Welzbachtal	110
3.6.3	Talasymmetrie im unteren Nahe- und Wiesbachtal	115
3.7	Flußterrassen im nördlichen Rheinhessen	116
3.7.1	Die Formbildungen der kaltzeitlichen Flußablagerungen	116
3.7.2	Plio-pleistozäne und pleistozäne Flußablagerungen	117
3.8	Lößdecken und Lößderivate im nördlichen Rheinhessen	118
3.9	Dünen und Flugsanddecken	120
4.	Holozäne Formbildungen und Prozesse	124
4.1	Rutschungen	124
4.1.1	Beschaffenheit, Verlauf und Lage der Gleitflächen	128
4.1.2	Klimatische Faktoren und Rutschungen	130
4.1.3	Rutschungen durch anthropogene Eingriffe	131
4.1.4	Kriterien zur Ermittlung der Hangstabilität und Hanglabilität	134
4.1.5	Sicherheitsvorkehrungen und Sanierung an Hängen mit labiler Stabilität	134
4.1.6	Rutschungen in oligozänen Sedimenten im nördlichen Rheinhessen	136
4.1.6.1	Rutschungen am Pfadberg	136
4.1.6.2	Rutschungen am Petersberg	137
4.1.6.3	Rutschungen am Wißberg	139
4.1.6.4	Rutschungen am Bosenberg	140
4.1.6.5	Rutschungen bei Spiesheim	140
4.1.6.6	Rutschungen am Kuppelberg	141
4.1.6.7	Rutschungen am Jakobsberg	142
4.1.6.8	Rutschungen bei Ensheim	142
4.2	Böden im nördlichen Rheinhessen	143
4.3	Bodenerosion und Hangkolluvien	148
4.4	Auesedimente	151
4.5	Carbonatgehalte in Böden und Sedimenten	153
5.	Naturräumliche Einheiten	154
6.	Zusammenfassung	157
7.	Verzeichnis der Labormethoden	160
8.	Literatur	161

VERZEICHNIS DER ABBILDUNGEN

Abb. 1:	Die Lage des Mainzer Beckens	14
Abb. 2:	Geomorphologische Großgliederung des nördlichen Rheinhessen	15
Abb. 3:	Die Abfolge der tertiären Schichtglieder im Mainzer Becken	17
Abb. 4:	Geologische Übersichtskarte von Rheinhessen	18
Abb. 5:	Morphologisch-tektonische Übersichtskarte von Rheinhessen	19
Abb. 6:	Höhlenbildung und karstkorrosive Schichtflächenerweiterung im südexponierten Hang des Pfauengrundes	26
Abb. 7:	Trockenrisse in den tonigen Mergeln der oligozänen Süßwasserschichten	26
Abb. 8:	Gelisolifluktionsschutt in einer Lößmatrix am Nordhang des Pfauengrundes	28
Abb. 9:	Periglaziale Frostverwitterung im anstehenden devonischen Taunusquarzit des Rochusberges	29
Abb. 10:	Verfüllte Hangrinne im anstehenden Taunusquarzit des Rochusberges	29
Abb. 11:	Dinotheriensande auf dem Kisselberg bei Sprendlingen	32
Abb. 12:	Lateritischer Boden auf den Dinotheriensanden am Steinberg bei Sprendlingen	32
Abb. 13:	Terra fusca auf miozänen Hydrobienschichten am Kisselberg bei Sprendlingen	35
Abb. 14:	Dinotheriensande und Arvernensis-Schotter im Mainzer Becken	35
Abb. 15:	Im Ober-Olmer Wald ist in Arvernensis-Schottern ein Latosol unter umgelagerten Kiesen und jüngerem Löß ausgebildet	36
Abb. 16:	Lageplan der Bohrungen 700-735	38
Abb. 17 I:	Lage der Bohrungen in dem Geländeprofil I	38
Abb. 17 II:	Lage der Bohrungen in dem Geländeprofil II	39
Abb. 17 III:	Lage der Bohrungen in dem Geländeprofil III	39
Abb. 17 IV:	Lage der Bohrungen in dem Geländeprofil IV	39
Abb. 17 V:	Lage der Bohrungen in dem Geländeprofil V	39
Abb. 18:	Legende zu den Bohrprofilen	40
Abb. 19:	Bohrprofil 730	40
Abb. 20:	Bohrprofil 725	41
Abb. 21:	Bohrprofil 724	42
Abb. 22:	Bohrprofil 718	42
Abb. 23:	Bohrprofil 735	42
Abb. 24:	Bohrprofil 701	43
Abb. 25:	Bohrprofil 728	44
Abb. 26:	Bohrprofil 728 a	44
Abb. 27:	Bohrprofil 722	45
Abb. 28:	Bohrprofil 723	45
Abb. 29:	Bohrprofil 734	45
Abb. 30:	Lage der Sondierbohrungen auf dem Wörrstädter Plateau	46
Abb. 31:	Bohrprofil S 8	46
Abb. 32:	Bohrprofil S 9	47
Abb. 33:	Bohrprofil S 9 a	47
Abb. 34:	Bohrprofil S 10	47

Abb. 35:	Bohrprofil S 11 a	47
Abb. 36:	Bohrprofil S 4	48
Abb. 37:	Bohrprofil S 5	49
Abb. 38:	Zwei Formen der Kryoturbation	54
Abb. 39:	Feinmaterialaufpressung in den oligozänen Schichten des Schleichsandes westlich des Goldberges im Nahetal	55
Abb. 40:	Der Sedimentkörper der Glacis östlich Sponsheim	59
Abb. 41:	Solifluidal umgelagerte Kalkschuttdecke nordwestlich von Wörrstadt	62
Abb. 42:	Von Rutschmassen überfahrener Gehängelehm am südexponierten Hang bei Spiesheim	63
Abb. 43:	Von Rutschmassen überfahrener Gehängelehm wurde durch Schollenrotation bergwärts abgesenkt	64
Abb. 44:	Verfüllte Hangrinne in einer Solifluktionsdecke	65
Abb 45:	Kies- und Steinbänder in umgelagerten schluffigen Mergeln	65
Abb. 46:	Ein staffelartiger Hangbruch am Südfuß des Galgenberges hat die Gelisolifluktionsdecken über oligozänem Cyrenenmergel aufgeschlossen	66
Abb. 47:	Gelisolifluktionsdecke aus Kalkschutt über oligozänem Cyrenenmergel, bedeckt von einem skelettreichen Rendzinakolluvium	67
Abb. 48:	Gelisolifluktionsdecke westlich Biebelnheim mit einer geringen Anzahl kalkig-mergeliger Festkomponenten auf einer Rupeltonbasis	67
Abb. 49:	Sanft abfallende zerschnittene Glacis bei Sprendlingen	72
Abb. 50:	Die Flanke eines durch Dellen aufgelösten Glacis	73
Abb. 51:	Längsprofil des östlichen NNE-SSW-ziehenden Glacis bei Sprendlingen	74
Abb. 52:	Indexgruppen der Zurundung (nach Cailleux), Auf dem Ebental/ Sprendlingen	75
Abb. 53:	Indexgruppen der Zurundung (nach Cailleux), Ziegeleigrube Dr. Schnell/Sprendlingen	76
Abb. 54:	Aufschlußprofil St. Johanner Straße, Sprendlingen	77
Abb. 55:	Geomorphologische Karte Wörrstadt 1: 25.000	78
Abb. 56:	Längsprofil eines NW-SE verlaufenden Glacis in der Gau-Weinheim-Vendersheimer Ausraumbucht	79
Abb. 57:	Das WNW einfallende Kalksteinpediment ist auf die altpleistozäne Wiesbachterrasse eingestellt	80
Abb. 58:	Längsprofil durch den Glaciskomplex bei Dromersheim	82
Abb. 59:	Aufschluß Neubaugebiet nordwestlich von Dromersheim	82
Abb. 60:	Aufschluß in der Langgewann westlich Dromersheim	84
Abb. 61:	Geomorphologische Karte von Dromersheim	85
Abb. 62:	Lageplan der Bohrungen 500-538 und der Bohrungen S 4 bis S 11 a	90
Abb. 63:	Die Lage der Deckschichtenprofile 500-507 im Bereich der Glacis östlich des Wörrstädter Plateaus	90
Abb. 64:	Die Lage der Deckschichtenprofile 525-529 im Bereich der Glacis östlich des Wörrstädter Plateaus	91

Abb.	65:	Glacisdeckschichten in dem Straßenaufschluß nördlich Schornsheim (180 m ü. NN)	92
Abb.	66:	Bohrprofil 702	95
Abb.	67:	Bohrprofil 712	96
Abb.	68:	Bohrprofil 713	97
Abb.	69:	Bohrprofil 714	97
Abb.	70:	Bohrprofil 705	98
Abb.	71:	Bohrprofil 708	98
Abb.	72:	Bohrprofil 709	98
Abb.	73:	Bohrprofil 710	98
Abb.	74:	Bohrprofil 716	99
Abb.	75:	Bohrprofil 711	99
Abb.	76:	Bohrprofil 715	99
Abb.	77:	Bohrprofil 719	111
Abb.	78:	Bohrprofil 720	111
Abb.	79:	Bohrprofil 721	112
Abb.	80:	Bohrprofil 726	113
Abb.	81:	Bohrprofil 727	114
Abb.	82:	Bohrprofil 731	114
Abb.	83:	Bohrprofil 732	114
Abb.	84:	Bohrprofil 733	115
Abb.	85:	Korngrößen-Summenkurven der Lockergesteine	118
Abb.	86:	Schematische Gliederung der Flugsand-Anwehungen	122
Abb.	87:	Das allerödzeitliche Laacher Bimstuffband in den Flugsanden bei Finthen	123
Abb.	88:	Rezente Deflation infolge einer defekten Vegetationsdecke	123
Abb.	89:	Querschnitt durch eine Hangrutschung	124
Abb.	90:	Staffelförmig abgesunkene bergwärts geneigte Rutschmassenkörper bei Alzey	125
Abb.	91:	Zungenförmiger Akkumulationslobus einer Rutschung bei Spiesheim	126
Abb.	92:	Schwache Rutschvorgänge führten zu halbkreisförmigen Bruchstaffeln	126
Abb.	93:	Flachgründige Serienrutschungen führten bei Ober-Olm zu einer welligen Hangform	127
Abb.	94:	Die Gleitfläche mit Oxidationsbelägen und polygonalen Trockenrissen	129
Abb.	95:	Die Rutschung im Einschnitt der Straße Gau-Algesheim-Appenheim	132
Abb.	96:	Der Hangbruch an einem Autobahneinschnitt bei Alzey	132
Abb.	97:	Gleitungen in einem gerodeten Weinberg bei Dromersheim	133
Abb.	98:	Murgänge in den durchnäßten Süßwasserschichten	133
Abb.	99:	Rutschungen am Petersberg 1940	137
Abb.	100:	Anlage eines Sickerschlitzes	140
Abb.	101:	Rutschung am Kuppelberg	141
Abb.	102:	Das Rutschgebiet am Jakobsberg 1924	142
Abb.	103:	Rutschgebiete in der Plateaurandnische bei Ensheim	143
Abb.	104:	Böden im nördlichen Rheinhessen	144
Abb.	105:	Schwarzerden im Aufschluß an der Straße südlich Nieder-Olm	146

Abb. 106:   Ausgestrudelte Abflußgräben und -wannen in verschwemmten
            Schwarzerden des Plateaurandbereiches 148
Abb. 107:   Erosionsrinne in dem Rigosol eines im Vorjahr gerodeten
            Weinbergjungfeldes 149
Abb. 108:   Auf der künstlichen Hangverflachung eines Feldweges bei
            Udenheim kam es zur Bildung eines kolluvialen
            Schwemmkegels 149
Abb. 109:   Mehrschichtiges Hangkolluvium südlich Wolfsheim 150
Abb. 110:   Bodensedimente in einer verschütteten Erosionsrinne bei
            Udenheim 151
Abb. 111:   Die würmzeitliche Terrasse bei Friesenheim und ihr
            Decksediment 152
Abb. 112:   Bohrprofil 729 153
Abb. 113:   Geomorphologische Karte des nördlichen Rheinhessen ... 155
Abb. 114:   Digitales Höhenmodell, Sprendlingen 158
Abb. 115:   Digitales Höhenmodell, Horrweiler 159
Abb. 116:   Digitales Höhenmodell, Petersberg 160

1 EINLEITUNG

1.1 PROBLEMSTELLUNG

Nach den landeskundlichen Darstellungen Rheinhessens durch KNIERIEM (1927) und ALEXANDER (1954) standen in den neueren geographischen Arbeiten Fragen der quartären Reliefentwicklung Rheinhessens im Mittelpunkt. Der regionale Schwerpunkt lag zunächst im südlichen Rheinhessen (KLUG 1959, LESER 1967). Danach folgte eine Reihe bedeutender Beiträge zur Geomorphologie Rheinhessens (PANZER 1959, 1966; PANZER & KMITTA 1968; LESER 1969; KANDLER 1970; BRÜNING 1973, 1975, 1977; LESER & MAQSUD 1975; KLAER 1977; PREUß 1983; SEMMEL 1983, 1989; ANDRES & PREUß 1983; GÖRG 1984; FISCHER 1986, 1989; AMBOS & KANDLER 1987).

LESER (1969) hatte in dem landeskundlichen Führer von Rheinhessen festgestellt, daß der von ihm vorgeschlagene Begriff „Rheinhessisches Tafel- und Hügelland" zwar zwei Hauptelemente der Landschaft „die Plateaus und Hügel" erfasse, daß er aber „nie ausreichend definiert wurde". Es fehlten eine systematische Untersuchung und Beschreibung sowie eine genetische Deutung der einzelnen Glieder des Mesoreliefs im nördlichen Rheinhessen. Durch den Hinweis auf periglaziale Glacis/Pedimente (BECK 1974, 1976, 1977, 1989) stellte sich die Frage nach der regionalen Verbreitung dieser Reliefformen. Können doch die klaren, regelhaften, gerichteten Formen der Fußflächen am Rande der Plateaus, selbst wenn sie als Glacis/Pediment-Generationen gestuft ausgebildet sind, weder morphologisch noch genetisch einem Hügelland gleichgestellt werden. Fußflächen wurden im periglazialen Klimaraum am Rande der Plateaus und unterhalb der Schichtstufe durch dominant fluviatile Flächenbildung geschaffen, während Hügel durch fluviatile Zerschneidung besonders in Hebungsgebieten nach der Zerstörung der Plateaus und der Abtragung der Kalkdecke entstanden sind. Das Relief ist dort aus Hügeln zusammengesetzt, die als Einzelerhebung auftreten oder mehrgipflig aus einer gemeinsamen Basis herausgeschnitten sind.

Außer der Erstellung einer geomorphologischen Großgliederung des nördlichen Rheinhessen ist es darüber hinaus Ziel der vorliegenden Arbeit, Phasen der Reliefentwicklung im nördlichen Rheinhessen zu erfassen. Es werden dabei die einzelnen Reliefglieder: das Plateau, der Steilhang der Schichtstufe, die Glacis und Pedimente und die Flußterrassen in Abhängigkeit von der Lage im Relief betrachtet und die petrographischen und hydrographischen Gegebenheiten sowie die Tektonik bei den klimagesteuerten Abtragungs- und Akkumulationsprozessen berücksichtigt. Die Studie versucht anhand von Aufschlüssen und systematisch angeordneten Rasterbohrungen im Bereich von Fußflächentreppen und in den peripheren und zentralen Plateaubereichen die Deckschichten sedimentologisch und stratigraphisch zu gliedern. Die Unterscheidung der tertiären Basis von dem periglazialen Spülschutt und die Gliederung der Ablagerungen in Solifluktions- und Lößdecken und die interglazialen B_t-Horizonte ermöglichen eine relative Datierung und die Ermittlung des Mindestalters der Formung der einzelnen Reliefgenerationen. Nach der Beschreibung der Genese und der zeitlichen Einstufung der einzelnen Reliefglieder des Mesoreliefs, der Gliederung der Löß- und Flugsanddecken sowie der Auelehme und Abschwemmassen wird die Lagebeziehung der Reliefelemente in einer geomorphologischen Karte dargestellt.

Das nördliche Rheinhessen, das sich in das nordwestliche Tafel-, Glacis- und Pedimentland und das nordöstliche Tafel- und Bruchschollenland, die Naheebene und die Rheinebene im Norden und Osten gliedert, geht nach Süden in ein Hügelland über, das sich vom Alzeyer Hügelland nach NW über das Wiesbach-Appelbach-Hügelland bis zur Nahe und östlich der Selz und dem Ostrand des Zornheimer Plateaus bis zum Niersteiner Horst und dem Oberrheingrabenrand erstreckt.

1.2   LAGE DES UNTERSUCHUNGSGEBIETES

Im Bereich der westlichen Ausbuchtung des Oberrheinischen Grabensystems, dem Mainzer Becken, liegt Rheinhessen. Es wird im Norden vom Rheinischen Schiefergebirge, im Osten vom Rhein, im Westen vom Naheberghand, dessen südwestlichem Teilgebiet, dem Nordpfälzer Bergland und im Süden von der Haardt und dem Schwemmfächer- und Riedelland der Haardtrandbäche begrenzt (Abb. 1).

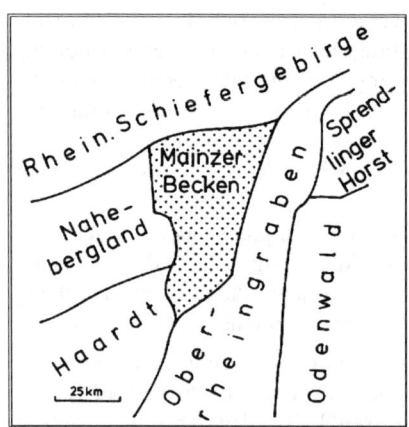

Abb. 1: Die Lage des Mainzer Beckens
(nach ROTHAUSEN & SONNE 1987)

Kommt man über die Höhen der Mittelgebirge oder den Taleinschnitt des Mittelrheins, so tritt besonders der großräumige Charakter der Landschaft Rheinhessens hervor. Die geringe Höhenlage, Waldarmut, intensive Landnutzung und relativ dichte Besiedlung kennzeichnen die Kernlandschaft des Mainzer Beckens, die markant von den dicht bewaldeten siedlungsärmeren Gebirgsräumen und den Tieflandräumen abgesetzt ist. Durch den geologisch-petrographischen Bau und die größere Höhenlage sind die Rahmenlandschaften im Norden, Westen und Südwesten deutlich von den nahezu horizontal liegenden Schichten des Mainzer Beckens abgesetzt. Im Norden erhebt sich jenseits des Rheins mit Ausnahme des Rochusberges das aus gefalteten devonischen Schiefern und Quarziten aufgebaute Mittelgebirgsland des Taunus und Rheingaus. Im Westen sind es die Rotliegend-Schichten, die einen altersgleichen Vulkanismus aufweisen, der bei Bad Kreuznach Porphyre förderte und den Donnersberg aufbaut. Im Süden grenzt Rheinhessen an die mesozoischen Buntsandsteinschichten der Haardt und geht ohne scharfe Grenze in das Schwemmfächer- und Riedelland des Vorderpfälzer Tieflands über. Im Norden und Osten liegt die Rheinhessische Rheinebene (BEEGER, GEIGER, REH (1989, S. 352). Sie schiebt sich als Tieflandssaum zwischen das höher gelegene Rheinhessische Tafel-, Glacis- und Hügelland und den Rheinlauf (Abb. 2). Über den in wechselnder

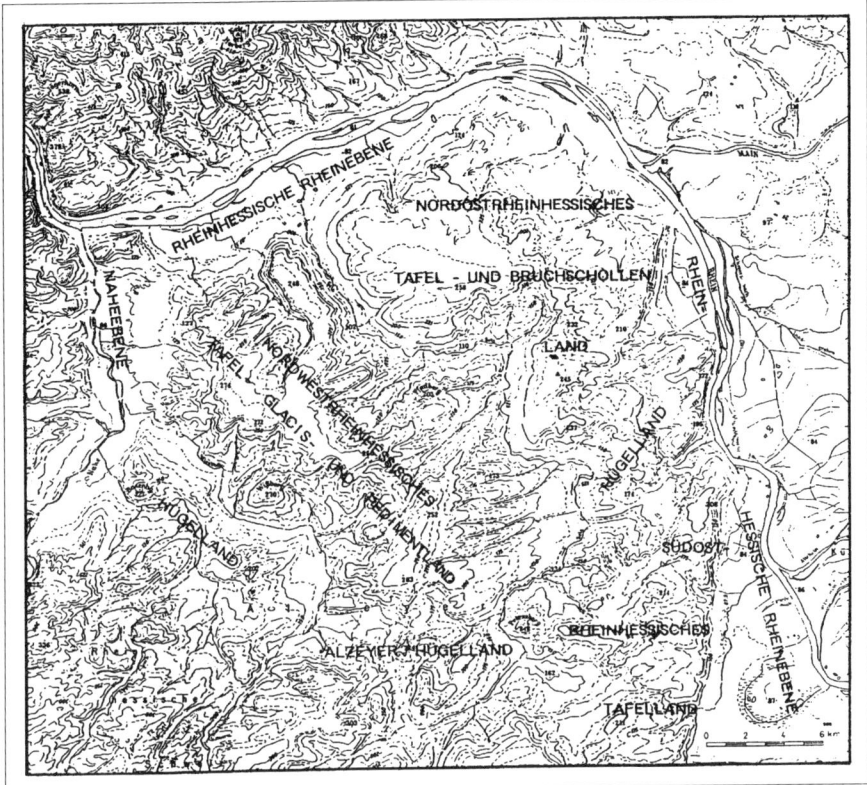

Abb. 2: Geomorphologische Großgliederung des nördlichen Rheinhessen

Breite ausgebildeten Überschwemmungsgebieten, den alluvialen Auen der Rheinniederung mit zum Teil vertorften Altwässern, folgen örtlich Reste der kaltzeitlichen Flußterrassen, die im Bereich der Mittelterrasse weithin von Flugsanden überdeckt sind. Die in der vorliegenden Arbeit dargestellten Untersuchungsergebnisse konzentrieren sich auf das Nordostrheinhessische Tafel- und Bruchschollenland, das Nordwestrheinhessische Tafel-, Glacis- und Pedimentland und gehen darüber hinaus auf das südlich angrenzende Rheinhessische Hügelland ein.

Eine generalisierte geomorphologische Großgliederung des nördlichen Rheinhessen zeigt folgende Abgrenzung: das Nordwestrheinhessische Tafel-, Glacis- und Pedimentland wird von der Talniederung des Rheins, der Rheinhessischen Rheinniederung im Norden, der Nahe im Westen, dem Welzbach und der mittleren Selz im Osten, dem Feldgraben und dem Spiesheimer Bach im Süden begrenzt.

Das Nordostrheinhessische Tafel- und Bruchschollenland wird von der Talniederung des Rheins im Norden und Osten, vom Welzbach und der mittleren Selz im Westen und durch eine Verbindungslinie, die entlang der Plateaukante von Zornheim über Gau-Bischofsheim, Lörzweiler, Schwabsburg nach Nierstein führt, begrenzt.

Nach Süden schließt sich an die beiden Großlandschaften das Rheinhessische Hügelland an, das sich südlich von Wiesbach und Appelbach erstreckt und sich über das Alzeyer Hügelland sowie westlich der mittleren Selz nach N bis zur Linie Harxheim-Bodenheim und den Ostrand des Niersteiner Horstes ausdehnt und im S zwischen den einzelnen Flächen des Südostrheinhessischen Tafellandes bis zur Rheinniederung im Osten reicht (vgl. Abb. 113).

1.3 GEOLOGISCH-TEKTONISCHE GEGEBENHEITEN

Rheinhessen ist ein Teil des Mainzer Beckens, das als tertiäres Senkungsfeld mit dem Einbruch des Oberrheingrabens im Eozän entstand. Im Bereich des Mainzer Beckens erweiterte sich der Oberrheingraben nach Westen. Variskisch verlaufende Störungslinien aus der Saar-Nahe-Senke schneiden sich hier mit den rheinisch gerichteten Störungen des Oberrheingrabensystems. Die im Tertiär wieder auflebende variskische Störungszone ermöglichte die seitliche Ausweitung des Senkungsraumes. Die alte variskische Struktur tritt auch in der Hebungsachse des Alzey-Niersteiner Horstes wieder auf, der eine Fortsetzung des Pfälzer Sattels darstellt.

Das Untersuchungsgebiet des nördlichen Rheinhessen gehört zu der Oberrheinischen Grabenprovinz. Die heutige Lage des Festlandes ist das Ergebnis verschieden alter tektonischer Phasen. Die erste Absenkung des Grabensystems vollzog sich im Eozän. Die durch die alpine Faltung entstandenen Zerrungen in der Erdkruste leiteten die Taphrogenese ein (ILLIES & GREINER 1978, ILLIES & BAUMANN 1982). Die ältesten tertiären Ablagerungen des Mainzer Beckens (Abb.3) wurden in der sich im Eozän ausbildenden Einmuldung des Oberrheingrabens sedimentiert (SONNE 1972, 1989). Ein Meeresvorstoß hinterließ im Unteroligozän die marinen Ablagerungen der mittleren Pechelbronner Schichten. Auf einen Rückzug des Meeres aus dem Mainzer Becken folgte zu Anfang des Mitteloligozäns eine erneute Meerestransgression. Bei dem Einbruch des Mainzer Beckens wurden die Basisschichten, devonische Gesteine und die Sedimente des Rotliegenden derart abgesenkt, daß das Nordmeer mit der Tethys in Verbindung trat. Der Meeresvorstoß sedimentierte den unteren Meeressand, dessen Beckenfacies der Rupelton darstellt. An den unteren Talhängen der Nahe, des Wiesbaches und des Appelbaches ist er örtlich angeschnitten. Es schließt sich in der Schichtenfolge der Schleichsand an, der das Beckensediment des oberen Meeressandes bildet. Aufgrund seiner Kornzusammensetzung treten in ihm bei starker Durchfeuchtung an den Hängen häufig Rutschungen auf. Darüber folgen im Schichtgebäude der brackische Cyrenenmergel und die limnischen Süßwasserschichten. Eine kurze Festlandsphase im Oberoligozän leitete zu einer erneuten Meeresbedeckung über, auf die ein neuer Sedimentationszyklus folgte (Abb. 4).

Waren die Ablagerungen des älteren Oligozäns durch geomorphologisch weiche sandig-mergelige Gesteine gekennzeichnet, so werden nun im ausgehenden Oberoligozän geomorphologisch härtere kalkig-mergelige Schichten sedimentiert.

Es folgen die im brackischen Milieu entstandenen Unteren und Mittleren Cerithienschichten (SONNE 1965) und die im marinen Bereich gebildeten Oberen Cerithienschichten (DOEBL 1972), die vor allem Kalke und sandige Kalke aufweisen. Mit dem Auftreten der miozänen Corbiculaschichten, die aus Kalken und Mergeln aufgebaut sind, tritt bereits brackisches Milieu auf. Die miozänen Sedimente klingen mit den brackisch limnischen Hydrobienschichten aus, die als Kalke und Mergel ausgebildet sind.

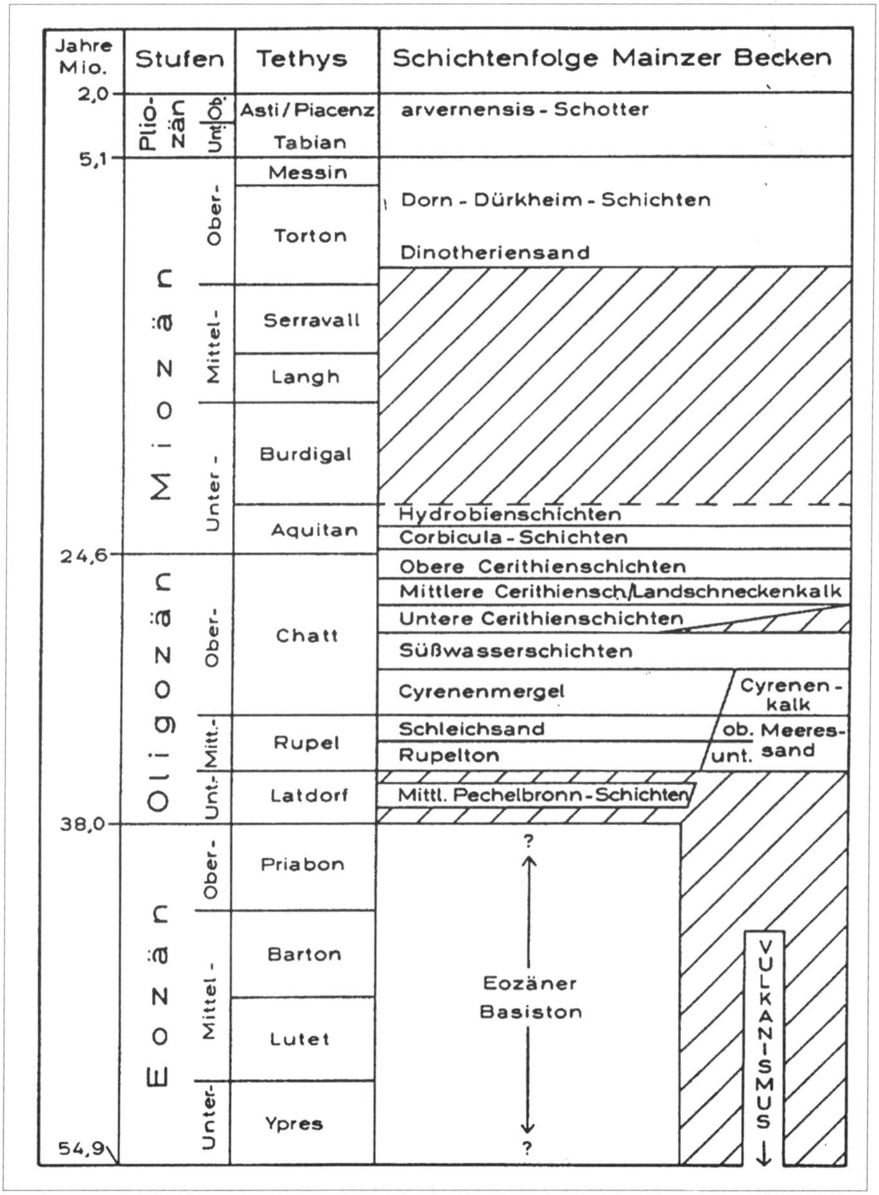

Jahre Mio.	Stufen			Tethys	Schichtenfolge Mainzer Becken
2,0	Pliozän		Unt./Ob.	Asti/Piacenz	arvernensis - Schotter
				Tabian	
5,1	Miozän	Ober-		Messin	Dorn - Dürkheim - Schichten
				Torton	Dinotheriensand
		Mittel-		Serravall	
				Langh	
		Unter-		Burdigal	
24,6				Aquitan	Hydrobienschichten / Corbicula - Schichten
	Oligozän	Ober-		Chatt	Obere Cerithienschichten
					Mittlere Cerithiensch./Landschneckenkalk
					Untere Cerithienschichten
					Süßwasserschichten
		Unt.-Mitt.		Rupel	Cyrenenmergel / Cyrenenkalk
					Schleichsand / ob. Meeressand
					Rupelton / unt.
38,0				Latdorf	Mittl. Pechelbronn-Schichten
	Eozän	Ober-		Priabon	? ↑
		Mittel-		Barton	Eozäner Basiston
				Lutet	
		Unter-		Ypres	↓ ?
54,9					VULKANISMUS ↓

Abb. 3: Die Abfolge der tertiären Schichtglieder im Mainzer Becken (SONNE 1989)

Auf der nur geringe Höhenunterschiede aufweisenden jung gehobenen miozänen Kalktafel lagerte der Urrhein in weit ausschwingendem mäandrierendem Lauf die Dinotheriensande ab, die von Worms über Ensheim, den Wißberg bis nach Ockenheim zu verfolgen sind. Auf dem Steinberg bei Sprendlingen vermischen sie sich mit den Schottern der Urnahe, die unter anderem Rotliegend-Gerölle führen (FALKE 1960). Die früher ins Unterpliozän gestellten Dinotheriensande werden nach den Untersuchungen von Tobien neuerdings ins Miozän datiert (TOBIEN 1980 a,b).

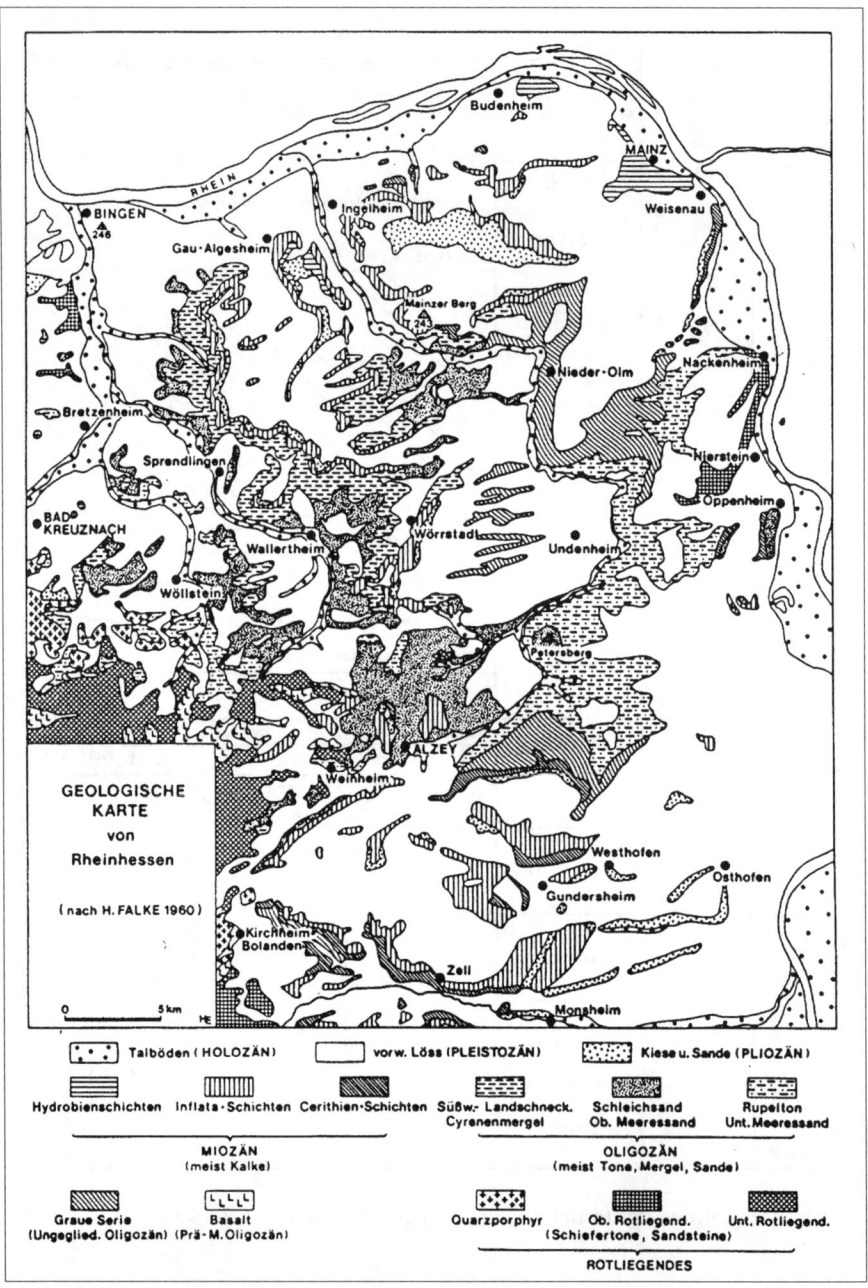

Abb. 4: Geologische Übersichtskarte von Rheinhessen (KLAER 1977)

Im Mittelpliozän wurden Bohnerztone und Kalke gebildet, von denen es aber keine Aufschlüsse mehr gibt. Im Oberpliozän wurden die Arvernensis-Schotter sedimentiert, die am Plateaurand im nördlichen Rheinhessen und auf dem Steinberg sowie auf dem Vendersheimer Plateau vorkommen (BARTZ 1950).

Verstärkte Heraushebung im Pleistozän bzw. eine Absenkung des Oberrheingrabens führten zur Eintiefung des Gewässernetzes der Nahe, der Selz und des Wiesbaches. Durch die Verstärkung des Reliefs erhielt die Verkarstung neue Impulse. Westlich der Randverwerfung des Oberrheingrabens sind einzelne Teilschollen unterschiedlich stark abgesenkt oder weniger stark gehoben worden, so daß die pliozänen Arvernensis-Schotter bei Laubenheim und Bodenheim in 180 m ü. NN liegen und auf dem Lerchenberg in Mainz in 220 m ü. NN angetroffen werden (SONNE 1989, Geol. Karte 6015 Mainz).

Die Senkungstendenz dauerte auch im Altpleistozän an, wie ein Beispiel im Bereich der Johannes-Gutenberg-Universität in Mainz in der Höhenlage von 125 m ü. NN belegt. Hier wurde die Rheinterrasse T 4 (KANDLER 1970, S. 41), die der t3 in der SEMMELschen Terrassengliederung am Untermain entspricht, über der Rheinterrasse T 6 (KANDLER 1970, S. 47), die mit der t1 nach SEMMEL (1969, S. 69) zu parallelisieren ist, abgelagert.

Im Gegensatz dazu tritt die alte variskische Struktur in der Hebungsachse des Alzey-Niersteiner Horstes wieder auf (Abb. 5), die eine Fortsetzung des Pfälzer Sattels

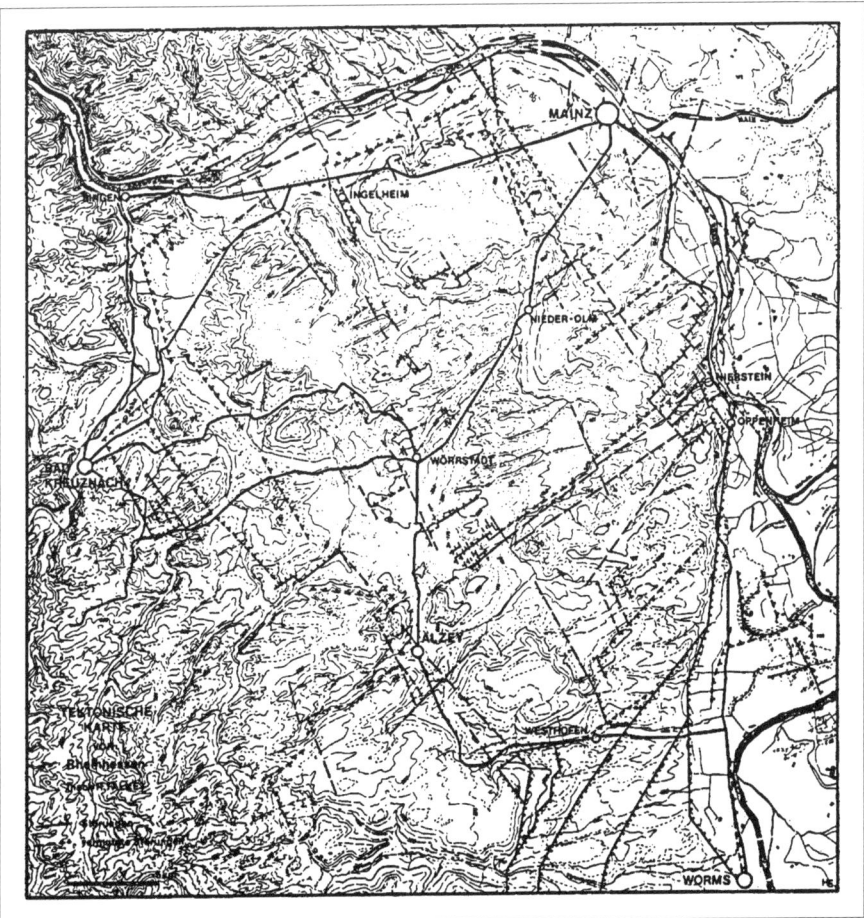

Abb. 5: Morphologisch-tektonische Übersichtskarte von Rheinhessen
(nach FALKE 1960, KLAER 1977)

darstellt. Die einst im Sattelgebiet in einer Mächtigkeit von 270 m (SONNE 1969) abgelagerten tertiären Sedimente wurden abgetragen, so daß bei Nackenheim und Nierstein die Rotliegend-Schichten zutage treten. Daß sich die Heraushebung des Horstes auch im Mittelpleistozän fortgesetzt hat, zeigt die Kippung der Kappungsfläche der Glacis, die durch diese Verstellung örtlich nach Norden einfallen, wie es bei Gabsheim und Schornsheim beobachtet wurde. Die Rotliegendklippen im Rhein deuten darauf hin, daß der Alzey-Niersteiner Horst auch heute noch aktiv gehoben wird (WAGNER 1931 a).

Auch das Wormser Senkungsgebiet und der Oberrheingraben sind heute noch aktiv. Im südlichen Rheinhessen wurden seit dem Pliozän im westlichen Senkungsgebiet noch lokale Ablagerungen wie die Ockersande, die Klebsande, die Schneckenmergel und die Freinsheimer Schichten sedimentiert. Auch die grabennahen Schotter des Urrheins wurden im südlichen Rheinhessen noch abgesenkt, so daß sie dort in geringerer Höhenlage als im nördlichen Rheinhessen angetroffen werden. Während im Osten von Nordrheinhessen die Oberfläche der abgesunkenen Randschollen etwas mehr als 100 m über der Oberrheinebene (87 m ü. NN) liegt, beträgt dieser Höhenunterschied im Innern Rheinhessens infolge differierender Verstellungsbeträge 155 bis 180 m. Dort liegen die Oberflächen der Plateaukörper in 250 bis 270 m ü. NN.

Eine ganz andere Morphologie weist der südliche und östliche Raum des nördlichen Rheinhessen auf, der im Grenzbereich des Alzey-Niersteiner Horstes liegt. Die stärkere tektonische Hebung im Randbereich des Horstes hat in der Geomorphologie Rheinhessens zu einer Besonderheit geführt. Die krönende Kalkdecke wurde dort abgetragen, so daß sich in den liegenden sandig-tonigen Ablagerungen des Oligozäns ein Hügelland entwickelte.

Die Fließrichtungen des Wiesbaches, des Appelbaches und der Selz nach NE und ihre Ablenkung nach NW spiegeln die Neigungsverhältnisse der tektonischen Großschollen wider. Die Ablenkung der Gewässer nach Osten vollzog sich mit dem Absinken des Oberrheingrabens. Die NW Orientierung wurde durch die Anlage des Mainz-Binger-Grabens, der von WSW nach ENE zieht, und durch die Wiederbelebung der NNW gerichteten Nahetalstörung verursacht (WAGNER 1933, FALKE 1960).

Besondere Bedeutung für die Reliefentwicklung hatten die im Tertiär wiederbelebten alten Bruchlinien der paläozoischen Basis des Mainzer Beckens. Sie greifen durch die Tertiärschichten, bestimmen die Schollengrenzen und zwingen zeitweise den Bachläufen ihre Richtung auf. Es sind die Störungslinien, die in herzynischer, erzgebirgischer und rheinischer Richtung die Knicke der Bachläufe bestimmen (KLAER 1977).

Das initiale Gewässernetz, das in weit geschwungenen Schleifen über die Fläche pendelte, war noch nicht in einem Talnetz festgelegt. Erst durch die Heraushebung der Kalktafel an der Wende Plio/Pleistozän wurden die flachen und sehr breiten Talräume durch die jungen Talkerben zerschnitten, deren Hänge im periglazialen Klimaraum des Pleistozäns in der ausgedünnten Kalktafel rasch zurückwichen und örtlich weite Ausraumzonen schufen.

Da die Formbildung von den verschiedenen tertiären Gesteinen abhängig ist, wird es notwendig, die Stratigraphie und Petrographie des geologischen Untergrundes, wie sie örtlich im Gelände zu beobachten sind, darzustellen.

Der obere Rupelton ist in der Rheinebene und an der unteren Nahe im Wiesbach- und Appelbachtal angeschnitten, wo er weithin die Terrassensockel bildet. Außerdem ist er an den Nordhängen des unteren Appelbaches und Wiesbaches und westlich der Selz zwischen Bechtolsheim und Selzen verbreitet. Er setzt sich aus grauen, graublauen, grauoliven und ockerbraunen schluffigen leicht kalkhaltigen Tonen, einem nur schwach sandstreifigen Tonmergel von halbfester Konsistenz zusammen. Bei entsprechender Durchfeuchtung ist er rutschgefährdet.

Der Schleichsand besteht aus grauen, graugrünen, grauoliven bis gelboliv gefärbten kalkhaltigen sandstreifigen tonigen Schluffen bis feinsandig schluffigen Tonen. Nur selten sind tonigere Lagen eingeschaltet. Charakteristisch sind für diese sandstreifigen Mergel die glimmerreichen Feinsandlagen. Diese Sandlagen, die im allgemeinen seitlich rasch auskeilen, können im oberen Teil der Schichtabfolge Mächtigkeiten bis zu 2 m erreichen. Sie führen örtlich Muschel- und Schneckenschalen. Aufgrund ihrer Korngrößenzusammensetzung neigen die Schichten des Schleichsandes, wie ihr Name schon sagt, bei starker Durchfeuchtung zu Rutschungen. Es folgen in dem tertiären Sedimentstapel als Glied der oberoligozänen Ablagerungen die Cyrenenmergel. Die Cyrenenmergel sind grüngraue, graugelbe und blaugraue schluffige, zum Teil auch feinsandige Tone, in die gelegentlich feinsandige Schluffe eingelagert sind. Lithologisch sind sie ähnlich zusammengesetzt wie der Schleichsand (SONNE 1989, S. 17). Gelegentlich treten in ihnen bei Sprendlingen auch dünne Braunkohlenlager auf. In den durch Verwitterung olivgrauen und ockerfarbenen und gefleckten Schichten sind manchmal hellgraue Tonsteine oder harte rasch auskeilende dünne Mergelbänke eingelagert. Die Mergel sind durch ihren geringen Tongehalt wasserdurchlässiger und weniger zäh als der Rupelton. Außerdem finden sich in den Tonmergeln mürbe, weiße Kalkschluffknollen. Im oberen Teil der Schichtfolge sind örtlich in den Tonmergeln dünne Kalkbänke eingelagert. Die Konsistenz der Cyrenenmergel ist im Oberflächenbereich meist steif bis halbfest.

Im jüngeren Oligozän wurden die limnischen Süßwasserschichten abgelagert. Sie bestehen aus blau- bis hellgrauen, ockerfarbenen Mergeln, in die lokal Feinsand, Schlufflagen und Milchquarzschotter eingeschaltet sind. Gelegentlich können auch Ton- und Kalkmergellagen mit dünnen Kalkbänken auftreten. Bei starker Durchfeuchtung sind sie im oberen Hangbereich rutschgefährdet. In ihnen werden besonders am Wißberg aber auch bei Ockenheim sowie am Stein- und Kisselberg Rutschgebiete angetroffen.

Im Oligozän wurden Tone und Mergel mit Feinsandeinschaltungen in einer Mächtigkeit von nahezu 300 Metern abgelagert. Im Untermiozän kamen zur Heraushebung des Festlandes weitere 150 m mächtige Sedimente hinzu, die sich vor allem aus einer Wechsellagerung von Kalksteinen und Mergeln zusammensetzen. Die Unteren Cerithienschichten bestehen aus grauen Mergeln. Die Oberen Cerithienschichten umfassen weiße bis graue Kalksteine, Kalkarenite und Kalkmergel, zwischen denen graue, grüne und braune Mergellagen angetroffen werden. Am Zornheimer Berg erreichen sie nach SONNE (1972, S. 27) eine Mächtigkeit von 45 m. Pisolithische Kalksteine und Kalkkrusten weisen im Blatt Mainz (SONNE 1989, S. 18) auf zeitweiliges Trockenfallen hin (KLUPSCH 1983). Die miozänen Corbiculaschichten sind aus weißgrauen bis gelben Kalksteinen und grauen bis gelbbraunen Algenkalken aufgebaut, denen graue, grüne und braune Mergel zwischenlagern. Die hydrobienreichen Kalke sind zum Top hin plattig ausgebildet. Die Hydrobienschichten sind das letzte Schichtglied dieses tertiären Sedimentationszyklus im Mainzer Becken. Sie zeigen häufigen Facieswechsel und bestehen in den oberen Lagen aus beigen, gelben bis weißgrauen gebankten fossilreichen Kalksteinen und Algenkalken, die auch mit ockergelben bis grauen dünnen Mergellagen wechseln. Die plattigen Kalke werden neben den horizontalen oder leicht geneigten Plattengrenzen von senkrechten Spalten durchzogen, die durch Kalkspat, braunes Eisenoxid oder Hydrobienschalen aufgefüllt sind. Hydrobienschill wird zwischen den Mergellagen aber auch an den Schichtgrenzen der Kalksteine angetroffen. Seit dem Untermiozän ist Rheinhessen Festland. Die Heraushebung setzte sich auch im Pleistozän und Holozän fort. Durch syn- und postsedimetäre Tektonik bildete sich im Zusammenhang mit dem Absenken des Oberrheingrabens und dem Mainz-Binger-Graben sowie der Heraushebung des Alzey-Niersteiner Horstes ein Bruchschollenmosaik, in dem ± horizontale Lagerung der Schichten meist erhalten blieb.

1.4 GRUNDWASSER UND HANGWASSER IN DEN TERTIÄREN UND PLEISTOZÄNEN SEDIMENTEN

Da der geologische Bau durch die Abfolge der liegenden Sand- und Mergelschichten und die hangenden Kalksedimente petrographisch gliedert ist, kommt es in dem Bereich der einzelnen Reliefeinheiten, dem Rheinhessischen Plateau, den Steilhängen der Schichtstufe, den vorgelagerten Glacis und den Flußterrassen bzw. den Auegebieten zur Wasserzirkulation in verschiedenen Höhenlagen. Ein zusammenhängender Grundwasserspiegel ist nicht ausgebildet. Grundwasserstockwerke liegen in verschiedenen Höhenstufen vor. Grundwasserleiter sind im Plateaubereich die Dinotheriensande sowie die pliozänen Arvernensis-Schotter und die klüftigen und verkarsteten Kalksteine der Oberen Cerithien-, Corbicula- und Hydrobienschichten, deren Karstgefäß sich aus unterirdischen Lösungsgängen und -höhlen zusammensetzt.

Das Niederschlagswasser versickert auf den Plateaus in den durchlässigen sandigkiesigen tertiären Flußablagerungen des Rheins und Mains und den verwitterten Kalksteinen bis zu den schluffigen Tonen und Tonmergeln, den Unteren Cerithienschichten des Oligozäns, die durch ihre geringe Korngröße und dichte Lagerung ausgesprochene Wasserstauer darstellen. An den Plateaurändern tritt das Wasser aus dem Grundwasserkörper in Schichtquellen hervor, häufig sind Quellhorizonte ausgebildet. Der Hauptquellhorizont liegt an der Basis der Corbiculaschichten, lokal wird er auch an der Basis der Oberen Cerithienschichten beobachtet.

Durch die Wasserführung der tektonisch bedingten Klüfte und Trennflächen und die Wasserleitfähigkeit der örtlich wechselnden Sandeinschaltungen in den liegenden Mergeln treten außerdem in verschiedenen Niveaus vereinzelt Quellen auf.

Partielle Grundwasserleiter stellen die Feinsand- und Schluffsandeinlagerungen in den oligozänen Peliten dar, die am steilen Mittel- und Unterhang der Schichtstufe im Bereich des ausstreichenden Schleichsandes und Cyrenenmergels auftreten. Auch in den dünnen Lagen der Milchquarzschotter der Süßwasserschichten tritt gespanntes Wasser auf, das über Kluftflächen aus dem höheren Grundwasserstockwerk infiltriert.

Als Wasserstauer treten die Tonmergel der miozänen Unteren Cerithienschichten und die oligozänen Schichten des Rupeltons, des Schleichsandes, des Cyrenenmergels und der Süßwasserschichten auf, wenn sie keine bedeutenden Sandlinsen, -streifen oder -bänder aufweisen. Diese Mergel führen lediglich in der oberflächennahen Auflockerungszone unter Flur kleine Wassermengen. Als wasserstauende Flächen und Horizonte treten außerdem die im Pleistozän abgeschwemmten und umgelagerten Mergel und Gehängelehme, die fossilen Böden mit ihren B_t-Horizonten und rezente Auelehme auf.

Dagegen können die grobklastischen solifluidal oder fluviatil auf den unteren Hängen und den Glacis umgelagerten Deckschichten, die von Fließerden, Lößderivaten, Gehängelehm und Rutschmassen überlagert sein können, bedingt Grundwasserleiter sein. Schichtwasser tritt häufig auch an der Basis der Lösse und Lößlehme auf, da die liegenden Tertiärtone gegenüber den durchlässigen Lössen als Wasserstauer wirken.

In den Talböden sind die pleistozänen kiesigen Schotter und Sandkieslagen Wasserspeicher. In ihnen zirkuliert das Grundwasser über den Tonmergeln des Tertiärs. In den Talauen ist ein Grundwasserstand bis zur Geländeoberfläche möglich, so daß in den nassen Jahreszeiten Grundwasser austritt.

Die gering mächtigen wasserführenden würmzeitlichen Terrassensedimente im Selz,- Wiesbach- und Gonsbachtal, die von Lößlehmdecken und rezenten Abschwemmmassen überlagert sind, haben für die Wasserwirtschaft keine Bedeutung.

Durch den hohen Karbonatgehalt der tertiären und quartären Sedimente weist das Grundwasser meist über 20 deutsche Härtegrade auf. Im Bereich der Rupeltone, die Sulfatverbindungen enthalten, kann das Grundwasser gelegentlich auch aggressiv sein.

In den höheren Hangabschnitten ist die Schuttdecke am steilen Hang im Bereich der oligozänen Pelite gering mächtig. Der Wasseranfall ist im oberen Hang gering aber der Abzug des Wassers stark. Die Schuttdecken am Mittel- und Unterhang sind Hangwasserleiter. Die Hangwassersohle verläuft in den anstehenden Tonen und sandigen Mergeln. Das Hangwasser kann als Quellaustritt oder als diffuser Hangwasserabfluß erfolgen, der sich vielfach in Dellen konzentriert. Der Unterhang erlebt einen länger anhaltenden Wasserabfluß, der vom Einzugsgebiet des Ober- und Mittelhanges gespeist wird. Am Hangfuß zieht sich aus höheren Lagen noch lange nach dem Abfluß Wasser zusammen. Diese Durchfeuchtung ist in dem periglazialen Klimaraum frostdynamisch wirksam. Frostsprengung tritt im Kalkstein auf, und eine Auflockerung bei Frost und Aufweichung in der Tauphase erfolgt in den sandigen Schluffen und Lehmen. Auch die Tone des Hangwasserleiters an der Basis der Schutt- und Solifluktionsdecken werden frostdynamisch aufgearbeitet und quellen bei der starken Durchfeuchtung in der Auftauschicht. Im Ton erfolgt kaum eine Infiltration oder ein Anstieg von Kapillarwasser, da die Porenräume sehr klein sind. Bei feinsandigem Lehm werden 50-60 cm, maximal eine Höhe von 2 m Kapillarwasseranstieg erreicht. Im Gegensatz dazu beträgt der Kapillarwasseranstieg bei Geröll-Kiesen nur 1 cm und bei Tonen bis zu 5 cm (BENDER 1981, S. 187, 190).

Der Wechsel der Bodenart kann im Profilaufbau die Wasserbewegung unterbinden. Folgt auf den wasserspeichernden sandigen Lehm eine grobkörnige Lage Kies, so wird die kapillare Vertikalbewegung zur Oberfläche hin unterbrochen. Auch bei der Existenz von tonreichen Verwitterungsböden, B_t-Horizonten, ist der Kapillarhub sehr gering, wie die folgende Übersicht zeigt (BENDER 1981, 1, S. 190):

Korngröße	Kapillarhub (cm)
Geröll	0 - 1
kiesiger Sand	5 - 10
mittelkörniger Sand	10 - 20
lehmiger Sand	40 - 50
sandiger Lehm	50 - 60
Lehm	30 - 50
Ton	1 - 5

Somit sind die Lößprofile mit ihren B_t-Horizonten und den Kieslagen in einzelne hydrographische Stockwerke gegliederte Sedimentkörper, die über eine verschiedene Wasserleitfähigkeit und Durchlässigkeit verfügen und damit eine differenzierte Abtragungsresistenz besitzen. Es erweisen sich die oft noch durch Kalkeinlagerungen verfestigten B_t-Horizonte bei geringer Oberflächenneigung als sehr wiederständig gegenüber der Abtragung. Ihre geringe bis fehlende Durchlässigkeit verhindert eine starke Wasseraufnahme, so daß Frostdynamik und Abspülung nur schwer wirksam werden können. Auch die vertikale Bewegung des Sickerwassers wird durch die Korngröße und Eigenschaften der Decksedimentstratigraphie beeinflußt.

In den abgedeckten Ton- und Mergelschichten wirkt das Bergwasser, das zusammengesetzt ist aus dem in Poren ruhenden oder strömenden sowie aus dem in Klüften, Schichtfugen und Störungen zirkulierenden Grundwasser bei der Aufbereitung des Gesteins und der Entstehung der Gleitflächen von Rutschungen mit.

1.5 PETROGRAPHISCHE MERKMALE DER TERTIÄREN UND DEVONISCHEN GESTEINE - VERWITTERUNG UND FORMBILDUNG UNTER WARM- UND KALTZEITLICHEN BEDINGUNGEN

Die Großformen Rheinhessens sind in ± horizontal liegenden oder wenig verstellten fluviatilen Sanden, tertiären Kalksteinen, Tonen, Mergeln und Sanden ausgebildet.

Die jeweilige Korngrößenzusammensetzung und die Körnungssituation sowie die Größe der Poren sind wichtig für den Grad der Durchlässigkeit und Wasserspeicherfähigkeit der Gesteine.

Die plattigen Kalke der Hydrobienschichten weisen oft poröse Fossillagen auf, die von graugrünen und schwärzlichen Mergeln überdeckt sind. In diesen Mergeln können durch Austrocknung Schrumpfporen auftreten. Dabei kommt es auch zu schichtparalleler Ablösung.

In den dünn gebankten Kalken und Mergeln der Corbiculaschichten entstanden durch Austrocknung der Oberfläche in dem bindigen feinkörnigen Sediment, einem Ton-Silt-Kalkschlamm, Trockenrisse. ROTHAUSEN und SONNE (1984) beschreiben Trockenrißhorizonte aus der Stillwasserfacies der Corbiculaschichten, die sie im Kalksteinbruch nordwestlich von Oppenheim angetroffen haben. Zwischen den Rissen entstehen drei- bis sechsseitige Polygone, deren Größe zwischen einigen Millimetern und vielen Metern liegen kann. Die Risse reichen bis 2 m in die Tiefe.

In dem tektonisch beanspruchten miozänen Kalkstein, der von Haarrissen, Klüften und Spalten durchzogen ist und eine Vielzahl sedimenteigener frühdiagenetischer Schichtungs- und Schrumpfrisse aufweist und der bei Wörrstadt konglomeratisch ausgebildet sein kann, entwickelten sich im Pliozän durch chemische Lösungsvorgänge Röhrensysteme und Höhlen zu einem unterirdischen Karstgefäß.

Der verwitterte konglomeratische Kalkstein erreicht gelegentlich die Porosität eines Schwammes. Im Bereich der Wasserleitbahnen sind gelegentlich rötliche Eisenoxidbeläge zu erkennen.

Durch die unterirdische Kalklösung erweiterten sich die Abflußbahnen zu Höhlengängen. Brachen Teile der Höhlendecken ein, so entstanden an der Oberfläche Sackungsdolinen. Nordwestlich von Wörrstadt waren in einem Aufschluß derartige Dolinen mit einem Durchmesser von 5 m zu erkennen. Sie waren mit Lößlehm und humosem Bodenmaterial ausgekleidet.

Am Rande des Westrheinhessischen Plateaus nahe dem Wolfsheimer Sender sind durch Kalklösung und Dolinenbildung im Untergrund die ausdünnenden Dinotheriensande zu weiten flachen geschlossenen Hohlformen eingesunken. Auch im Zentrum des Plateaus konnten in der Lößauflage flache geschlossene Hohlformen beobachtet werden, die Kennzeichen für den Formenschatz des bedeckten Karstes sind. Auch auf dem Ostrheinhessischen Plateau sind solche geschlossenen Hohlformen verbreitet.

Der warmzeitlich verkarstete poröse Kalkstein bot durch seine Wasseraufnahmefähigkeit in der Auftauschicht des Dauerfrostbodens während der Kaltzeiten des Pleistozäns viele Ansatzflächen für eine starke Frostverwitterung. Das Wasser erfährt durch das Gefrieren eine Volumenzunahme von 9 % (ein Elftel des Volumens) und übt einen Druck von 2115 kg pro cm^3 aus. Die frostdynamische Zerkleinerung des Gesteins reichte vom Spaltenfrost bis zur Entwicklung von Eiskristallen in den Gesteinsporen und lieferte scherbigen scharfkantigen Schutt.

Daß sich auch in den pleistozänen Warmzeiten die Verkarstung in den Kalksteinen vollzog, zeigen die abgedeckten Felsvorsprünge in den Talhängen des Pfauengrundes (Abb. 6). Höhlenstockwerke und verstürzte solifluidal bewegte Großblöcke belegen neben einer interglazialen Bodenbildung und Solifluktionsdecken in Lößmatrix die vielfältigen wechselnden klimatischen Bedingungen des Pleistozäns.

In tektonisch vorgezeichneten Gebieten konnte es auch zur Ablösung großer Blöcke und Kalkplatten kommen, wie sie nach solifluidaler Umlagerung im Pfauengrund (Abb. 6) und in den unteren Dünensanden westlich von Heidesheim 1973 beobachtet wurden. Auch WAGNER (1935) hat am Fuß des Wißbergosthanges eine miozäne Kalkscholle kartiert, die im Pleistozän abgerutscht war.

Im Liegenden der miozänen Kalkschicht sind im Untersuchungsgebiet Mergel, Tone und Sande verbreitet. Die Korngröße erweist sich als ein wichtiges Merkmal für die Ermittlung der Abtragungsanfälligkeit. Die Speicherfähigkeit von Wasser steigt bei Sedimenten mit abnehmender Korngröße. Je feiner die Körnung ist, desto ausgedehnter ist die Oberfläche, auf der das Wasser adsorbiert werden kann. Außerdem ist der Wassergehalt abhängig vom Porenvolumen, in dem Wasser sich bewegen kann. In Kiesen ist der Kapillaranstieg infolge der lockeren Packung und des großen Porenraumes am geringsten. Bei Tonen wird nur ein geringer, wenige cm hoher Kapillarwasseranstieg erreicht, da die Porenräume zu klein sind. Auch in feuchten Tonen erfolgt von oben her nur eine geringe Infiltration.

Abb. 6: Höhlenbildung und karstkorrosive Schichtflächenerweiterung im südexponierten Hang des Pfauengrundes

Anders ist dies bei ausgetrockneten Tonen, die an der Hangoberfläche ausstreichen. Sie reißen in polygonalen Trockenrissen auf, die bis 3 m Tiefe erreichen können (Abb.7). Die Rißbildung verstärkt das Eindringen des Niederschlagswassers, verringert aber die Entstehung von Oberflächenwasser und damit auch die Erosion auf geneigten Flächen. Füllen sich die Spalten mit Wasser, so sind die Quellungen oft

Abb. 7: Trockenrisse in den tonigen Mergeln der oligozänen Süßwasserschichten

derart intensiv, daß Fließvorgänge in Gang kommen können. Bei weiterer Wasserzufuhr über Kluftsysteme kann die Aktivierung von Gleitflächen Rutschungen auslösen.
In der oberflächennahen Zone unter Flur führen die tertiären Tone kleine Wassermengen, die frostdynamisch aktiviert werden können. Es vollzieht sich also auch eine Gefügelockerung in den tertiären Schichten mit geringer Korngröße. Die unter 0,5 mm Durchmesser absinkenden Korngrößen setzen nämlich dem fließenden Wasser bei der Erosion einen wachsenden Widerstand entgegen. Die feinen Partikel bis ca. 0,15 mm mittlerer Korngröße werden vom fließenden Wasser durch die Druckdifferenz angehoben, die zwischen der Oberseite und der Unterseite des Kornes bei „dem steilen Fließgeschwindigkeits-Gradienten im bodennahen Bereich entsteht" (BAGNOLD 1973, zit. nach FÜCHTBAUER 1989, S. 782). Je mehr die Korngröße abnimmt, umso mehr steigt auch die Kohäsion der Sedimente. Die bindigen Sedimente erfordern für ihre Abtragung eine höhere Geschwindigkeit des fließenden Wassers, als sie für die Aufnahme von Schluff- und Sandpartikeln erforderlich ist. Dies führt im Raum zur Selektion bei der Aufnahme des Materials durch fließendes Wasser. Durch die Frosteinwirkung werden die bindigen Tonpartikel aufgelockert. Das beim Tauprozeß freiwerdende Wasser läßt die Tone quellen und macht sie fließfähig. Unter weiterer Wasseraufnahme können sie in Abspülvorgänge einbezogen werden.
In Suspension werden die Körner gehalten, wenn die Sinkgeschwindigkeit und die Auftriebskräfte im Gleichgewicht stehen. Allerdings werden die erfaßten Tonpartikel bei geringerer Strömungsgeschwindigkeit noch transportiert, so daß das nachlassende Transportvermögen eine räumliche Sortierung nach der Korngröße herbeiführt.
Wichtiger aber für die Abtragungsdynamik an den Hängen ist, daß die Sedimente nicht homogen sind, sondern neben ihren Poren, Klüften und Fossillagen als Sedimente im Schichtgebäude einen Wechsel in der Körnung aufweisen und bald gröbere, bald feinkörnige Zwischenlagen aufweisen, die für die frostdynamische wie auch fluviatile Aufbereitung vielfältige Ansatzmöglichkeiten eröffnen.
Beobachtungen und Versuche zur Frostverwitterung (Fischer 1956) wurden an Tonen und Lössen durchgeführt. Das angefeuchtete Handstück wurde bis - 12 ^{0}C schockgefroren. Es entstanden im Ton breitere Schrumpfungsrisse als im Löß. Das Gefüge der Sedimente zeigt durch die Einwirkung des Frostes eine starke Gliederung der Oberfläche, die den Zutritt von Hangwasser in das Innere des sonst weitgehend dichten unzugänglichen Tonkörpers ermöglicht. Die Zerrüttung der Tone ist nach Frosteinwirkung ungleich stärker als die des Lößmaterials.
Derartiger Zerfall der Tone war besonders im Periglazialraum des Pleistozäns für die Abtragung der Stufe von Bedeutung.
Als gesteinsbedingte Sonderformen konnten die in mächtigen Kalksteinen angelegten Kerbtälchen am Rande des Ostrheinhessischen Plateaus und das in einem Quarzitzug eingeschnittene Durchbruchstal der Nahe bei Bingen sowie die Schuttdecken auf dem Rochusberg erkannt werden.
In das Ostrheinhessische Plateau sind im Bereich des unteren Selztales kurze fluviatile Kerbtälchen eingeschnitten. Besonders markante Plateaurandkerben stellen der Pfauengrund bei Schwabenheim und der Einschnitt nordöstlich von Groß-Winternheim dar. Ein flaches weitverzweigtes System von Dellentälchen mündet in den rasch an Tiefe gewinnenden Einschnitt des Pfauengrundes, der die 50 m mächtige verkarstete miozäne Kalkdecke durchbricht. Die zählebigen Hänge, in den mächtigen Kalksteinen

werden durch die genannten Kerbtälchen aufgeschlitzt. In ihren jungen Erosionskerben werden die Tälchen heute von einem kleinen Rinnsal durchflossen.

Die Hänge tragen Solifluktionsdecken, die aus kantigem Kalkschutt und einer Lößmatrix zusammengesetzt sind (Abb.8). Gelegentlich trifft man am Nordhang auch in Aufschlüssen Stellen, in denen eine jüngere Schuttdecke einen interglazialen B_t-Horizont überdeckt hat, so daß die kaltzeitliche Hangformung in 2 Phasen gegliedert werden kann. Örtlich wurden verkarstete Kalkfelsen herauspräpariert, auf denen meterlange hangab geneigte Kalkplatten liegen, die einst in einer kaltzeitlichen Solifluktionsdecke bewegt wurden. Das Feinmaterial wurde in der exponierten Lage am Steilhang in der Warmzeit ausgespült.

Abb. 8: Gelisolifluktionsschutt in einer Lößmatrix am Nordhang des Pfauengrundes

Die Tälchen wurden in den Kaltzeiten des Pleistozäns durch Hangsolifluktion und bedeutenden oberirdischen Abfluß in der Auftauschicht über dem Dauerfrostboden gebildet. Sie waren in den Kaltzeiten wichtige Sammeladern für die lineare Entwässerung des Ostrheinhessischen Plateaus, denn die mächtige kompakte Kalkdecke ließ hier eine großräumige Zurückverlegung des Plateaurandes nicht zu. Am Austritt der Nebentälchen in das Selztal sind aus der letzten Kaltzeit kegelförmige Spülschuttablagerungen erhalten, die zum Talboden herabführen. Der plattige Kalkschutt, der mit Kiesen und Sand vermischt ist, wird örtlich von einer bis zu 2,5 m mächtigen Lößdecke verhüllt. In dem muldenförmigen Haupttal ist die Selz beim Aufbau des Schwemmschuttkegels an den Gegenhang abgedrängt worden.

Der Rochusberg nimmt im nördlichen Rheinhessen eine Sonderstellung ein. Er gehört geologisch zum Rheinischen Schiefergebirge. Sein Rückgrat bildet ein Quarzitzug. Der oberflächennahe devonische Taunusquarzit verwitterte im periglazialen Klimaraum der Kaltzeiten zu kantigem Frostschutt (Abb. 9). Die Nordflanke des Rochusberges ist mit einer bis über 10 m mächtigen Quarzitschuttdecke verhüllt. An der Basis der Schuttdecke sind 1-2 m breite und 1 m tiefe Hangrinnen im Fels ausgebildet, die im unteren Bereich mit grobem kantigem Frostschutt und nach oben hin mit feinerem eckigem geschichtet liegendem Material verfüllt sind (Abb. 10). Der frostsplittrige Quarzitschutt lag in den Hangrinnen am Rochusberg vielfach als lockerer Hangschutt ohne Feinmaterial ineinander verkeilt. Der schräg geschichtete Schuttkörper wurde von einer Solifluktionsdecke mit Lößmatrix, in der Quarzitschutt eingearbeitet war, überdeckt. Im aufliegenden Löß konnte der Rest eines interglazialen B_t beobachtet werden. Darüber folgte wieder eine Grobschuttdecke, die in eine jüngere Solifluktionsdecke überging. In einem benachbarten Aufschluß wurden grobe kantige

Abb. 9: Periglaziale Frostverwitterung im anstehenden devonischen Taunusquarzit des Rochusberges

Abb. 10: Verfüllte Hangrinne im anstehenden Taunusquarzit des Rochusberges

locker liegende geschichtete Frostschuttablagerungen beobachtet, die mit feineren dichteren Lagen wechseln. Es handelt sich hier um grèzes litées, ein im Periglazialklima umgelagertes Hangschuttmaterial. Die Anhäufung von Schutt in Hangrinnen und der

Aufbau einer bis 15 m mächtigen Hangschuttdecke war oberhalb einer widerständigen mittelpleistozänen Terrassenleiste des Rheins im Quarzitfels möglich, so daß am Nordhang des Rochusberges im mittleren Hangbereich ein Schuttmantel erhalten blieb. Derartige Schuttmächtigkeiten fehlen auf den Hängen der tertiären Sedimentgesteine Rheinhessens. Sie konnten an den sich zurückverlegenden Hängen niemals erreicht werden, da an den Ton- und Mergelhängen sich alte Terrassenleisten nicht erhalten konnten, die dem Hangsediment als eine stabile Unterlage hätten dienen können. In Rheinhessen fielen die Kalkscherben nach der Frostverwitterung von dem steilen Hangabschnitt auf den stark durchtränkten aus tonigen Mergeln bestehenden Mittelhang, der breiig aufgeweicht die Schuttstücke in die periodische Solifluktion und Abspülung einbezog.

Hier wird die unterschiedliche Formung der Hänge in verschiedenen Gesteinen während der periglazialen Klimaperiode deutlich. Mit WIRTHMANN (1961, S. 8) kann man hier von einem „gesteinsbedingten Formenschatz" sprechen. Die petrographischen Unterschiede im Reliefsockel führten bei gleichen klimatischen Abtragungsbedingungen im Bereich der Quarzite zur Anhäufung von Schutt, grèzes litées und einer gering mächtigen Solifluktionsdecke auf den Kalk- und Mergelhängen im tertiären Schichtenverband Rheinhessens. Während der Quarzitzug am terrassierten Nordhang trotz der nahe liegenden Erosionsbasis des Rheins im Schutt versank, wurde in den durchfeuchteten mobilen Mergeln und Sanden das tertiäre Vorland durch den Zuzug von Wasser aus den Kiesen und Kalkschichten des Plateaus derart abgetragen, daß weite Ausraumzonen entstanden. Große Teile des tertiären Feinmaterials, Schluffe und Tone, haben dabei in Suspension die enge Talpforte des Nahedurchbruchs passiert. In dem engen Kerbtal des Nahedurchbruchs fand PANZER (1959, 1966, PANZER & KMITTA 1968), die Schotter einer Mittelterrasse der Nahe, wodurch das kontinuierliche Einschneiden der Nahe belegt werden konnte.

2 TERTIÄRE ALTFLÄCHEN UND IHRE DECKSEDIMENTE

2.1 ALTFLÄCHENRESTE IM NÖRDLICHEN RHEINHESSEN

Die Altflächenreste im nordwestlichen Rheinhessen gliedern sich in die schmalen Flächenzüge, die von großen Ausraumzonen flankiert werden, und die größeren geschlossenen Plateaus, die von den tektonisch verstellten tiefer liegenden Randschollen der Grabensysteme und engen Flußtälern umgeben sind. Die flach lagernden widerständigen Kalksteinschichten haben die Altflächen vor einer tieferen Zerschneidung und der völligen Abtragung geschützt. Sie sind im SW und W mit Sanden des Urrheins und im N und NW mit pliozänem Mainmaterial bedeckt. Tertiäre fossile Böden und quartäre Lösse und interglaziale Bodenbildungen wurden örtlich auf den Altflächen angetroffen.

Das Westrheinhessische Plateau verläuft als schmaler Höhenzug zunächst in NW-SE Richtung und ist an seinen Flanken durch eingreifende Abtragungsbuchten stark gegliedert. Es ist von der Flur „Affenberg" (250 m) im SE über den „Jugenheimer Grund" (261 m) und die Flur „Am Kreuznacher Weg" (264 m) bis zum „Goldacker" (270 m) im NW zu verfolgen. Durch die randliche Auflösung wurde der Wißberg südlich des Stein- und Kisselberges von der Altfläche abgetrennt. Da er noch mit den Sockelgesteinen des Plateaukörpers verbunden ist und sich die ± horizontal liegende miozäne Kalkdecke des Rheinhessischen Plateaus in ihm fortsetzt, kann er als Auslieger bezeichnet werden. Der Westrand der Altfläche verläuft in NNW-SSE Richtung und schließt den „Hungerberg" (269 m) und den „Laurenziberg" (270 m) ein. Durch die Täler des Welzbaches und der Selz, die beide hier tektonischen Linien folgen, ist der Gau-Algesheimer Kopf oder Westerberg aus dem Rheinhessischen Plateau herausgeschnitten.

Das Wörrstädter Plateau verläuft NNE-SSW und reicht von der Flur „Grubenmorgen" nördlich Ensheim (263 m) bis zur Flur „Am Galgen" (240 m) nördlich Wörrstadt.

Das Ostrheinhessische Plateau fällt von den höchsten Erhebungen im Süden (249-258 m) nach Westen und Süden zum Selztal, nach Norden zum Rhein und nach Osten zu einer tektonischen Bruchstufe östlich der Ortsreihe Finthen, Drais, Mainz-Lerchenberg ab. Das Ostrheinhessische Plateau setzt sich über die Höhen „Auf der Warth" (236 m), „Hechtsheimer Berg" (200 m), „Winternheimer Berg" (232 m), „Auf der Muhl" (245 m) und den „Zornheimer Berg" (244 m) in einem spornartigen Ausläufer nach Süden fort und bildet in einem weiteren schmalen Zug nach Norden den südlichen Höhenrahmen des Ausraumgebietes des Hechtsheimer Trockentalsystems. Von der Höhe „Auf der Muhl" (245 m) wird der östliche schmale Altflächenzug über den „Dechenberg" (230 m), „Gaulberg" (210 m), „Heidelberg" (195 m) und die „Hechtsheimer Höhe" (196 m) markiert. Nach Norden schließt sich eine abgesunkene tertiäre Kalkscholle an, die zwischen Hechtsheim, Marienborn und Bretzenheim liegt und sich zwischen 120 und 140 m ü. NN erstreckt, auf deren unterem Abschnitt mittelpleistozäne Rheinsedimente über altpleistozänen Rheinschottern liegen. In den Lößschichten bei Marienborn wurden von SEMMEL (1989, S. 32) drei fossile B_t-Horizonte beobachtet.

Nach der Ablagerung der Hydrobienschichten wurde Rheinhessen im Untermiozän Festland. Mit der Hebung der Schichttafel über den Meeresspiegel setzte im nördlichen Rheinhessen die Reliefentwicklung ein. „Direkte Zeugen einer Abtragungsphase zwischen dem Unteren oder Mittleren Miozän und dem tieferen Obermiozän fehlen. Es sind nur indirekte Abtragungsvorgänge durch die diskordante Auflage der jüngeren Sedimente auf älteren Schichten (Corbiculaschichten, tiefere Hydrobienschichten, bei Alzey lokal auf Cyrenenmergel und Schleichsand) nachgewiesen" (ROTHAUSEN & SONNE 1984). Auf den junggehobenen Schollen des Tafellandes entwickelte sich in Abhängigkeit von der Abdachung, den tektonischen Zerrüttungszonen und der Widerständigkeit des Gesteins ein initiales Gewässernetz. Auf den noch nicht karsthydrographisch wegsamen Kalken bildete sich in geringer Meereshöhe eine Flußlandschaft aus. Der Urrhein querte in weit ausschwingendem mäandrierendem Lauf die schwach reliefierte Fläche des nördlichen Rheinhessen und lagerte die Dinotheriensande ab, die von Worms über Westhofen, Ensheim, den Kisselberg bei Sprendlingen und den Wißberg bis zu dem Plateau oberhalb Ockenheim zu verfolgen sind. Daß die Flußsande in isolierter Lage auf den inselartig verbreiteten Altflächenresten vorkommen, zeigt, daß die ehemals zusammenhängende tertiäre Altfläche durch die Anlage und Ausweitung der Ausraumzone im Pleistozän zerstört wurde. Durch die tektonische Verstellung im Pleistozän finden sich Teile der Altlandschaft mit ihren fluviatilen Sedimenten als Plateaureste heute in verschiedener Höhenlage. Die an ihrer Basis meist kiesig ausgebildeten weißen bis grauen Dinotheriensande nehmen dort, wo sie eisenschüssig sind, rost- bis gelbbraune Farbe an. Örtlich sind ihnen blaugraue und gelblich bis braune Tonbänder eingeschaltet. Die Dinotheriensande (Abb. 11) werden nach den paläontologischen Untersuchungen von TOBIEN (1980 a,b) ins Obermiozän gestellt. SCHWARZBACH (1968) ermittelte durch die Auswertung palöobotanischer Ergebnisse für das mittlere Miozän und den Beginn des Obermiozäns in Mitteleuropa eine Jahresmitteltemperatur zwischen 16 und 17 ^{0}C. Bis zum jüngsten Miozän sinkt dann die Jahresmitteltemperatur allmählich in den Bereich zwischen 16 und 13 ^{0}C ab. Es herrscht in Rheinhessen im Obermiozän nach SCHWARZBACH (1968) ein subtropisches feuchtes Kli-

Abb. 11: Dinotheriensande auf dem Kisselberg bei Sprendlingen

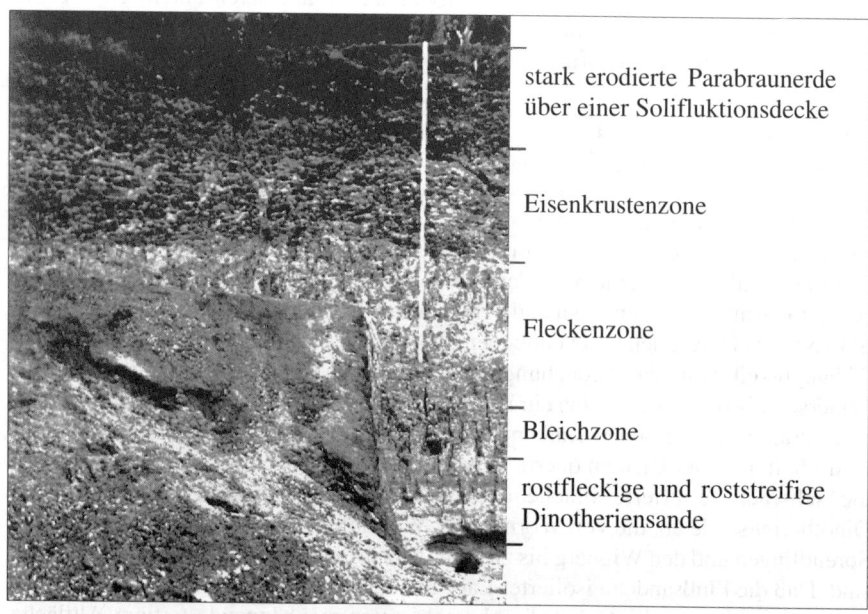

stark erodierte Parabraunerde über einer Solifluktionsdecke

Eisenkrustenzone

Fleckenzone

Bleichzone

rostfleckige und roststreifige Dinotheriensande

Abb. 12: Lateritischer Boden auf den Dinotheriensanden am Steinberg bei Sprendlingen

ma mit bedeutender chemischer Verwitterung, die auf den Sandablagerungen des Urrheins auf dem Steinberg bei Sprendlingen einen lateritischen Boden mit Eisenanreicherungen entstehen ließ (Abb. 12), der bei Hessloch im südlichen Rheinhessen sogar massive Eisenkrusten ausgebildet hat.

Am Nordwestrand des Waldgebietes auf dem Steinberg 1,5 km nordöstlich von Sprendlingen liegt am Rande der Müll- und Sandgrube (R 342870, H 552830) in 265 m Höhe unmittelbar am Plateaurand auf schwach geneigtem Untergrund in Westexposition ein Aufschluß mit Paläoboden. Es handelt sich um eine stark erodierte Parabraunerde, die auf einer Solifluktionsdecke über einem von Eisenkonkretionen durchsetzten Paläosol angetroffen wird.

Profilbeschreibung:

0-20 cm: auf dem schwach abgeschrägten Plateaurand liegt ein dunkelbrauner (10 YR 2/2) mäßig humoser A_h-Horizont, der nach unten hin bei Abnahme des Humusgehaltes eine graubraune Farbe annimmt und örtlich Reste eines B_{tv} aufweist.

20-110 cm: das Skelett der aus schluffig-tonigem Lehm bestehenden kaltzeitlichen Fließerde ist aus kugeligen und plattigen Eisenkonkretionen zusammengesetzt. Die feinstreifigen umgelagerten meist gelbbraunen örtlich lehmigen bis sandigen Tone wechseln in feiner Schichtung mit dunklen bis schwarzen Eisenschwarten und -konkretionen. Die lehmigen Tone haben überwiegend gelbbraune Farbe (10 YR 5/4-6). Die Eisenschwarten und -konkretionen sind meist schwarz (5 YR 2,5/1) grauschwarz (7,5 YR 2-3/0) und braunschwarz (10 YR 2/2). Im oberen Teil bis 55 cm treten verfestigte plattige Kalkkonkretionen auf. Sie sind grauweiß bis gelbbraun gefärbt und können bis 25 cm lang, 10 cm breit und 5 cm dick werden. Bei 70-80 cm treten örtlich bis 25 cm mächtige hellbraune Tone mit geringer Eisenanreicherung auf.

110-230 cm: feinstreifige örtlich diagonalstreifig ausgebildete sandige Tone sind hellgrau bis gelblichbraun (5 y 8/2) und bräunlichgelb (10 YR 5-6/8) gefärbt. Eine Korngrößenanalyse ergab folgende Zusammensetzung: 36 % Ton, 6,9 % Schluff, 57,1 % Sand. Der Tongehalt nimmt nach unten hin zu. In diesem Horizont sind Eisenschwarten und -konkretionen, die gelbbraun (10 YR 5/6), rot (10 YR 4/6) bis violettrot und schwarz (2,5 Y 2,5-3/0) gefärbt sind, angereichert. Die Schwarten können eine Länge von 25 cm und eine Dicke von 4 cm erreichen. Die rundlichen Eisenkonkretionen im unteren Abschnitt sind hühnerei- bis kirschkerngroß. Sie tragen teilweise weiße Kalkbeläge und sind mit Kalkkonkretionen von 1 cm Durchmesser und Quarzkiesen vergesellschaftet. Durch röntgendifraktometrische Bestimmungen konnten Quarz, Hämatit und Kaolinit nachgewiesen werden. Im Konkretionshorizont wurden 32,6 % Fe_2O_3 und 16,4 % Al_2O_3 festgestellt. (Die Analysendaten wurden auf der bodenkundlichen Exkursion 1974 vorgetragen und mir freundlicherweise von Prof. Plass, Frankfurt, zur Verfügung gestellt).

230-340 cm: im Bereich 230-250 cm ist sandig-toniger Lehm bis lehmiger Ton verbreitet. Das Korngrößenspektrum umfaßt 44,1 % Ton, 25,7 % Schluff und 30,2 % Sand. In den nach unten toniger werdenden grauen Lagen folgen kleine Rostflecken, die bis handgroß werden und eine gelbbraune Farbe annehmen. Die Flächen des Polyedergefüges zeigen bis 3 mm dicke Kalkbeläge.

340-380 cm: ein graugelber bis grauoliver (5 Y 6-7/2) lehmiger Ton, der 55,6 % Ton, 35,8 % Schluff und 8,6 % Sand aufweist, geht nach unten in einen tonigen Feinsand über, der hellgelblichbraun (2,5 Y 7-6/4) gefärbt ist. Die Rostfleckung nimmt nach unten hin ab. Auf den Flächen des Prismengefüges sind Manganüberzüge erkennbar. Selten treten Kalkkonkretionen auf.

380-440 cm: graugelbe tonige Grobsandschichten werden von einem Rostband durchzogen. Im übrigen sind die Ablagerungen schwach rostfleckig und haben prismatisches Gefüge. Auf den Kluftflächen finden sich Manganbeläge und selten treten auch nußgroße Kalkkonkretionen auf.

440-550 cm: an der Basis des Aufschlusses liegen graue grobkörnige, schichtweise auch feinkörnige Dinotheriensande. Tongerölle und durch Kalk verkittete Sandknollen variieren das Einzelkorngefüge.

Die Kalkkonkretionen in dem beschriebenen Profil und die Kalkbeläge sind sekundäre Bildungen. Durch die Entkalkung einer ehemals im Hangenden vorhandenen pleistozänen Lößdecke wurden die Kalke in die einzelnen Schichten des Profils eingebracht.

Deutlich ist der für einen lateritischen Boden typische Aufbau in dem Profil (Abb. 12) zu erkennen (vgl. SEMMEL 1977, S. 96 f.): eine Zone mit Eiseninkrustation, die Fleckenzone, die Bleichzone und das Ausagangsgestein. Das Ausgangsgestein wird von roststreifigen Dinotheriensanden gebildet. Die Bleichzone liegt im Bereich toniger Schichten der Stausohle. Im Hangenden ist bei abnehmendem Tongehalt die Rostfleckenzone ausgebildet. In dem Bereich der Eisenschwarten und -konkretionen nimmt der Tonanteil gegenüber der Rostfleckenzone ab und der Sandanteil wächst an. Durch die tiefgreifende Verwitterung nimmt der Tonmineralgehalt nach unten im Profil zu und die Durchlässigkeit ab. Es bildete sich im Bereich der dichten Tone eine Grund- oder Hangwassersohle aus. Im oberen Schwankungsbereich des Grundwasserspiegels fielen im jahreszeitlichen Wechsel Fe- und Al-Sesquioxide aus, die über lange Zeiträume zu Schwarten- und Krustenbildungen führten. Unter diesem Profil liegen ca. 9 m mächtige kalkfreie Dinotheriensande. Sie haben einen weiteren fossilen Boden verschüttet. Es ist ein 0,20 bis 1 m mächtiger Kalksteinbraunlehm, der in der benachbarten Sandgrube aufgeschlossen war. Diese terra fusca war auf dem verkarsteten liegenden Kalkstein ausgebildet (Abb. 13).

Wie Aufgrabungen im Ober-Olmer Wald bei Mainz-Lerchenberg zeigten (SEMMEL & STÖHR 1974, S. 189), ist auch auf den anstehenden Corbiculaschichten eine terra fusca entwickelt und in den 1,50 m hangenden quarzreichen Arvernensis-Schottern ein Latosol ausgebildet. Die jüngste Deckschicht, eine solifluidal umgelagerte Kiesdecke, trägt einen Pseudogley. Im ganzen Profil läßt sich Kaolinit nachweisen. Die terra fusca und der Mergel weisen außerdem Illit auf, der auch im Decksediment vorkommt. Außerdem ist Gibbsit in den fossilen Bodenbildungen verbreitet. Bimsmaterial wurde nur in den Deckschichten angetroffen (Abb. 14, Abb. 15).

PLASS, SCHEER, SEMMEL (1977) beschreiben aus dem Steinbruch am Farrenberg rötlichbraune Lehmböden, die auf schluffigem lößartigem Lehmsubstrat ausgebildet sind. Die Bildungszeit dieses Bodens fällt in den Zeitraum zwischen 0,95 und 8,9 Ma. Diese rötliche Bodenbildung wird damit in das älteste Pleistozän eingestuft, wie die Einordnung der von FROMM ermittelten paläomagnetischen Daten auf der Skala von COX (1969) erkennen lassen.

Die Physiognomie der Plateaus läßt sich in die abgeschrägten zur Peripherie geneigten und die hochliegenden horizontalen Plateaubereiche gliedern. Im Innern der Plateaus werden über miozänen Dinotheriensanden und örtlich über Arvernensis-Schottern in

Abb. 13: Terra fusca auf miozänen Hydrobienschichten am Kisselberg bei Sprendlingen

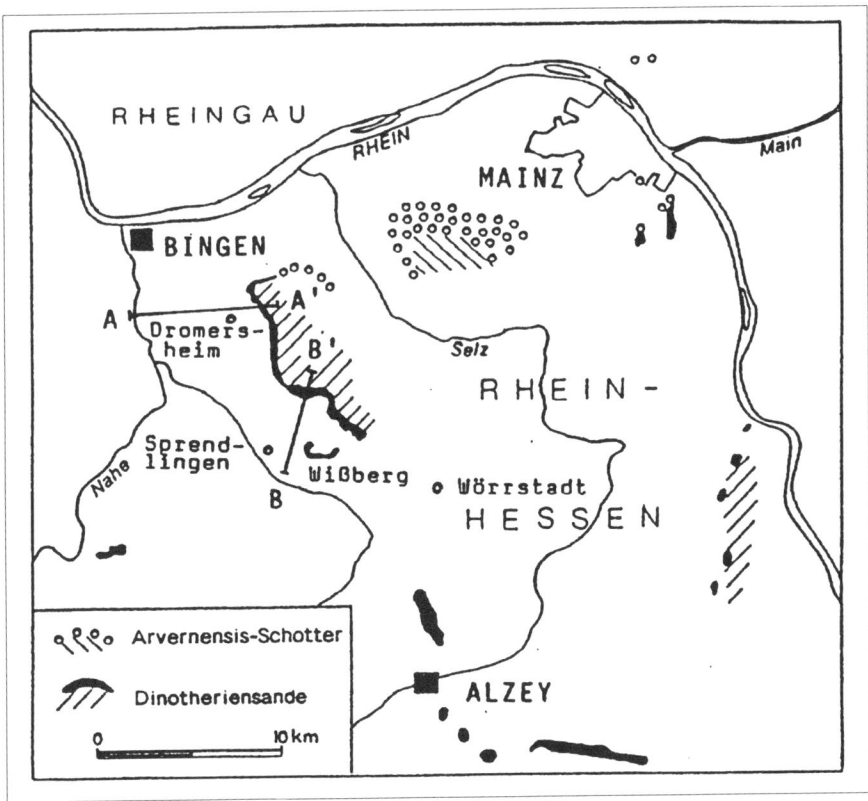

Abb. 14: Dinotheriensande und Arvernensis-Schotter im Mainzer Becken
(nach BARTZ 1936, ROTHAUSEN & SONNE 1984, TOBIEN 1980, WAGNER 1932)

Abb. 15: Im Ober-Olmer Wald sind in Arvernensis-Schottern (1) rötlichgelbe Verwitterungsböden (2) ausgebildet, die von umgelagerten Kiesen (3) und jüngerem Löß (4) bedeckt sind

Lößdecken zwischengeschaltete tonige interglaziale Verwitterungsböden angetroffen. Im Kernraum der ausgedehnten Altfläche des Ostrheinhessischen Plateaus ist eine Vielzahl reliktischer Merkmale erhalten: die Kalklösungsformen der Dolinen, fluviatile Restschotter des miozänen und pliozänen Rheins und fossile tertiäre Böden. Außerdem wurden 5 kaltzeitliche Lösse und 3 interglaziale Verwitterungsböden sowie eine subrezente Schwarzerde beobachtet.

Wo die Oberfläche der Plateaus zum Außenrand hin leicht abfällt, kappt die zentrifugal geneigte Abtragungsfläche die ausdünnenden Lösse, Böden und fluviatilen Schotter und schneidet sogar die miozänen Kalke. Durch periglaziale denudative Abtragungsprozesse wurden die unverfestigten Deckschichten und der liegende Kalkstein abgetragen. Der periphere Bereich der Altfläche wurde durch Solifluktion und Abspülung tiefergelegt. Es bildete sich örtlich ein Walm, eine gebrochene Kante, die von dem Plateau zum Steilhang überleitet. Dort, wo die weiten oder spitz zulaufenden Abtragungsbuchten wie bei Vendersheim, nördlich St. Johann und Ober-Olm weit in das Plateau vordringen, eine starke Abtragung erfolgte, fehlen die Schrägflächen, die das Innere des Plateaus umgürten und einen Übergang zu dem Steilabfall der darunter liegenden Stufe bilden. Auch in dem stark an den Flanken eingeengten Plateaubereich von Wörrstadt fehlen solche Walmflächen.

Während die Altfläche im Innern des Rheinhessischen Plateaus in kaltariden Phasen der Kaltzeiten des Pleistozän zeitweise äolische Akkumulationsgebiete waren, also flächenhaft aufgehöht wurden, hat sich in den peripheren Bereichen der Plateaus in feuchtkalten Phasen der Kaltzeiten eine zentrifugal gerichtete Abschrägung des Plateaurandes vollzogen.

Seit der pleistozänen Talbildung sind die Plateauflächen im Innern weitgehend inaktiv, da ihnen eine tiefgreifende Zerschneidung fehlt. Lediglich die Verkarstung konnte in den Warmzeiten unter den Arvernensis-Schottern und den Urrhein-Schottern fortschreiten, da sie aus wasserdurchlässigen sandig-kiesigen Ablagerungen aufgebaut sind. Erschwert wurde im Laufe des Pleistozäns der unterirdische Abfluß durch die Ablagerung von Löß und die Ausbildung von warmzeitlichen tonigen Verwitterungsböden, die eine wasserstauende Wirkung ausübten.

Bei der Abtragung auf den hochliegenden Flächen wird nicht das Gesamtareal erfaßt, sondern es sind vorwiegend randnahe Bereiche, die durch denudative Tieferlegung überformt wurden. Die zählebigen Plateauränder wurden durch seitliche Einengung und Stufenrückverlegung aufgelöst, wobei die denudative und karstkorrosive Tieferlegung des Plateaurandes von oben her die Rückverlegung der Stufenstirn begünstigte.

Die infolge der verstärkten Hebung im Pleistozän einsetzende fluviatile Zerschneidung schuf durch die Erosion in den Tälern Leitlinien für den Materialtransport. Durch die autochthone Rückverlegung des Talhanges im periglazialen Klimaraum wird eine Schichtstufe ausgebildet, deren dynamische Positionsveränderung die Altfläche der Plateaus im Pleistozän immer kleiner werden ließ. In den freigelegten leicht erodierbaren Peliten des ehemaligen Stufenmittel- und -unterhanges wurden kaltzeitliche Glacis als schräge Übergangsflächen ausgestaltet, die in mehreren Niveaus zu den Talterrassen überleiten. Zwischen den Ausraumzonen, die die Nahe, den Wiesbach, die Selz und den Welzbach umgeben, sind von der ehemals zusammenhängenden initialen Festlandsfläche heute nur noch schmale Flächenzüge und Plateaureste vorhanden, die weitgehend an das Vorkommen widerständiger Kalksteine gebunden sind.

2.2 BOHRPROFILE ZUR STRATIGRAPHIE DER DECKSEDIMENTE IM BEREICH DER PLATEAUS

Die Verbreitung der vielgliedrigen Decksedimente im nördlichen Rheinhessen, ihre Mächtigkeit, Korngröße und Beschaffenheit lassen Rückschlüsse auf die Formungsprozesse und ihre Intensität zu und geben Hinweise auf die jeweiligen Klimaphasen, die an ihrer Entstehung beteiligt waren. Aus der wechselnden Abfolge warmzeitlicher und kaltzeitlicher Sedimente kann mit Hilfe der Stratigraphie eine relative Chronologie der Formungsprozesse erstellt werden, aus der das Mindestalter der Überprägung des Reliefsockels erschlossen werden kann. Zu diesem Zweck wurden anhand eines Rasters Bohrungen im Bereich der Plateaus durchgeführt (Abb. 16, Abb. 17 I-V, u. 7. Verzeichnis der Labormethoden).

2.2.1 *Das Nordostrheinhessische Plateau*

Das in seinem höchsten Bereich 240-250 m hohe Rheinhessische Plateau fällt zum Rand hin auf 220, örtlich auch bis 210 m ab und geht dann in den Steilhang über. Das Hochgebiet ist durch fluviatile tertiäre Sedimente und Lößablagerungen mit Bodenbildungen über dem Kalksteinplateau charakterisiert. Die Mächtigkeit und Vollständigkeit der Decksedimente nimmt zum Rande des Plateaus und mit Annäherung an die Dellen, die das Plateau durchziehen, ab. Das Bohrprofil 730, 235 m ü. NN (Abb. 18, Abb. 19) befindet sich in einem Hochgebiet, das nicht von einem Dellensystem des Plateaus angeschnitten ist. Dort ist das folgende Profil erhalten. An seiner Basis liegen Arvernensis-Schotter, denen rostbraune sandige Lehme und Tone auflagern. Die

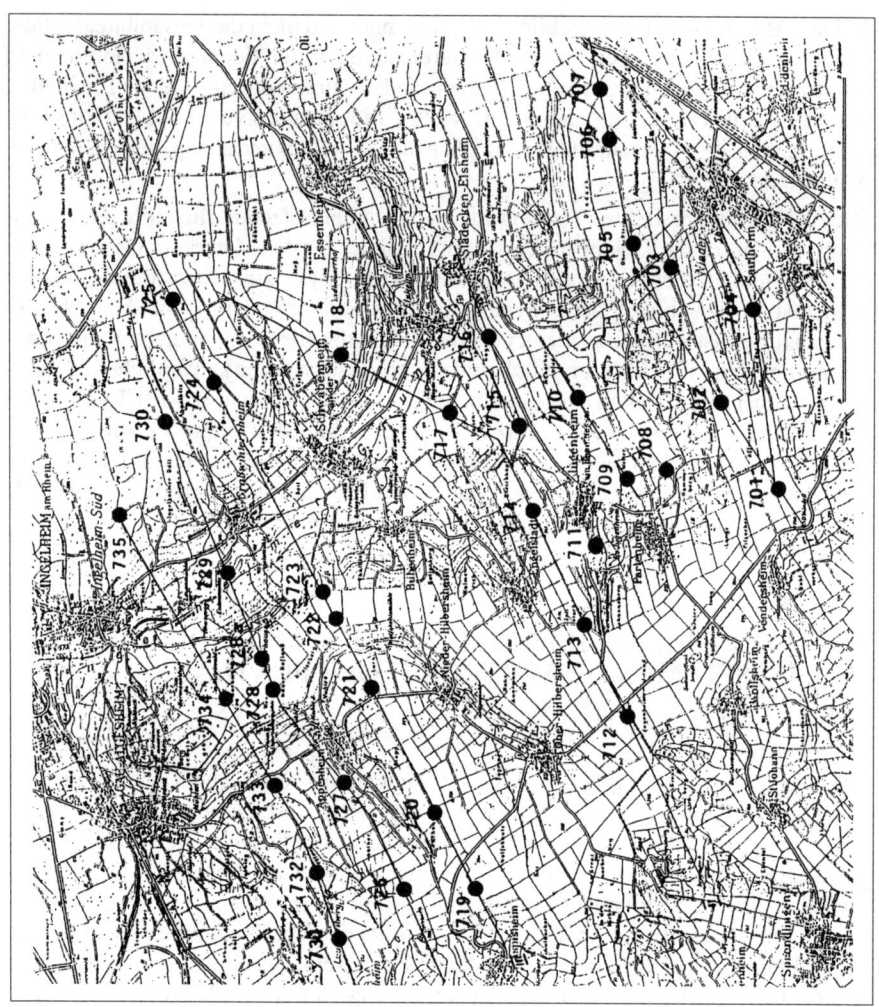

Abb. 16: Lageplan der Bohrungen 700-735

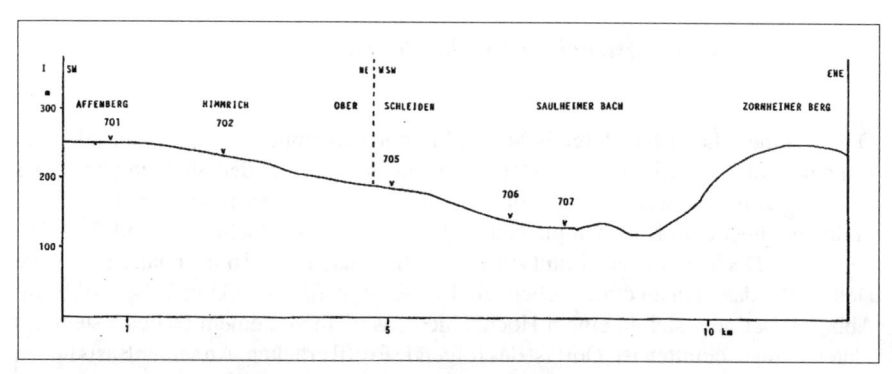

Abb. 17 I: Lage der Bohrungen in dem Geländeprofil I

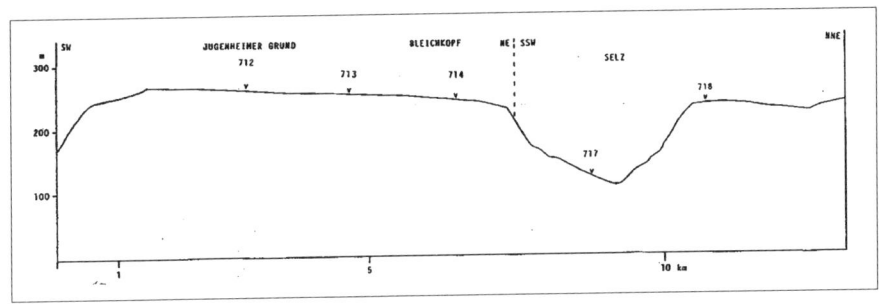

Abb. 17 II: Lage der Bohrungen in dem Geländeprofil II

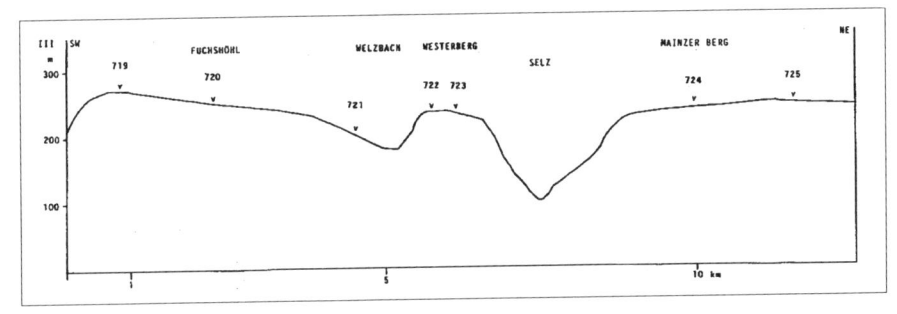

Abb. 17 III: Lage der Bohrungen in dem Geländeprofil III

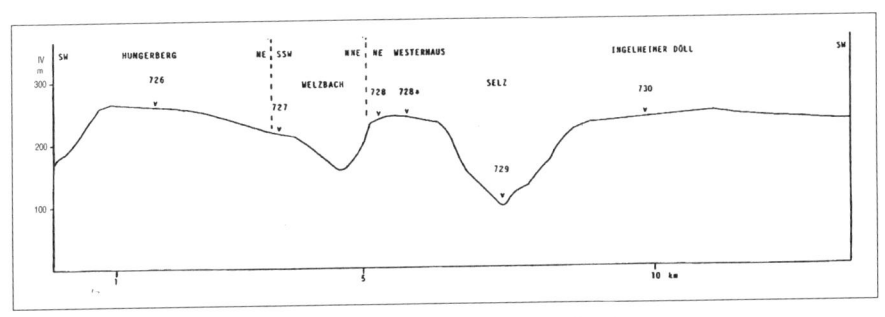

Abb. 17 IV: Lage der Bohrungen in dem Geländeprofil IV

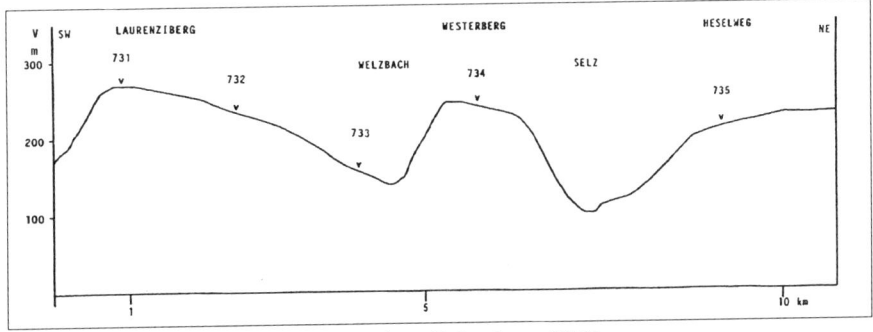

Abb. 17 V: Lage der Bohrungen in dem Geländeprofil V

Schwarzerde, Schwarzerdekolluvium, humoser Oberboden

Würmlöß (Naßböden nicht eingetragen)

Umgelagerter Würmlöß

Älterer Löß

Umgelagerter älterer Löß

Fossiler warmzeitlicher Boden, B_t

Pedogener überprägter Bereich

Ca Calziumkarbonat- Konkretionen

Fe- Konkretionen

Schlick

Sand

Kies

Pliozäne, Kiese, Sande

Umgelagerte Pliozäne, Kiese, Sande

Oligozäne Mergel, Sande, Tone

Umgelagerte Oligozäne Mergel, Sande, Tone

Miozäne Kalke, Mergel, Tone

Umgelagerte Miozäne Kalke, Mergel, Tone

Abb. 18: Legende zu den Bohrprofilen

kaltzeitliche Klimaphase wird in dem kalkhaltigen Löß faßbar. Darüber folgen leicht gelbbraune warmzeitliche Lehme, über denen noch 2 rötlich gelbbraune Interglazialböden auf Löß ausgebildet sind. Das Hangende wird von Würmlöß und einer aufgekalkten Schwarzerde gebildet.

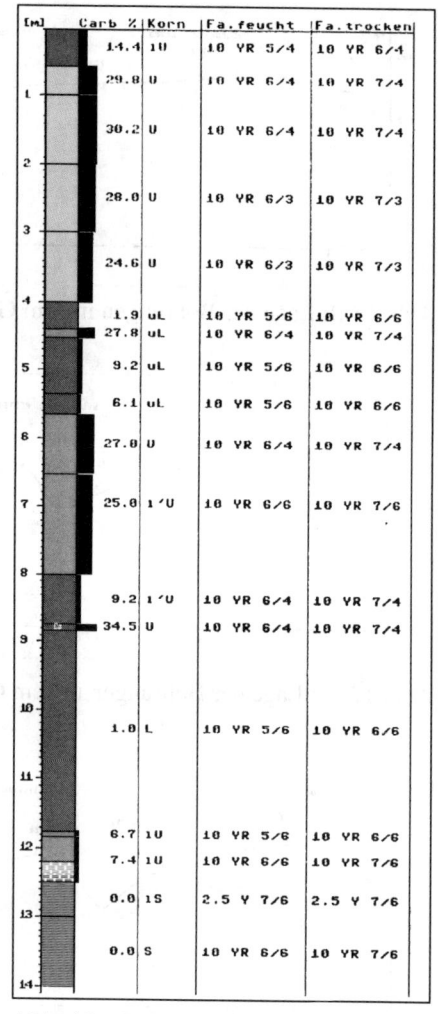

Abb. 19: Bohrprofil 730

Das Bohrprofil 725, 246 m ü. NN (Abb. 20) liegt im Plateaubereich zwischen zwei Erosionskerben, dem Pfauengrund bei Groß-Winternheim und einer nördlich davon gelegenen Kerbe, die den Plateaurand aufschlitzen. Dellenausläufer, die auf die Erosionsrinne des Pfauengrundes eingestellt sind, greifen südöstlich an dem Gebiet vorbei. Die zentrale Lage im Plateau hat die alten Lösse vor der Abtragung geschützt. Die unterlagernden Sande haben eine vertikale Abfuhr des Carbonates bei der Entkalkung des Lößes ermöglicht. Somit haben wir in einem topographisch günstigen, von der peripher ansetzenden Erosion nicht erfaßten Gebiet des Plateaus wohl die ältesten Lösse in diesem Raum angetroffen. Sie sind aufgrund ihres hohen Alters und der besonderen hydrographischen Situation der liegenden Sande fast völlig entkalkt. An der Basis stehen tertiäre fluviatile graue Feinsande mit brauner Eisenbänderung an und gehen in einen umgelagerten hellen Sandlöß über. Die Lösse sind bei Solifluktionsvorgängen in den Sand eingearbeitet worden. Die solifluidale Durchmischung markiert pleistozäne Umlagerungsprozesse. Dieser Horizont wurde bei der

Bodenbildung im Hangenden durch Tonwanderung im oberen Abschnitt pedogen überprägt. Das Profil zeigt dann noch 2 Interglazialböden (B_t) mit zwischengelagerten entkalkten Lössen und schließt mit einem umgelagerten rezenten humosen kalkarmen Boden ab.

Das Bohrprofil 724, 238 m ü. NN (Abb. 21) liegt am Nordrand des Pfauengrundes, der das Ostrheinhessische Plateau vom Selztal her nordöstlich Groß-Winternheim zerschneidet. Die Lage in der oberen Hangposition des Dellensystems des Pfauengrundes führte zu einer ganz anderen Stratigraphie, als wir sie vom Zentrum her kennen, das nicht so stark von einer peripher-zentral eingreifenden Abtragung beeinflußt worden war. Wir finden entsprechend der Abtragung und Umlagerung jüngere Lösse mit rasch wechselnden Kalkgehalten. Sie werden bei 8,80 m von einem 20 cm mächtigen C_{Ca}-Horizont von älteren Lössen getrennt. Auch die älteren Lösse werden mehrmals durch C_{Ca}-Horizonte gegliedert. Die erhöhten Kalkwerte sind wahrscheinlich aus der Hangposition und den dort zirkulierenden Lösungswässern zu erklären. Es fehlen zwischen den Lössen fossile Bodenbildungen. Die Lösse werden unterlagert von sandig-tonigen Lehmen, in denen sich mit Löß gefüllte Keile befinden. Die rostbraune pleistozäne Fließerde mit grauen Bleichungszonen zeigt mit Annäherung an die hangenden Lösse einen größeren Lößanteil. Der liegende Teil führt verstärkt Lehmkomponenten und leitet zu den tertiären Sanden über.

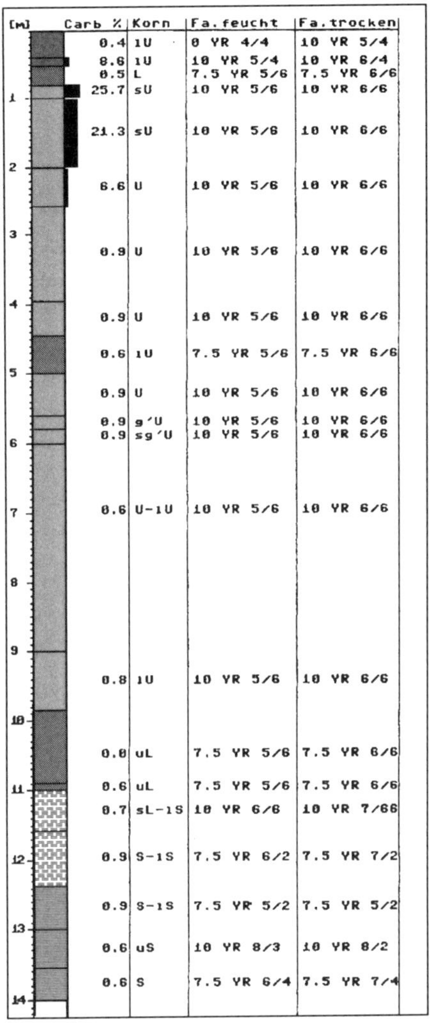

Abb. 20: Bohrprofil 725

Im Gegensatz zum Profil 725 liegt die Bohrung 718, 235 m ü. NN (Abb. 22) näher an der Peripherie des Ostrheinhessischen Plateaus. Der sanft abfallende Plateaurand liegt oberhalb eines geschlossenen Steilhanges, der nicht durch tiefgreifende Erosionskerben oder Dellen unterbrochen ist. Hier konnten über der basalen sandig-lehmigen Solifluktionsdecke nur noch zwei fossile B_t mit zwischengelagerten entkalkten Lössen beobachtet werden. Vor allem sind hier Würmlösse bis 7,28 m erhalten. Daß sich in ihnen noch Bodenbildungen vollzogen haben, belegen die Lößkindelbildungen bei 4,00-4,20 m. Das Profil schließt mit einer Schwarzerde ab, die auf Würmlöß entwickelt ist.

Das Bohrprofil 735, 209 m ü. NN (Abb. 23) liegt in einer E-W ziehenden Delle des Plateaurandbereiches, die Verbindung zu einer Hangdelle im Steilabfall des Plateau-

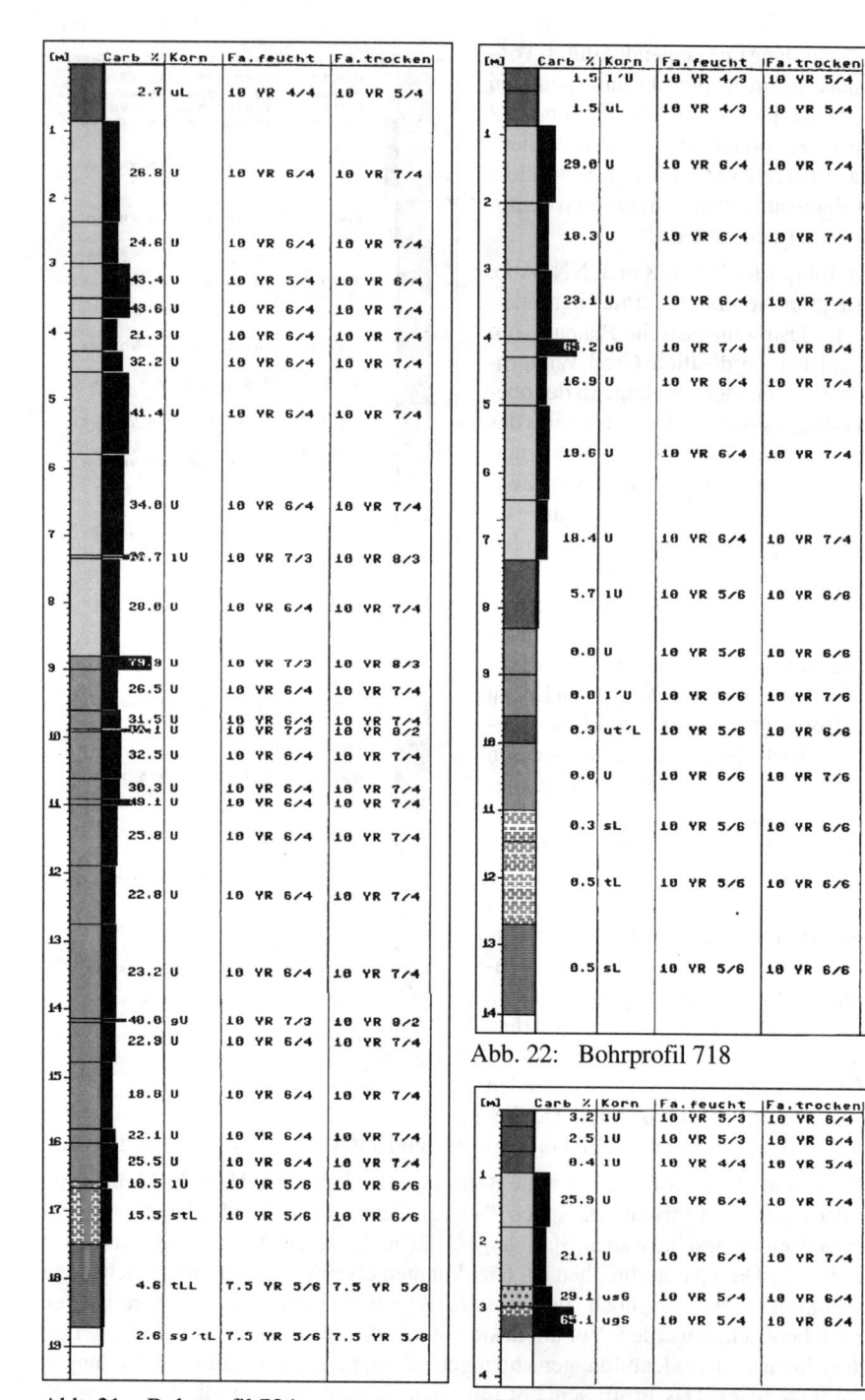

Abb. 21: Bohrprofil 724

Abb. 22: Bohrprofil 718

Abb. 23: Bohrprofil 735

sockels hat. Die jüngere Lößdeckschicht ist daher unvollständig und gering mächtig. Sie zeigt keine innere Differenzierung und ist ohne Reste ehemaliger Bodenbildungen.

Die basale Solifluktionszone zeigt Quarzkiese des tertiären allochthonen Flußsystems (Arvernensis-Schotter), die vermischt sind mit jüngerem Löß und geht nach unten unvermittelt in einen Solifluktionsbereich über, der neben Quarzen auch terra fusca-Material des Anstehenden enthält.

Welche Folgerungen können aus dem Aufbau der Bohrprofile (730, 725, 718, 724, 735) im Bereich des Ostrheinhessischen Plateaus gezogen werden?

Wie die Bohrungen zeigen, sind alte umgelagerte Lehmböden (730, 725) vorhanden. Sie liegen über pliozänen Arvernensis-Schottern. Die stratigraphische Stellung dieser Lehme wird im Profil 730 deutlich, wo sie über einem entkalkten Löß angetroffen werden. Diese Formungsdynamik und die stratigraphische Position belegen, daß diese Lehme pleistozänes Alter besitzen. Da sie andererseits unter 2 fossilen B_t-Horizonten liegen, kommt ihnen mindestens ein Alter zu, das vor der 3. Kaltzeit liegt. Die unterlagernden Lösse wären somit mindestens in die 4. Kaltzeit vor heute zu stellen. Die Bohrprofile des Ostrheinhessischen Plateaus zeigen, daß die Deckschichtenfolgen umso unvollständiger sind, je näher sie an Erosionsleitlinien und Dellen liegen.

Bei Profil 724 sind der Würmlöß und ältere Lösse über einem rostbraunen beigen Lehmhorizont vorhanden. Dort fehlen zur Gliederung der Lösse die Böden. Statt dessen kann mit Hilfe von C_{Ca}-Horizonten zumindest noch ein interglazialer Boden vermutet werden.

Es wird deutlich, daß die Erosionsleitlinien, die in Plateaurandkerben geschaffen wurden, alt sind und nach Verschüttung durch Auswaschung immer neu belebt wurden. Die Lehme und Lösse im Plateaubereich wurden entkalkt und sind stationär geblieben, wenn das Gefälle für eine Verlagerung fehlte.

Andere Verhältnisse zeigen die Profile 735 und 701 (Abb. 24), die im Randbereich erbohrt wurden. Hier haben frühwürmzeitliche Solifluktion und Dellenbildung ältere Decksedimente abgetragen und den anstehenden Kalk mit einem Kalksteinbraunlehm freigelegt. Erst die Lößanwehung im Hochwürm hat diese Abtragungsgebiete wieder mit einer Lößschicht überdeckt. Diese randliche Überformung des Plateaus hat die pleistozänen Lösse und Böden aber auch die tertiären Arvernensis-Schotter gekappt und griff auf den Kalksockel über. Diese Formung hat dazu geführt, daß heute der Plateauquerschnitt vielfach an seinem Rande aus der Horizontalen in eine sanft zentrifugal abfallende Fläche übergeht, unterhalb der sich ein Steilabfall anschließt.

Der von Störungen flankierte Westerberg wird dem Nordostrheinhessischen Tafel- und Bruchschollenland zugerechnet. Auch der Plateaurest des Westerberges, dessen Oberfläche nach Norden zum Rhein und nach SW und NE zu den Taleinschnitten der Selz und des

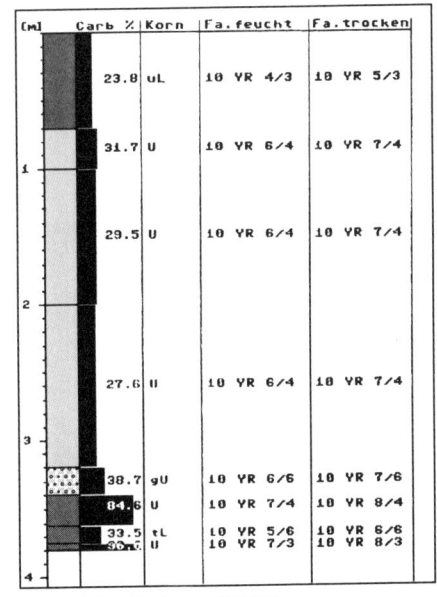

Abb. 24: Bohrprofil 701

Welzbachtales einfällt, dokumentiert, daß hier eine periglaziale Überformung stattgefunden hat.

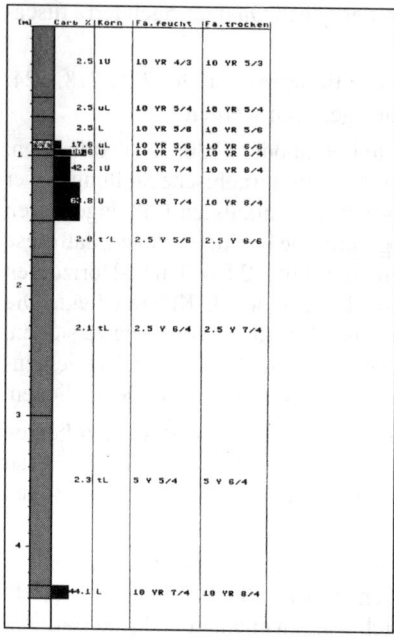

Abb. 25: Bohrprofil 728

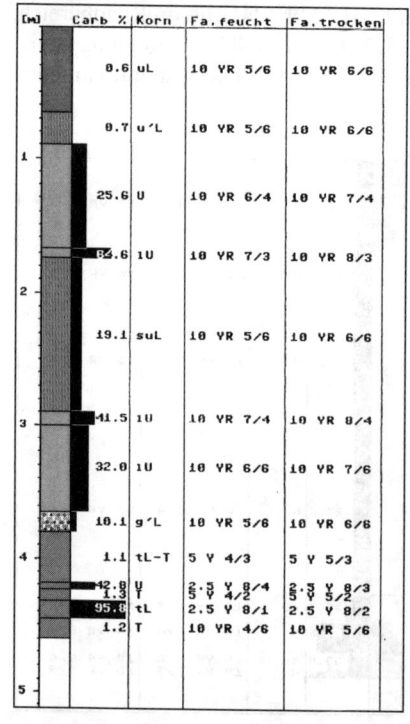

Abb. 26: Bohrprofil 728 a

Schon die gegenwärtige Reliefform, die sich einem flachen Giebeldach örtlich auch einem Pultdach annähert, läßt vermuten, daß aus dem Plateau durch periphere Abflachung diese Formen entstanden sind.

Anschaulich belegen die Bohrprofile 728, 242,5 m ü. NN (Abb. 25), 728 a, 240 m ü. NN (Abb. 26) diese Formungsgenese. Aus dem flachen Hang, der im Plateaubereich nach Osten hin abfällt, wurden im Profil 728 a zwei interglaziale B_t-Horizonte erbohrt. Über grauen, grünen und braunen Mergeln und Tonen mit Kalklagen folgen ein Löß, ein interglazialer B_t, wiederum ein Löß mit einem interglazialen B_t, auf dem ein rezenter Boden ausgebildet ist.

Der gegenüber liegende, nach W geneigte Hangteil im Plateaubereich, in dem das Bohrprofil 728 erstellt wurde, ist steiler und trägt nur noch einen interglazialen Boden. Über grauen, grünen, schwarzen Mergeln, Tonen und Kalklagen folgen ein C_{Ca}-Horizont, ein interglazialer B_t und ein rezenter humoser Boden.

Bei den Bohrprofilen 722, 237 m ü. NN (Abb. 27), 723, 227 m ü. NN (Abb. 28) dagegen wird jeweils nur ein interglazialer B_t beobachtet. Auch hier ist der flache Hang (Profil 722), der nach W abfällt, mehrgliedrig. Er zeigt folgende Schichten: braune und graue Mergel und Tone mit Kalkzwischenlagen, Bohnerze, einen interglazialen B_t und Löß, auf dem eine Schwarzerde entwickelt ist. Das Bohrprofil 723 setzt sich zusammen aus graugrünem, braunem Mergel mit Kalkzwischenlagen, Bohnerzanreicherungen in braunem Lehm, einem interglazialen B_t und einem rezenten, humosen Boden. Während auf dem wenig nach W geneigten Teil des Westerberges (Profil 722) noch ein Würmlöß in einer Mächtigkeit von 0,5 m vorhanden ist, fehlt dieser auf der nach Osten abfallenden steileren Hangposition (Profil 723). Auch erreicht der interglaziale Boden (B_t) im Profil 722 noch 90 cm, wogegen er in Profil 723 nur 70 cm ausmacht.

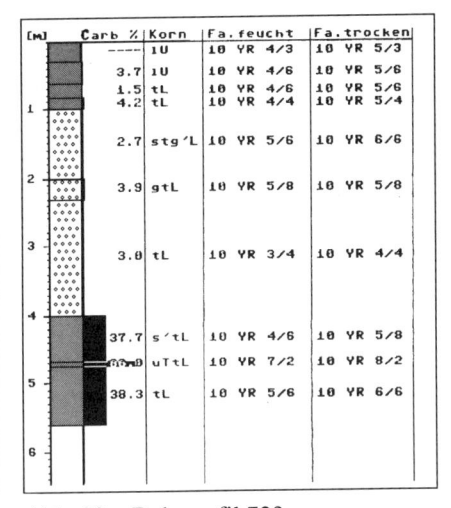

Abb. 27: Bohrprofil 722

Abb. 28: Bohrprofil 723

Anders verhält es sich bei der Mächtigkeit der Bohnerze, die im Profil 722 etwa 1,50 m erreicht und in der Bohrung 723 auf 3,00 m anwächst. Dabei ist zu berücksichtigen, daß die Intensität der Vererzung im Profil 723 wesentlich geringer ist.

Bei aller Einheitlichkeit der Basis- und Deckschichten ergibt sich eine reliefbedingte Differenzierung der Decksedimente. Auffällig ist, daß die Lösse selbst, wo sie sich erhalten haben, sehr gering mächtig sind. Der Vergleich der beiden Profile 722 und 723 zeigt, daß die Erhaltung von Löß hier nicht nur eine Frage der Exposition ist, sondern vorwiegend durch die unterschiedliche Neigung des Areals bedingt war.

Die tertiären Mergel und Tone mit Kalkeinschaltungen, die die Basis der Bohnerzlager bilden, liegen im Profil 722 höher als im Profil 723. Der Höhenunterschied beträgt 8,5 m. Diese Beobachtung findet man bei WAGNER (1931, S. 50) bestätigt, der daraus folgert, daß das Gelände zur Zeit der Entstehung der Erze nach Osten geneigt war. Außerdem gibt er an, daß die Bohnerzlagen auf dem Westerberg nirgends mächtiger seien als 4,0 m (WAGNER 1931, S. 53).

Das Profil 734, 241,5 m ü. NN (Abb. 29) zeigt über graugrünen und braunen Tonen mit kalkigen Zwischenlagen graue Arvernensis-Schotter, denen ein gelbbrauner Sand-B_t aufliegt, über dem Löß und ein interglazialer B_t-Boden folgen. Das Profil schließt mit einem humosen schluffigen Lehm ab. Die geringe Mächtigkeit der quartären Sedimente weist erneut auf die periglaziale Denudation hin, die eine nach NE abfallende Oberfläche ausgebildet hat.

Weiter nach N im Bereich des Gau-Algesheimer Kopfes mit der Annähe-

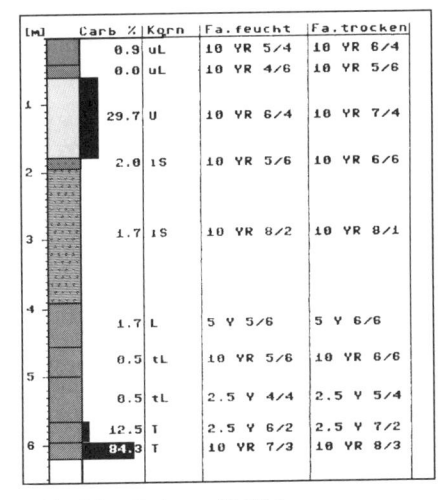

Abb. 29: Bohrprofil 734

45

rung an die tiefliegende Erosionsbasis des Welzbachtales sind durch die periglaziale Abtragung die quartären Deckschichten auf der nach NE abfallenden Fläche völlig abgeräumt. Eine Kappungsfläche schneidet die fluviatilen pliozänen Ablagerungen und greift noch über die anstehenden miozänen Corbiculakalke hinweg. Hier wird wie in den verkürzten Profilen 734 und 735 deutlich, daß die periglaziale Abtragung eine flächenhafte Abschrägung der Plateauränder bewirkte.

2.2.2 Das Wörrstädter Plateau

Um Aufschluß über die Decksedimente des Wörrstädter Plateaus zu erhalten, wurden in dessen Kulminations- und Randbereich eine Reihe von Bohrungen durchgeführt (Abb. 30).

In der Plateaulage befinden sich die Sondierbohrungen S 8 (Abb. 31), S 9 (Abb. 32), S 9 a (Abb. 33), S 10 (Abb. 34), S 11 a (Abb. 35). In der Randposition liegen die Bohrungen S 4 und S 5.

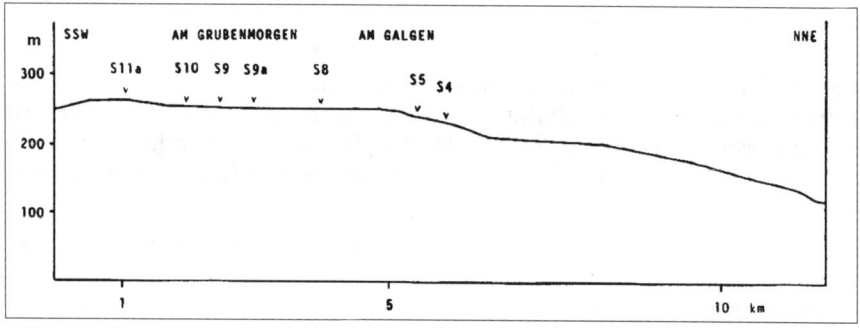

Abb. 30: Lage der Sondierbohrungen auf dem Wörrstädter Plateau

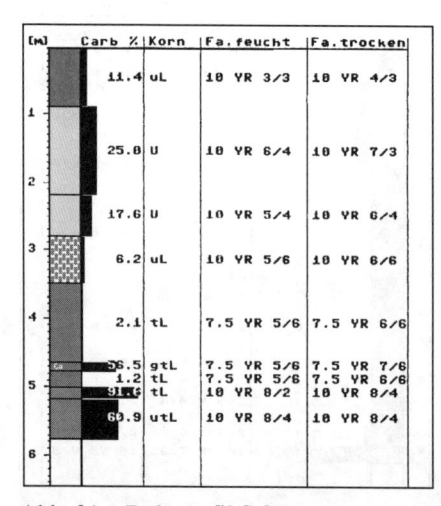

Abb. 31: Bohrprofil S 8

Die Profile S 8 bis S 11a zeigen eine ähnliche Großgliederung. Über den miozänen kreidig bis felsigen Kalkschichten folgen ein kalkfreier bis kalkarmer brauner toniger Lehm, Würmlöß und eine postglaziale Schwarzerde.

Die kreidigen Kalke des Anstehenden haben einen Kalkgehalt von 81,8-91,6 %. Die aufliegenden Verwitterungslehme sind schwach kalkhaltig bis kalkfrei. Die basalen Verwitterungslehme sind oft sandig im Schnitt und führen durch kleine Kalkkonkretionen höhere Kalkgehalte. Die oberen Teile der Verwitterungslehme sind durch die hangenden Lösse vielfach aufgekalkt worden und haben daher ei-

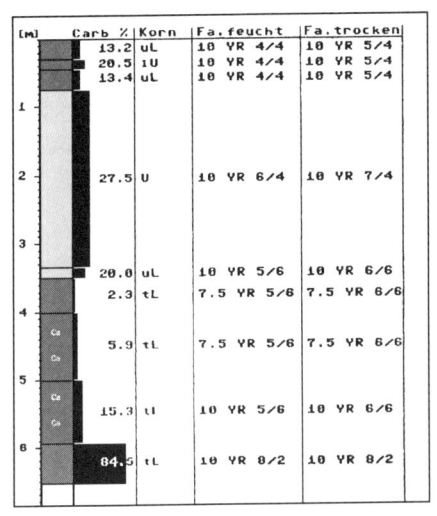

Abb. 32 Bohrprofil S 9

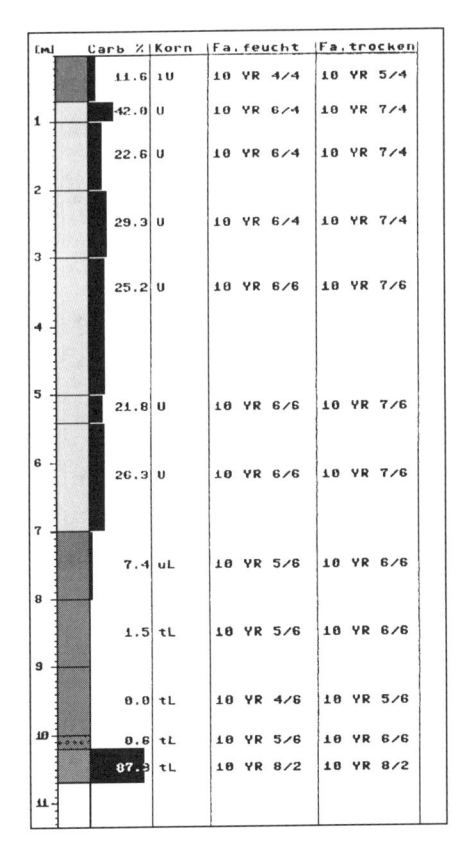

Abb. 33: Bohrprofil S 9 a

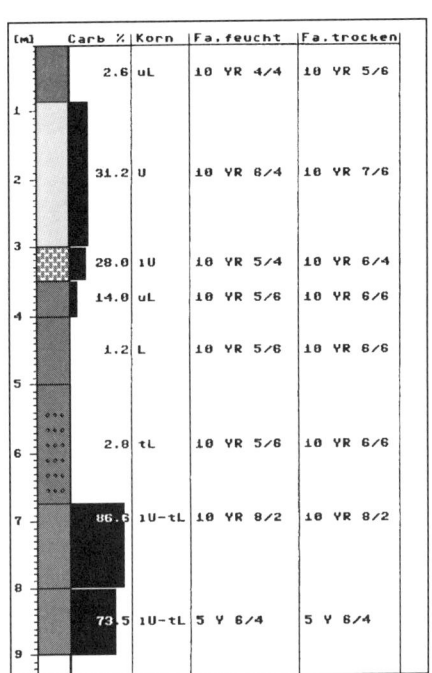

Abb. 34: Bohrprofil S 10

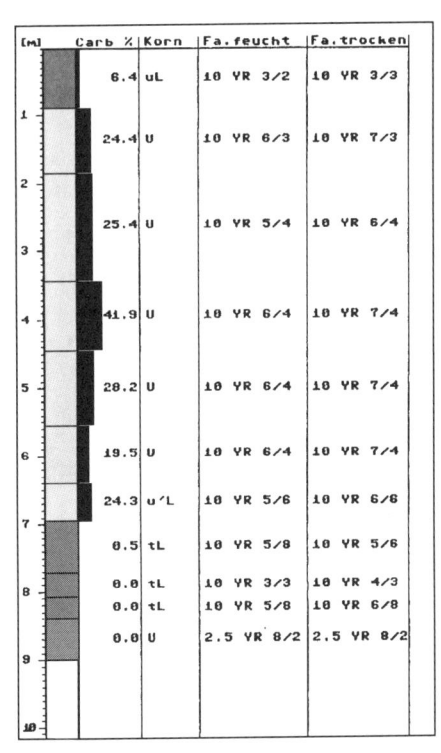

Abb. 35: Bohrprofil S 11 a

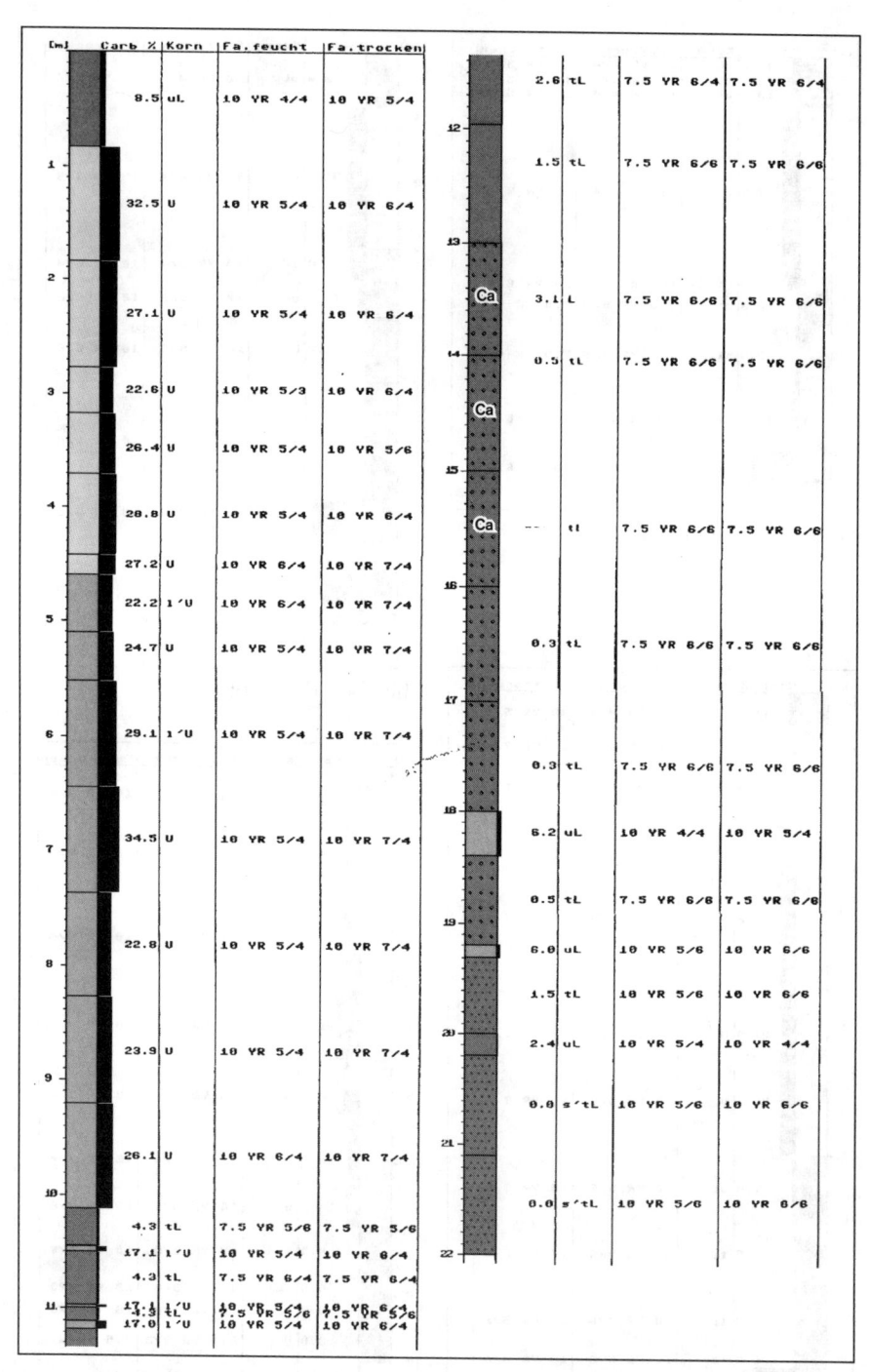

Abb. 36: Bohrprofil S 4

nen Carbonatgehalt von 6,2 bis 7,4 %. Der Würmlöß zeigt wechselnde Kalkwerte. Eine Schwarzerde schließt das Profil ab. In der tieferen Reliefposition wurden die Bohrungen S 4 (Abb. 36) und S 5 (Abb. 37) durchgeführt. Die Bohrung S 4 reicht 22 m tief. Sie liegt im Bereich einer tektonisch abgesunkenen Scholle. Die tertiären Basisschichten des Kalktertiär konnten hier nicht erbohrt werden. Das Profil endet in den Deckschichten. Sie sind an der Basis zwischen 20 und 22 m kalkfrei und als sandige Tone ausgebildet. Zwischen 18,0 und 19,3 m liegen zwei schluffige Lehmeinschaltungen mit einem erhöhten Kalkwert um 6 %, und zwischen 10,10 m und 11,30 m liegen 3 weitere dünne Schluffbändchen mit einem Kalkwert um 17 %. Umgeben werden diese Einschaltungen von umgelagerten tonigen Lehmen, die kleine Eisen- und Kalkkonkretionen enthalten und einen Karbonatgehalt von 2,6-0,3 % erreichen. Es folgt ein älterer Löß, über dem ein Würmlöß mit einem rezenten Boden entwickelt ist.

Es können anhand der zwischengeschalteten entkalkten bzw. kalkarmen Lösse die Abfolge von Kalt- und Warmzeiten erfaßt werden. Es sind 5 kaltzeitliche Sedimente erkennbar. Die kaltzeitlichen kalkhaltigen Schluffe zwischen 10,46 und 11,18 m unter Flur werden als Lößderivate einem Umlagerungsprozeß zugeordnet, der sich noch in der 3. Kaltzeit ereignete und die Wechsellagerung von Schluff und Boden hervorbrachte.

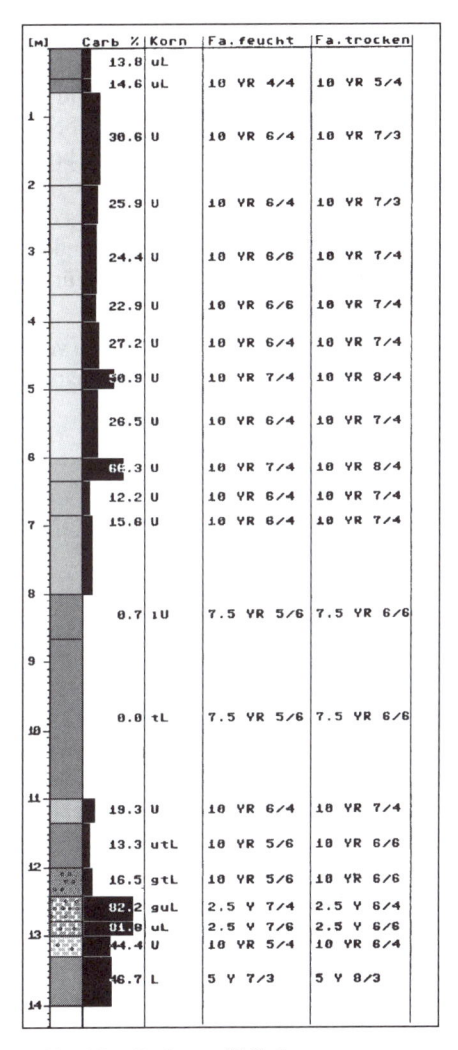

Abb. 37: Bohrprofil S 5

Die beiden bei 18,00-18,40 m und 19,20-19,93 m angetroffenen kalkarmen Schluffe dürften die Reste kaltzeitlicher Bildungen sein, die der 4. und 5. Kaltzeit angehören. Die unterlagernden sandigen Lehme, die zur Basis hin kalkfrei sind, wären in die vorangegangene Warmzeit zu stellen.

Gegen Ende der 4. Kaltzeit dürfte es zu einer verstärkten Hebung des südlichen Bereiches des Wörrstädter Plateaus gekommen sein, denn die Mächtigkeit der abgelagerten warmzeitlichen Böden nahm seitdem sprungartig zu. Die aus den Hochgebieten gelieferten Bodenablagerungen erreichten eine Mächtigkeit von über 6 m. Die Umlagerungsvorgänge haben sich auch noch in der drittletzten Kaltzeit fortgesetzt, wie die gering mächtigen Lösse in den Bodensedimenten bei 10,46-11,18 m unter Flur zeigen.

Die Sondierbohrung S 5 liegt oberhalb des tektonischen Senkungsgebietes und zeigt eine solifluidale Überprägung des anstehenden tertiären Mergels. Als quartäres Basissediment findet sich ein solifluidal umgelagerter Löß mit beigemengten Mergelanteilen und Fe-Konkretionen. Darüber folgt eine Solifluktionsdecke mit allochthonen Kalksteinkomponenten, deren Karbonatgehalt auf 82,2 % ansteigt. Es folgt ein warmzeitlicher Boden, der durch die hangenden Lösse im oberen Bereich bis zu 13,3 % aufgekalkt ist. Über dem Löß liegt ein kalkfreier Interglazialboden, der von einem älteren Löß überdeckt wird. Lößkindelhorizonte markieren den Grenzbereich zwischen dem älteren Löß und dem Würmlöß. Das Profil schließt mit einer holozänen Schwarzerde ab.

Im Sondierprofil S 5 sind Sedimente verfolgbar, die mindestens bis vor die 3. Kaltzeit vor heute zurückreichen, so daß man für die 4. Kaltzeit die Umlagerung der Lößderivate annehmen kann.

3. PLEISTOZÄNE FORMBILDUNGEN UND PROZESSE

3.1 DER PERIGLAZIALRAUM

Der von LOZINSKI (1909, S. 10-18) verwandte Begriff 'periglazial' (gr. peri: um, herum) bezog sich zunächst auf die im Umland der Gletscher anzutreffenden klimatischen Verhältnisse und die durch sie entstandenen Formen. Der Begriff wurde dann inhaltlich und räumlich erweitert. Der Periglazialraum erfaßt heute in der Geomorphologie die planetarische Zone der Subpolargebiete und die hypsometrische Stufe des subnivalen Bereiches. In den Kaltzeiten zählte der Teil Mitteleuropas zum Periglazialraum, der zwischen der nordischen Inlandvereisung und dem Gebiet der alpinen Vergletscherung lag.

Es treten dort Einzelprozesse wie Frostsprengung, Frosthebung, Frostsortierung, Frostschwund und Frostkriechen auf. In den Frosttauzyklen der Permafrostgebiete wirken Solifluktion (ANDERSSON 1906, S. 94-95), starke Abspülung und kräftige fluviatile Prozesse im Talgrund landschaftsprägend. Viele der einschlägigen Untersuchungen im Periglazialraum sind in neueren Darstellungen zusammengefaßt (z.B. TRICART 1967; WASHBURN 1973, 1979; EMBLETON & KING 1975; JAHN 1975; FRENCH 1988; BÜDEL 1981; WEISE 1983; SEMMEL 1985).

In Rheinhessen entstanden geglättete Hänge, die im wenig resistenten Gestein durch Rinnen gefurcht sind, oder Hänge, die durch Dellen, wenig eingeschnittene Hangtälchen und Rutschungsnischen gegliedert sind. Es wurden Steilhänge und Glacisterrassen ausgebildet, die auf die Flußterrassen der kaltzeitlichen Flüsse eingestellt sind. Die verwilderten Flüsse mit breiten Talsohlen sind in Abflußrinnen und Aufschüttungsinseln gegliedert. Nivationsformen bildeten sich an den Hangfüßen, Kryoturbationen und Aufpressungen in der Auftauschicht der Glacis- und Flußterrassen und Eiskeilbildungen entstanden im Permafrost.

Auf den älteren Glacis- und Flußterrassen wurden Sandaufwehungen und oberhalb der Steilhänge auf den Plateaus und in Leelagen Lößablagerungen beobachtet. Lößderivate wurden verschwemmt und solifluidal umgelagert.

3.2 FROSTDYNAMIK UND FORMBILDUNG IM DAUER- FROSTBODEN

Für die Ausbildung eines Dauerfrostbodens unter baumloser Tundrenvegetation wird für die Würmkaltzeit eine Jahresmitteltemperatur von -2 ^{0}C angenommen (POSER 1947, 1947 a). Über die Tiefe des Dauerfrostbodens im nördlichen Rheinhessen während der pleistozänen Kaltzeiten gibt es bisher keine verläßlichen Angaben. Nach BRÜNING (1973, S. 291) können mehrere 10 Meter Mächtigkeit angenommen werden. Die polygenetischen Zerrüttungszonen, an denen auch Gefügelockerungen durch Druckentlastung des Gesteins beteiligt sind, reichen in Mergeln und Peliten in Rheinhessen bis 20 m unter Flur. Die Frosttiefe wechselt in Abhängigkeit vom Substrat, so tauen Sandböden leichter und tiefer auf als schwere Tonsedimente.

Nach BÜDEL (1969, S. 26) liegt in dem oberen Bereich des Permafrostbodens unter der Auftauzone eine Eisrinde. Eiskeile treten darunter im Dauerfrostbodenbereich auf. Bei extrem tief absinkender Temperatur zieht sich das im Boden gefrorene Wasser zusammen. Eine Eissäule von 1 m Länge erfährt bei einer Temperaturabsenkung von 0 ^{0}C auf -10 ^{0}C eine Kontraktion von 0,5 mm. Bei einer Abkühlung bis auf -20 ^{0}C öffen sich Risse bis zu 1 mm Breite (WEISE 1983, S. 55). Durch die Anwesenheit von Bodenbestandteilen und Salzen wird der Schrumpfungskoeffizient entsprechend variiert. Nach WASHBURN (1973) entstehen Eiskeile bei einer mittleren Jahrestemperatur von -6 ^{0}C bis -8 ^{0}C. Eiskeile entwickeln sich in den Kontraktionsrissen, die bei starker Absenkung der Frosttemperaturen im Untergrund auftreten und sich bis zur Oberfläche fortsetzen. In den Kontraktionsrissen kommt es durch einfließendes Schmelzwasser, das Ansaugen von Wasser aus benachbarten Schichten, zur Bildung von Kammeis. Das Wachstum der Eiskristalle senkrecht zu den Rißflächen führt zur Erweiterung der Risse durch Frostsprengung. Die Eiskeilentstehung nimmt viel Zeit in Anspruch. Je tiefer die Temperaturabsenkung ist, desto tiefer reichen die Eiskeile hinab (LACHENBRUCH 1966, S. 65 f.). Die verfüllten epigenetischen Eiskeile erreichen in Rheinhessen 1-2,50 m Tiefe (BRÜNING 1975; LESER 1967, S. 120). Die Eiskeile sind mit Sand, Kies, Löß und Lehm gefüllt. Es ist das Decksedimentmaterial, das beim Rückgang des Permafrostes und dem Abschmelzen des Eises in den Hohlraum einsank. Eiskeilnetze von 11 m Kantenlänge wurden durch BRÜNING (1975, S. 26) aus den Mosbacher Sanden bekannt. Auch PREUß (1983, S. 53) erwähnt vom Rheinhessischen Plateau bei Sprendlingen Polygonnetze mit 3 m Kantenlänge, die er an der Grenze zwischen den pliozänen Sedimenten antraf.

Außerdem wurden Mollisolfrostkeile beobachtet. Sie haben im Vergleich zu ihrer geringen vertikalen Ausdehnung, die zwischen 0,3 bis 2,0 m mißt, eine auffallend breite keilförmige Ausbildung, so daß die Querprofile Mulden- bis Keilform annehmen (JAHN 1975). Da sich die Mollisolfrostkeile sowohl in Gebieten mit Dauerfrostboden als auch in Räumen mit intensiver jahreszeitlicher Bodengefrornis auftreten, sind sie keine „eindeutigen Indikatoren für einen ehemaligen Dauerfrostboden" (KARTE 1979, S. 45).

3.3 FROSTDYNAMIK UND FORMBILDUNG IN DER AUFTAUSCHICHT

Für die Zerrüttung der Gesteine durch Frostsprengung ist die Tatsache von Bedeutung, daß das Wasser als Dipol von anderen Eis- und Wassermolekülen angezogen wird. Da die Dieelektrizitätskonstante von Wasser 81 und von Eis 2 beträgt, die Anziehungskraft aber der Dielektrizitätskonstanten umgekehrt proportional ist, zieht Eis Wasser viel stärker an, als das ungefrorenes Wasser vermag (WASHBURN 1973, S. 5 ff.; WEISE 1983, S. 43). Ebenfalls durch den Dipolcharakter des Wassers kommt es beim Einfrieren von Sedimenten mit kleinen Korngrößen zur Erhaltung von Hydrathüllen, so daß der Vorgang des Einfrierens erst bei tieferer Temperatur vollständig erfolgt. Die Frostfront schreitet dadurch langsam voran, so daß viel Wasser aus den benachbarten Teilen des Sediments angesaugt werden kann (SCHENK 1955, S. 175). Die Eislinsen können dadurch wachsen und sich ausdehnen. Außerdem führt auch das langsame Gefrieren in den feinkörnigen Sedimenten durch die größere mechanische Beanspruchung zu einer stärkeren Verwitterung.

Der Gefriervorgang entscheidet über die Art der Eisbildung. Bei rascher Abkühlung gefriert lediglich das Poreneis. Zur Bildung von Eislinsen kommt es, wenn die Frostfront langsam fortschreitet und größere Wassermengen angesaugt werden können. Auch die Korngröße der Schichten beeinflußt die Einfriergeschwindigkeit und Eislinsenbildung und steuert damit die Aufbereitung der Gesteine. Da reine Tone, die im Arbeitsgebiet selten vorkommen, wegen ihrer weitgehenden Undurchlässigkeit als Wasserspeicher ausscheiden, ist in Schluffen mit einem Durchmesser von 0,002 bis 0,074 mm dagegen ein besonders günstiger Bildungsraum für Eislinsen, wenn Boden- und -zuzugswasser für den Gefriervorgang zur Verfügung stehen.

Die Anziehungskraft der Eismoleküle verliert dagegen im Grobsand und Kies infolge des großen Porenraumes ihre Wirkung. In den Schluffsandgemischen wachsen beim Gefriervorgang die Eiskristalle senkrecht zur Abkühlungsfläche und saugen von unten her Wasser an. Auf diese Art und Weise kann mehr Wasser angereichert werden als ursprünglich Porenvolumen vorhanden war. Dieser Vorgang führt schließlich zu dem Zustand, der als Supersättigung (BLACK 1954) bezeichnet wird. Die Eiskristalle des Segregationseises haben an der Oberfläche eine deutliche Expansion und Frosthebung zur Folge.

Kammeisbildungen stellen sich in durchtränkten Feinsanden und Schluffmaterial ein, weil dort genügend Bodenwasser für den Gefriervorgang an der Bodenoberfläche bereit gestellt werden kann. Die Anhebung von Feinpartikeln wie Sand, Gruß und Steinplättchen durch die Kammeisbildung bei tageszeitlichen Frostwechseln führt beim Schmelzen der senkrecht zur Hangoberfläche ausgebildeten Eisnadeln zur hangabwärts gerichteten Verlagerung, da das gehobene Teilchen infolge der Schwerkraft nicht mehr an seine Ausgangsstelle zurückkehren kann, sondern hangabwärts abgelagert wird.

Die mobile Auftauschicht zeigt in der kälteren Jahreszeit neben Kammeis, Segregationseis, Gangeis und Aufeis. Dies alles sind Erscheinungen, die auf Gefrierprozesse und die Anreicherung von Wasser in und auf der Bodenschicht zurückgehen. Die Auftautiefe ist vom Gestein, der Vegetationsart, dem Relief, dem Wasserhaushalt, der Schneedecke, der Schneefleckenverteilung und der Exposition abhängig (vgl. POSER

1932, S. 25f.; SEMMEL 1985, S. 23). In tonigen Substraten steigt die Permafrostfläche an und in sandigen Lagen sinkt sie ab (SEMMEL 1969, S. 42). In steinigen Ablagerungen kann durch Schmelzwasserabfluß ein Eispanzer über dem Permafrost entstehen, der langsamer auftaut als der umliegende Mineralboden (SEMMEL 1969, S. 43). Unter Schneeflecken ist der Boden vielfach ständig gefroren (SEMMEL 1985, S. 23). In den Gebieten mit überwiegend sommerlichem Abfluß auf Schwemmfächern und in den Talböden liegen die größten Auftautiefen vor (SEMMEL 1985, S. 23).

Das in Eislinsen-, -lamellen und -gängen örtlich konzentrierte Wasser wird bei Auftauprozessen im Substrat freigesetzt. Die Poren werden aufgefüllt, die Feinerdepartikel bilden Wasserhüllen aus. War mehr Eis als Porenvolumen zu Beginn der Schmelze vorhanden, so kommt es im Sediment zu einer Supersättigung (BLACK 1954). In bindigen tonigen und schluffreichen Materialien treten Quellungen auf. Das Substrat der Auftauzone ist oft wasserübersättigt, da der Permafrost in ca. 2 m Tiefe durch die Frostplombierung des Untergrundes keine Versickerung des Wassers zuläßt.

In der Tauperiode wird ein beweglicher Wasserüberschuß erreicht, der Schluff-Sand-Kiesgemische und Schluff-Ton-Gemenge instabil werden läßt. Am Hang können dadurch Solifluktionsvorgänge und Rutschungen ausgelöst werden und auf den Glacis Spülvorgänge auftreten.

3.3.1 Kryoturbationen

Bei wechselndem Gefrieren und Auftauen der oberen Bodenschicht im periglazialen Klimaraum bilden sich in Sedimentlagen vielfach Kryoturbationen aus. Sie sind das Ergebnis von Verlagerungsvorgängen, die durch das unterschiedlich schnelle Einfrieren von wechsellagernden Schichten mit unterschiedlicher Korngröße und ungleicher Wasserkapazität verursacht werden. Bei der Annäherung der Frostfront von oben nach unten und von unten nach oben beim Gefriervorgang wird ein noch ungefrorener Teil eingeschlossen. Es zeigen die schluffig-sandigen Schichten infolge ihrer höheren Wasserkapazität gegenüber den Sand- und Schotterlagen mit geringen Wassergehalten auch eine stärkere Ausdehnung. Da das Einfrieren der Schichten wegen der Korngrößenunterschiede und der wechselnden Wassergehalte in den einzelnen Schichten bei verschiedenen Temperaturen erfolgt, treffen Frostfronten unterschiedlich schnell aufeinander. Die durch die Einengung des Raumes auftretenden Pressungen führen zu Faltungen oder flammenförmigen und taschenartigen Deformationen und Materialverlagerungen. Es entstehen durch Vertikal- und Drehbewegungen die Würgeböden oder Kryoturbationen.

Im Nahetal östlich Sponsheim wurde in der oberen Abbaugrube für die Ausrichtung der Exkursion „Northern Rhine Hessen Landscape development with special reference to periglacial glacis formation" im Rahmen der zweiten internationalen Konferenz für Geomorphologie in Frankfurt 1989 eine Aufschlußwand freigelegt (Abb. 38).

Über einem schwach humosen Boden, der auf umgelagertem schluffigem Rupelton liegt, ist eine Schicht umgelagerten tertiären Materials des Rupelton ausgebreitet, die durch kryoturbate Bewegung flammenartig aufgepreßt ist. Die Feinmaterialaufpressung erfolgte in dem Grenzbereich der rötlichen Terrassensande der Nahe und der

Abb. 38: Zwei Formen der Kryoturbation

grauen Materialien der Plateaurandschüttung. Durch die Auffüllung einer Erosionsrinne liegt die Plateaurandschüttung hier neben den rötlichen Terrassensanden. Im Hangenden folgen wiederum rötliche Nahesande. In die locker lagernden grauen Kiese sind aufgrund ihres höheren spezifischen Gewichts wasserdurchtränkte rötliche Sande eingesunken.

Beim Bau der Zahnklinik in der Oberstadt von Mainz wurden auf der abgesunkenen Scholle des Ostrheinhessischen Plateaus in 120 m ü. NN 5 m tief reichende kryoturbate Bewegungen in einer miozänen Mergel-Kalksteinfolge beobachtet. Es handelt sich um vertikale Schichtaufwölbungen und Verknetungen, bei denen auch einzelne Schichten zerrissen wurden (KRAUTER & SONNE 1967).

Auf dem Rheinhessischen Plateau im Ober-Olmer Wald wurden zwischen 220 bis 225 m ü. NN beim Bau einer Fernwasserleitung in einem Grabeneinschnitt Kryoturbationen sichtbar. Dort waren basale miozäne Kalksteinbruchstücke sowie der hangende Braun- und Rotlehm mit Arvernensis-Schottern und pliozänem Verwitterungsboden bis in eine Tiefe von 3 m unter Flur verwürgt. Die 0,4 bis 0,7 m mächtigen hangenden jüngeren Lößlehme waren dagegen ungestört (STÖHR & AGSTEN 1970, AGSTEN & STÖHR 1972).

Westlich der Einfahrt der Johannes-Gutenberg Universität in Mainz wurden im Straßeneinschnitt des Inneren Ringes, der die Vororte Marienborn und Gonsenheim verbindet, 1,5 bis 2,0 m mächtige Kryoturbationen in den Hauptterrassenschottern angetroffen, die Stauchungen, Faltungen und Kesselbildungen in den Schichten aufwiesen (SEMMEL 1989, S. 27).

Außerdem wurden im Steinbruch auf den Hochflächen zwischen Dienheim und Dexheim bis 2 m tiefe Kryoturbationsformen bekannt. Auch SEMMEL (1969) und LESER (1969) sowie BRÜNING (1975) haben über Kryoturbationsformen im Rhein-Main-Gebiet berichtet.

Zu den Kryoturbationen sind auch Feinmaterialaufpressungen zu rechnen, wie sie am Autobahnaufschluß am Fuße des Goldberges im Nahetal 1976 aufgeschlossen waren (Abb. 39). Das liegende schluffig-schwachtonige Feinmaterial des Schleichsandes wurde kryoturbat aufgepreßt. Es durchbricht eine feinschichtige Wechsellagerung von Sanden und Tonen, die am Rande des Förderkanales aufgebogen wurde.

Abb. 39: Feinmaterialaufpressung in den oligozänen Schichten des Schleichsandes westlich des Goldberges

3.3.2 Gelisolifluktion

Der Dauerfrostboden, der keine Versickerung des Wassers zuläßt, führt beim Abschmelzen des Eises, das als Eislinsen, -bänder und -netze vorliegt, zu hohen Wassergehalten in der Auftauschicht und vielfach zur Wasserübersättigung des Materials.

In schluffig-tonigem Substrat wird dabei die Bindigkeit herabgesetzt. Durch Setzungsvorgänge im auftauenden Substrat wird Porenwasser nach oben herausgedrückt, so daß die Scherfestigkeit sinkt (FRENCH 1977) und es durch den Stau- und Gleiteffekt (SEUFFERT 1976) über dem Permafrost zu spontanen flachgründigen langsamen frostdynamisch bedingten Massenbewegungen und Wasseraustritten kommt. Je nach der Auflockerung, dem Wassergehalt und der Bindigkeit des Substrates sowie der Hangneigung kommt es beim Überschreiten der Fließgrenzen zur Gelisolifluktion (BÜDEL 1959; SEUFFERT 1971; SEMMEL 1985). Als Grenzwert für die Solifluktion gibt BÜDEL (1981, S. 68) 2^0 Hangneigung an. In bindigen Materialien treten auch bei $0,5^0$ Hangneigung schon solifluidale Bewegungen auf (KUGLER 1985, S. 110).

In der bewegten Masse sind Geschwindigkeitsunterschiede zu beobachten. Die in der Solifluktionsdecke nahe der Oberfläche liegenden Teilchen bewegen sich dabei schneller als die tiefer liegenden Teilchen. Die Abtragung erreicht daher im oberen Bereich größere Beträge als zur Dauerfrostbodengrenze hin. Der obere Bereich der Auftauzone, der durch die Solifluktion gekennzeichnet ist, zeigt das Hangabwärtsfließen des Materials, der untere Bereich weist Merkmale des Hakenschlagens auf. Aufgrund der relativ wenig differenzierten Ton-, Sand- und Mergelschichten des Tertiärs ist das Hakenschlagen in Rheinhessen selten zu beobachten. Vielmehr trifft man eine stein- und kiesreiche Solifluktionsdecke an, die auf einer sanft welligen bis nahezu ebenen Hangfläche das Anstehende diskordant schneidet. Es kann auch das denudierte Anstehende direkt unter steindurchsetztem Kolluvium, rezentem umgelagertem Boden, angetroffen werden.

Frostsortierung konnte, abgesehen von der Steilstellung von Steinen, nicht beobachtet werden, stattdessen liegt eine amorphe Solifluktionsdeckenbildung vor. Die amorphe Solifluktionsdecke ist charakterisiert durch eine Feinmaterialmatrix, in der die gröberen Bestandteile des kantigen allochthonen Schuttes in Gefällsrichtung eingeregelt sind. Der innere Bau weist keine Schichtung auf und das Sediment ist unsortiert (Abb. 8).

Die härteren Kalk- und Mergelschichten werden durch Frostwechsel in der Auftauschicht und durch die Eisrindenbildung zerrüttet. Im Auftaubereich des Plateaurandes wandern die abgesprengten kantigen Kalkscherben hangab. Die höhere Widerständigkeit der Kalke gegenüber den Tonen und Mergeln erweist sich auch unter Permafrostbedingungen, so daß die Schichtstufe im periglazialen Klima fortbestand, wenngleich auch die kaltzeitlichen Abtragungsphasen für die Rückverlegung der gesamten Stufe entscheidend waren.

Vor den Plateaurändern, die von einer Schichtstufe eingenommen werden, und an den schmalen Zwischentalscheiden der eingeengten Plateaurestberge entstanden als typische Reliefformen in den oligozänen Sanden und Mergeln durch dominante Abspülung und Gelisolifluktion ausgedehnte Vorlandflächen, die Glacis.

3.3.3 Rutsch- und Gleitvorgänge in der Auftauschicht

Durch periglaziale Klimaverhältnisse mit häufigen Frostwechseln werden Rutsch- und Gleitvorgänge in der Auftauschicht gefördert. Die durch geringe sommerliche Auftautiefe gekennzeichnete „active layer" wird durch die perennierende Eisbildung des Dauerfrostbodens begrenzt. Eislamellen und Eislinsen führen in der Tauperiode zu starker Durchfeuchtung und setzen Druckkräfte frei. Die tonigen Schichten nehmen beim Auftauprozeß an ihren Grenzflächen zu den Sanden und Schluffen derart viel Wasser auf, daß sie durch den Abbau der inneren Reibung an Hängen spontane rasch ablaufende Gleit- und Rutschbewegungen ermöglichen. In den durchtränkten, stark aufbereiteten Massen bilden sich Gleitflächen aus. Ihre Tiefenlage in der Auftauschicht und die Hangneigung bestimmen den Umfang der Rutschmassen, die sich als feuchtes zähfließendes Material bewegen, als breiiger Schlamm abfließen oder als noch teilweise gefrorene Scholle abrutschen.

Neben dem breiigen Material und Schlammabfluß gibt es wellen- und zungenförmige Ton- und Mergelverlagerungen, deren Oberfläche durch parallel oder konzentrisch angeordnete Wülste und Rinnen eine Fließstruktur erkennen lassen. Die Fluidalstruktur weist auf eine zähfließende Bewegung, die eine Folge geringen Wassergehaltes der Gesamtmasse ist oder von einem liegenden Grenzbereich ausgeht, der durch Aufweichung in plastisches Fließen gerät.

Durch flachgründige Rutschungen und Massenverlagerungen in der Auftauschicht erhielt die Hangrückverlegung bedeutende Impulse. Das dadurch entstandene Mikrorelief wird im periglazialen Milieu durch Frosthebung und Gelisolifluktion sowie Abspülungsvorgänge rasch wieder eingeebnet. Die Hangnischen werden von Kriechmaterial aufgefüllt und die konvexen Wülste und Rippen abgetragen, so daß die Hänge sich zu einem ausgeglichenen Profil hin entwickeln. Dort, wo infolge starker periodischer Durchfeuchtung durch Schneeflecken sich häufig großräumige Rutschungen mit bedeutendem Tiefgang ereigneten, entstanden halbkreisförmige Nischen, wie sie am Pfadberg-Wurmberg-Höhenzug im Schleichsand ausgebildet sind.

Diese Nischen wurden auch durch die Frostdynamik, Nivation und Gelisolifluktion überformt. Daß heute so wenig fossile Rutschungen bekannt sind, hängt damit zusammen, daß diese zungen-, loben- und girlandenförmigen Rutschmassen überprägt oder bereits aufgearbeitet sind. Daß im Zuge der Hangrückverlegung auch Teile der krönenden Kalkdecke abbrachen und über den Hang abglitten, belegt die am Wißbergsüdosthang angetroffene miozäne Kalkscholle. Die Überlagerung von Löß oder Hangschuttmaterialien durch abgeglittene tertiäre Schichten sowie eine gestörte Stratigraphie kennzeichnen diese Rutschgebiete.

3.3.4 *Nivation*

Für die Formungsprozesse an temporären und perennierenden Schneeflecken führte MATTHES (1900) den Begriff Nivation ein. SCHUNKE (1974) versteht darunter das Prozeßgefüge, an dem Frostsprengung, Gelisolifluktion, Sturzdenudation und Schneedruck beteiligt sind.

Am Rande von Schneeflecken kommt es während der Tauzyklen zu einem zusätzlichen Schneewasseranfall in der Auftauschicht über dem Permafrost, der durch Solifluktion und Abspülung einen flächen- und linienhaften Abtrag fördert. Bei geringer Auftautiefe kann es zu gravitativen Massenselbstbewegungen kommen, die durch das Eindringen des Schmelzwassers in den Untergrund und die frostdynamische Gesteinsaufbereitung verstärkt werden.

Da der Permafrost das tiefe Versickern des Wassers verhindert, treten in den frostdynamisch aufgelockerten, am Hang ausstreichenden instabilen Mergel- und Tonschichten Quellungen auf. Vielfach reicht am steilen Hang der Auflastdruck der durchtränkten Gesteinsmassen aus, um ein Abgleiten des über dem Permafrost liegenden Feinmaterials zu bewirken.

Durch die starke Durchfeuchtung in der Umgebung der Schneeflecken wird der Prozeß der Frostverwitterung verstärkt. Das aufbereitete Feinmaterial kann dadurch unterhalb der Schneeflecken rasch in Solifluktionsvorgänge einbezogen oder durch fließendes Wasser abgespült werden. In allen diesen Fällen wird Material im Hangbereich umgelagert und abtransportiert und die Rückverlegung des Hanges vorangetrieben.

Gebiete mit episodischen Schneeflecken sind häufig mit Wasser durchtränkt und weisen erodierenden Wasserabfluß auf, der besonders in dem sandigen Mergel des oligozänen Schichtkomplexes wirksam wird. Fehlende Vegetation erleichtert die Abspülungsvorgänge.

3.3.5 *Periglaziale Abspülung*

Die tertiären Sedimentgesteine des Oligozäns stehen im Stufenhang und auf den vorgelagerten Glacis als wenig verfestigte pelitisch- psamitische Steine an. Die feuchten Mergel werden durch das Auftauen und Gefrieren, die Entstehung von Frostrissen und Eisbildungen gelockert und saisonal so aufgeweicht, daß sie in Gleitbewegungen geraten können und Tonpartikel an der Hangoberfläche vom abfließenden Wasser abgeschwemmt werden.

Die Aufnahmekapazität des Bodens der Auftauschicht ist in der Tauperiode schnell erreicht, wenn das freigesetzte Wasser der Eislamellen und Eislinsen, das gefrorene Poren- und Kapillarwasser und die Wasserhüllen der Partikel des Feinmaterials den Boden durchtränken. Tritt dann noch Schneeschmelz- oder Regenwasser hinzu, kommt es im unteren Hangbereich zur Hangabspülung. Das Fehlen eines dichten Pflanzenbewuchses, dessen Wurzeln das Feinmaterial festhalten, begünstigen bei dem vom Frost aufgelockerten Gefüge der Pelite und Sande die Abspülung.

Die hangfluvialen Vorgänge vollzogen sich in schwach eingetieften breiten Rinnen und Hangdellen. Hydrographische Gunstfaktoren oder leicht abspülbarer Untergrund im Bereich der Spülgräben beeinflussen die Anlage. Es wird vor allem Feinmaterial hangab verspült. Schwach bindige, schluffig-feinsandige Ablagerungen mit feiner Gefügegestalt werden leicht erodiert. Die Pelite zeigen in trockenem Zustand Trockenrisse, größere Gefügeaggregate und eine sehr feste Konsistenz. Durchfeuchtet, aufgefroren und durch Frostrisse und Eislinsen gelockert, verlieren sie ihre groben Gefügeaggregate und einen Teil ihrer hohen Bindigkeit. Die Widerständigkeit gegen die Abspülung wird dadurch herabgesetzt.

Für die Erosion von Tonpartikeln sind durch die Kohäsion des Tones, der keine Gefügelockerung erfahren hat, nach HJULSTRÖM (1932, 1935) Fließgeschwindigkeiten erforderlich, wie sie für den Transport von 3 cm Durchmesser aufweisenden Kiesen benötigt werden. Solche Gesteinsbruchstücke sowie Quarzkiese, Fe-Oolithe wurden an dem Hang durch fließendes Wasser umgelagert, wie die Lokalschotter in Runsen und am Hangfuß in Akkumulationen zeigen. In den Nischen und Dellen der Hänge und auf dem Glacis kommt es zu einer stärkeren Durchfeuchtung, die Kohäsion und Haftreibung werden dort durch Aufquellung verringert und die Umlagerung durch Oberflächenabfluß und subkutane Wasserbewegung in den Deckschichten.

Auch die mit Solifluktions- oder Gleit- und Sturzmaterial bedeckten Hangfußbereiche sind stark durchfeuchtet, so daß dort der Ton aufweicht und in breiigem murartigem Ausfluß das Vorland übergossen wird.

Die diffusen flächenhaften Spülprozesse am Oberhang und der in Mulden konzentrierte Abfluß am Mittel- und Unterhang führte zur Gliederung des Schichtstufenhanges. Schutt und Kies werden in Abflußmulden mit größerem Einzugsgebiet durch periodischen Abfluß umgelagert. Das tonige Material wurde außerdem durch Rutschungen überprägt, so daß die weitgeöffneten Dellen vielfach bis an den Plateaurand hinaufreichen.

Das durch die Hangabspülung gelieferte Material wurde auf den Glacis ausgebreitet und dort durch häufige Verlegung der Abflußbahnen, Flächenspülung, Solifluktion und Kammeisbildung umgelagert.

Effektiver als die Solifluktion ist die Abspülung vor allem des schluffigen Materials. Generell wurde trotz wiederholter Hinweise auf die Abtragungsleistung der Abspülung (POSER 1932, S. 48; JAHN 1960, S. 55; SEMMEL 1969a, S. 48; BECK 1976; BIBUS et al. 1976, S. 34 ff.) der Solifluktion ein höherer Stellenwert zugeschrieben, weil sie vielerorts leichter nachzuweisen ist. Die Hänge mit großem Einzugsgebiet zeigen neben den Großformen der Dellen flache Rinnen auf. In diesen Rinnen werden Frostschutt vom oberen Plateaurand, pliozäne Kiese und Fe-Oolithe transportiert, wie die Schutteinlagen belegen. Es handelt sich also nicht allein um am Ort ausgespültes Material, sondern um umgelagertes allochthones Sediment. Diese Rinnenfüllungen sind heute durch Feinmaterial, vor allem durch Schwemmlöß überdeckt und von rezentem Kolluvium zu einer glatten Hangoberfläche ausgeglichen.

In den Aufschüttungen der Glacis im unteren Nahetal wechseln immer wieder Schutt- und Kieslagen mit umgelagerten schluffig-tonigen Mergelschichten, die jeweils vom Plateaurand geliefert wurden. Dieser graue Kalkschutt, die umgelagerten pliozänen Kiese und Sande und das verfrachtete oligozäne Feinmaterial verzahnen sich mit den roten Sanden der rißzeitlichen Naheterrasse. An der Basis der letztkaltzeitlich aufgebauten Schuttdecke wurden flache verfüllte Rinnen beobachtet (Abb. 40). Diese Rinnen können auch mit feinem und grobem Material aufgefüllt sein. Bei grober Materialfüllung liegen zwischen den Kies- und Schuttkomponenten oft feinmaterialfreie Hohlräume. Der Abtransport der Komponenten des Feinmaterials erfolgte vielfach durch „subkutane Ausspülung" (SEMMEL 1985, S. 14). DYLIK (1972, S. 172) und FRENCH (1988, S.142) sprechen von „Thermoerosion", wenn Feinmaterial durch den Abfluß von Schmelzwasser aus tauendem Bodeneis transportiert wird. Abspülungs- und Ablagerungsvorgänge, die sich im Periglazialbereich an der Oberfläche vollziehen, bezeichnet LIEDTKE (1981, S. 156; 1981 a, S. 124) als „Abluation" oder „abluale Vorgänge".

Abb. 40: Der Sedimentkörper der Glacis östlich Sponsheim

3.4 PLEISTOZÄNE FORMUNG DER SCHICHTSTUFE

Die morphologische Geländeaufnahme hat gezeigt, daß seit der Heraushebung im Pleistozän die fluviatile Zerschneidung des Rheinhessischen Plateaus akzentuiert verlief. Die Täler sind als fluviatile Tiefenlinien für die primäre Anlage der Stufe verantwortlich. Die Herausarbeitung und Abtragung der heterolithischen Stufe, die mit einer phasenhaften Positionsveränderung der Trauf verbunden war, vollzog sich vor allem während der pleistozänen Kaltzeiten.

Der gegenwärtige Verlauf der Großform der Schichtstufe wurde durch die pleistozäne Anlage und Ausgestaltung von Hangkerben, Dellen und die Bildung von Kleinformen wie seichten Spülrinnen sowie die Abtragung durch die Solifluktion gestaltet.

3.4.1 *Hangkerben, -buchten und Sporne*

Im unteren Nahetal bei Aspisheim und Dromersheim, im Wiesbachtal bei St. Johann und dem Selztal bei Zornheim, Ober-Olm und Engelstadt dringen Hangkerben weit in den Stufenrand ein. Die Stirnhangtälchen durchbrechen die Kalktafel am Stufenoberhang, so daß dort der Trauf eingekerbt ist. Die tief eingreifenden Plateaurandkerben sind durch eine besondere Hydrographie gekennzeichnet, die auch in den pleistozänen Kaltzeiten wirksam war. Heute treten in den Kerben Quellen zutage.

Auch Buchten und Nischen greifen in die krönende Kalkdecke des Plateaus zurück und arbeiten Sporne heraus, die im Volksmund als „Hörner" KLUG (1960) bezeichnet werden. Die Gefällslinie an den Flanken und der Stirn der Sporne ist steiler als die der weiter in den Plateaurand eingreifenden Buchten und Nischen.

Bei der Erklärung dieser Stufenrandgliederung gilt es zu bedenken, daß bei nahezu gleicher geomorphologischer Wertigkeit der anstehenden Gesteine im großräumigen Bereich unterschiedliche Durchfeuchtung auftritt, die durch die Zufuhr von Wasser aus Mulden in der Altfläche oder über tektonische Störungen sowie durch Infiltration aus den Deckschichten zustandekommt. In der Warmzeit treten in den die Kalkdecke unterlagernden Cyrenenmergeln Schichtquellen aus, Rutschungen und flache Gleitungen stellen sich episodisch als Folgen der Durchfeuchtung ein. Sie schaffen Narben und gestalten Nischen und Stufenrand aus. In dem trockeneren Teil des Plateaurandes ist die Aufbereitung und Abtragung des Gesteins geringer, die Rückverlegung des Hanges wird verzögert, so daß in diesem Bereich des Plateaus ein Sporn herausgebildet werden kann. In den Kaltzeiten bestanden durch die Ausbildung eines Quellhorizontes über dem Auftauboden entlang des Oberhanges der Stufe günstigere Durchfeuchtungsverhältnisse für die frostdynamische Zerrüttung der Gesteine. So war es möglich, daß in dem Bereich der Nischen die Abtragung durch Solifluktion und Abspülung wirksamer verlief als in den benachbarten trockeneren Spornlagen. Die Gefällslinie an den Flanken und der Stirn der Sporne blieb daher steiler geneigt als die weiter in den Plateaurand eingreifenden Buchten und Nischen, in denen sich die Abtragung effektiver vollzog und in denen durch frostdynamische Verwitterung,

Auftausolifluktion und Abspülung sowie häufige flachgründige Gleitungen und Rutschungen die Nischen- und Dellenbildung vorangetrieben wurde. Auch tektonische Grenzflächen und die lokale Schichtneigung können wie am Wißberg Vernässungszonen begünstigen.

In Gebieten, in denen die periglaziale Abtragung durch warmzeitliche Quellerosion fortgeführt wurde, haben sich oft Nischen zu Tälchen entwickelt, die weiter in das Plateau zurückgreifen. Am Wißberg ist lediglich die Basis des Tertiärsockels noch mit dem Plateaukörper verbunden. Die miozäne Kalkdecke wurde abgetragen, so daß ein Auslieger entstanden ist. Die Abtrennung des Wißbergs vom Rheinhessischen Plateau war durch sich vergitternde tektonische Störungen, die NW-SE und NE-SW verlaufen, vorgezeichnet. Schon geringe Verstellungsbeträge in der Schichtneigung, die nördlich des Wißberges auftraten, führten dazu, daß der Wasserabfluß sich stärker dorthin orientierte. Die tektonisch zerrütteten Gesteine, die in der Muldenlage auch durch Oberflächenwasser stark durchfeuchtet wurden, unterlagen in der Kaltzeit in erhöhtem Maße der Frostsprengung.

Im periglazialen Klimaraum enstanden Einschnitte, die sich vor allem durch Abspülung, aber auch durch Solifluktion und Schneewasserabfluß weiterentwickelten. In dem Auftauboden mit seinen basalen Wasserbewegungen förderten die Frostverwitterung und die Abspülung die Ausräumung. Infolge der starken Durchfeuchtung wurde in den liegenden tonigen und sandigen Schichten der sich bildenenden Nischen und Tälchen eine hohe Transportrate erreicht. In den Warmzeiten wurden diese Formen durch rückschreitende Quellerosion weitergebildet.

3.4.2 Hangdellen

Dellen sind Formbildungen des kaltzeitlichen Tundrenklimas, die vorwiegend durch Solifluktionsvorgänge entstanden (BÜDEL 1944, 1959; TROLL 1944, 1947). Tritt als formende Kraft neben der Solifluktion fluviatile Abtragung auf, so spricht man von Dellentälchen (SEMMEL 1966, S. 344). Auch die bis an den Plateaurand reichenden, den ganzen Hang geradlinig durchziehenden Dellen, die über die oligozänen Tone und Mergel sowie die harten miozänen Kalkschichten hinweggreifen, sind in kleinen Buchten nach oben weit zum zentrifugal abfallenden Walm geöffnet. Die Dellenbildung ist besonders bei starker Durchfeuchtung am Plateaurand aktiv, wo an der Basis der ca. 2 m mächtigen Auftauschicht über dem Dauerfrostboden sich ein temporärer Quellhorizont entwickelt (KLUG 1959; LESER 1967, S. 239). Die Abspülung auf den Plateaurändern, deren Oberfläche zur Peripherie hin abfällt, und der Austritt des Schmelzwassers führen zu starker Durchfeuchtung des darunter liegenden Hanges und fördern dort die Zerrüttung der anstehenden Kalke durch Frostsprengung und die frostdynamische Auflockerung der oligozänen Mergel und Tone, so daß die Hangdellen durch Solifluktion und Abspülung tiefergelegt werden. Mit AHNERT (1954) kann man bei der Verlagerung der Dellen von „rückschreitender Denudation" sprechen. Nördlich Wörrstadt 240 m ü. NN wurde an einer noch in der letzten Kaltzeit aktiv überformten Dellenflanke eine aus allochthonem Kalkschutt bestehende 60 cm mächtige Solifluktionsdecke beobachtet, die von einem skelettreichen rezenten Rendzinakolluvium bedeckt ist, dessen Mächtigkeit im Bereich der Tiefenlinie bis auf 80 cm ansteigt (Abb. 41).

Abb. 41: Solifluidal umgelagerte Kalkschuttdecke nordwestlich von Wörrstadt

3.4.3 *Verhülltes Hangrelief*

Wie Anschnitte von Hängen und Straßen sowie Wegeeinschnitte gezeigt haben, liegen unter den geglätteten Hangformen vielfach Hohl- und Vollformen, die durch örtlich verschiedenartige Deckschichten wechselnder Mächtigkeit aufgefüllt sind. In dem verheilten Relief wurden folgende Formen angetroffen: ganz oder teilweise aufgefüllte Dellen, verschüttete Rutschungsnischen und Rutschungsgassen, sedimenterfüllte Rinnen sowie dem Hang aufliegende Schuttdecken und Schuttbänder.

3.4.3.1 Verschüttete Dellen

Eine Delle bei Wolfsheim, die vom Plateaurand herabzieht und zu einem großen Teil verfüllt ist, wird hier als Beispiel beschrieben. Der im mittleren Abschnitt in tertiären Mergeln verlaufende Dellenboden ist mit einer 30 cm mächtigen Schicht von Kalkschutt, Kiesen und Sanden bedeckt, die vom Plateau herab transportiert wurden. Darüber folgt eine 30 cm mächtige umgelagerte rostfleckige Lößdecke, die von 1,5 m mächtigem umgelagertem tonig-mergeligem Material bedeckt ist. Eine 40 cm erreichende von Kiesschnüren durchsetzte Lößlage schließt sich an. Bis zur Oberfläche folgt ein mächtiges humoses skelettreiches rezentes Kolluvium.

Im oberen Hangbereich ist die egalisierende Lößdecke heute durch die Bildung eines Hohlweges aufgeschlossen. Die würmzeitlichen Lößsedimente sind von einer kolluvialen Schwarzerde überdeckt.

Durch die Verlegung eines Entwässerungskanalnetzes im Jahre 1988 in Wolfsheim wurde sichtbar, daß in den Kiesen und Sanden im Dellentiefsten Wasser abfließt, das schon von den frühen Siedlern in der fränkischen Landnahmezeit durch Brunnen zur Versorgung der Höfe genutzt wurde. Unterhalb, am Hangfuß, konnte eine mehrere Meter mächtige kolluviale Humuslagenabfolge beobachtet werden, die durch die fortgesetzte Bewirtschaftung der Hanglagen seit der Römerzeit akkumuliert wurde (Abb. 109).

3.4.3.2 Verheilte Abrißnischen

Neben den Dellen, die in ihrer Tiefenlinie Kalk-, Kies- und Sandfüllungen aufweisen und Mergel-, Lehm- sowie Lößüberdeckungen tragen, die von kolluvialem humosem Boden überzogen sind, wurden in den Hängen Sedimentfallen beobachtet, die als Abrißnischen bei Rutschungen entstanden sind. Meist weist im Gelände nur eine kleine Verflachung in der Hangoberfläche oder ein Rech auf eine derartige Rutschungsnarbe hin. Diese Formen finden sich in dem rutschgefährdeten oligozänen Sedimentstockwerk und haben keinen Anschluß zum Plateau.

Bei stärkerer Durchtränkung kam es zur Quellung der Tone und einer Teilmobilisierung des Hanges, die zur Ausbildung von Rutschungen führte. Es wurden alte von braunem Gehängelehm bedeckte Hangoberflächen von Rutschmassen überfahren (Abb. 42).

Der erhöhte Auflastdruck führte im labilen Untergrund zu Hangbrüchen. Drehbewegungen und ein hangwärtiges Einsinken der belasteten Schollen waren die Folge, so daß der verschüttete und verstellte Bodenhorizont heute in einem spitzen Winkel

Abb. 42: Von Rutschmassen überfahrener Gehängelehm am südexponierten Hang bei Spiesheim

gegen die Hangoberfläche hin einfällt. Oberhalb der Rutschschollen wurde in den Vertiefungen der Rutschungsnischen von dem darüber liegenden Hangabschnitt brauner Lehmboden eingetragen. An dem labilen Hang traten später erneut Nachbewegungen auf. Der Raum zwischen der neu entstandenen klaffenden Randkluft und den weiter abgeglittenen Rutschschollen wurde dann mit humosem Hangkolluvium aufgefüllt. Anhand der Böden können mindestens 2 Generationen von Rutschungen unterschieden werden (Abb. 43), wovon die erste zu Beginn der Kaltphase der jüngeren Dryas und die zweite in der Auftauphase der ausgehenden Dryas und dem einsetzenden Präboreal erfolgt sein dürfte.

Abb. 43: Von Rutschmassen überfahrener Gehängelehm wurde durch Schollenrotation bergwärts abgesenkt

Auch hangab gerichtete Rutschungsgassen sind von umgelagerten Rutschmassen, Solifluktionsmaterial und Gehängelehm sowie Kolluvium verfüllt, und zwar mit dem Material, das im höheren Hangbereich abgetragen wurde oder das bei der Einebnung der aufgepreßten Buckel und aufgeschobenen Wülste entstand.

3.4.3.3 Verfüllte Hangrinnen

Neben den verfüllten Dellen, Rutschungsnischen treten als Feingliederung in den einen geschlossenen Verlauf aufweisenden geglätteten Hängen noch örtlich Rinnen auf. Dort, wo die hydrographischen Verhältnisse einen linienhaften Abfluß ermöglichten, ist eine örtliche Zerschneidung der Hänge durch Abflußbahnen eingetreten. Die Abflußrinnen sind parallel geschart bis 50 cm breite und 20-40 cm tiefe mulden- bis kerbenförmige Eintiefungen im Anstehenden der oligozänen Schichten, wie sie zum Beispiel in den Süßwasserschichten bei Wolfsheim angetroffen wurden, die durch Grobmaterial und feinmaterialreiche Schuttmassen aufgefüllt und von einer mehrgliedrigen humosen Bodendecke mit Kalksteinbrüchen überzogen sind. Auch bei Wörrstadt wurden ähnlich verfüllte Hangrinnen beobachtet (Abb. 44).

In tieferen Lagen oder in Gebieten mit anstehendem Feinmaterial im Einzugsgebiet sind diese Rinnen örtlich breiter. Sie wurden hangab auch unter Feinmaterial verschüttet angetroffen (Abb. 45).

Diese Schuttbänder wurden dort durch Massenbewegungen verstellt, seitlich gekappt und verschüttet. Sie treten dann als schräg liegende Kies- und Steinbänder auf, die noch Teile der Rinnen nachzeichnen. Über dem umgelagerten Feinmaterial mit allochthonen Kalkschuttkomponenten folgt ein humoser umgelagerter Boden, in den Kalkschutt kryoturbat eingearbeitet wurde.

Abb. 44: Verfüllte Hangrinne in einer Solifluktionsdecke

Abb. 45: Kies- und Steinbänder in umgelagerten schluffigen Mergeln

3.4.4. Gelisolifluktionsdecken

An der Autobahnausfahrt Alzey am Südfuß des Galgenberges, 190 m ü. NN, kam es einige Jahre nach der Anlage des Straßeneinschnittes unterhalb eines Wirtschaftsweges, der keine Ableitung für das Regenwasser aufweist zu staffelartigen Hangbrüchen, so daß ein Rutschungslobus bis auf den Fahrbahnrand vordrang (Abb. 46).

Abb. 46: Ein staffelartiger Hangbruch am Südfuß des Galgenberges hat die Gelisolifluktionsdecken über oligozänem Cyrenenmergel aufgeschlossen

Durch die vertikale Verstellung der einzelnen Schollen wurde der Aufbau der Deckschichten in einer länge von über 100 m aufgeschlossen. Über den oligozänen Cyrenenmergeln liegt eine 40-50 cm mächtige Solifluktionsdecke aus Kalkschutt, die in leicht wellenförmigem Verlauf meist sogar geradlinig die basalen Schichten kappt. Eine 60 cm mächtige skelettführende Rendzina schließt das Profil ab (Abb. 47).

Auch in Partenheim konnte in Baugruben unter einem skelettreichen 50 cm mächtigen Kolluvium eine gebleichte Solifluktionsdecke mit Kalkscherben und Kiesen angetroffen werden, die eine leicht wellige Basisfläche hatte.

Durch die Anlage des Geländeeinschnittes an der Autobahnauffahrt westlich Biebelnheim, 170 m ü. NN, kam es 1982 in dem angeschnittenen Rupelton zu Rutschungen. Die Aufschlußwand (Abb.48) zeigte unter einem 35 cm mächtigen Tonboden eine 60 cm mächtige Solifluktionsschicht aus umgelagertem Material des Anstehenden, das nur selten einige kalkig-mergelige Festkomponenten führt, da im Gegensatz zum Galgenberg und dem Hang bei Jugenheim hier ein höher gelegenes Einzugsgebiet mit Kalksteinvorkommen fehlt.

Die Zusammensetzung der Solifluktionsdecke ist also abhängig von dem anstehenden Untergrund des Hanges und den im höher liegenden Einzugsgebiet verbreiteten

Gesteinen. Wird hinreichend Festmaterial zur Verfügung gestellt, so kommt es hangab zur Ausbildung einer geschlossenen Schuttdecke. Fehlen größere Festkomponenten, wird nur feines Gehängematerial umgelagert. Dabei unterscheiden sich die bei der Umlagerung erfaßten Tiefen jedoch nicht wesentlich voneinander.

Bei geringer Oberflächenneigung wurden im oberen Hangbereich des Neubaugebietes nördlich Wörrstadt in 240 m ü. NN bis zu 1 m mächtige Kalkschuttdecken mit geringen Feinmaterialanteilen angetroffen.

Der obere Teil der Hänge ist örtlich mit Kalk- und Mergelschutt und Feinmaterial bedeckt. In tieferen Hanglagen nimmt das Feinmaterial der Pelite örtlich auf Kosten der eingearbeiteten Kalk- und Mergelkomponenten zu.

Das allochthone Lockermaterial besteht am Oberhang aus Frostschutt oder umgelagerten pliozänen Kiesen, die infolge starker Durchfeuchtung auf den

Abb. 47: Gelisolifluktionsdecke aus Kalkschutt über oligozänem Cyrenenmergel, bedeckt von einem skelettreichen Rendzinakolluvium

Abb. 48: Gelisolifluktionsdecke westlich Biebelnheim mit einer geringen Anzahl kalkig-mergeliger Festkomponenten auf einer Rupeltonbasis

Mergeln, Tonen und Sanden, die am Mittel- und Unterhang anstehen, gelisolifluidal hangab bewegt wurden. Auf den 7-10 ^{0} geneigten Hängen vermischtte sich der Frostschutt mit dem Feinmaterial des Hanguntergrundes zu Wanderschuttdecken.

Durch die Differenzierung des Gesteins, das bald als felsige Kalke, bald als mergeliges weiches Material ansteht, ist in den Hangbereichen die allochthone periglaziale Sedimentdecke wechselnd ausgebildet. So wurden im Neubaugebiet nördlich Wörrstadt im oberen Hangbereich Schuttdecken mit grobem Kalkschuttmaterial angetroffen, die über felsig ausgebildetem verkarstetem Kalk lagen. Wo wenig verfestigtes mergeliges Material die Hangoberfläche bildete, liegen dem Anstehenden Schuttbänder auf, die vielfach frei von Feinmaterial sind. Die Schuttstränge sind alte Abflußbahnen, in denen durch die Abspülung des Feinmaterials gröberer locker lagernder Schutt durch Ausspülung angereichert wurde. Heute sind auch diese Grobsedimentbänder vielfach von Feinmaterial überdeckt. Ihre Mächtigkeit schwankt bei Wörrstadt zwischen 20 cm und 1,00 m.

Häufig werden auf den Hängen Reste von ehemaligen Gelisoliflutionsdecken angetroffen. Es wurden auch gut erhaltene Schuttdecken von 40 cm Mächtigkeit beobachtet, deren basale Kalkkomponenten in das tonig- mergelige Liegende eingesunken sind. Weithin tritt auch nur eine Schuttstreu auf. Der Anteil der klastischen Komponenten kann sogar soweit abnehmen, daß in dem umgelagerten Feinmaterial nur noch gelegentlich einzelne Kalk- oder Mergelschuttkomponenten schwimmen.

Bei starker Abtragung, die durch die Hangneigung, das Einzugsgebiet oder die Lage zur Erosionsbasis bedingt sein kann, dünnen die Schuttdecken aus, vor allem dann, wenn im Oberhang keine felsig ausgebildeten Gesteine anstehen, und werden von schwer abgrenzbaren Lehm-Ton-Gemischen ersetzt. Da auf den Hangflächen, in den Dellen und über die sich anschließenden Glacis das Material bis zu den Tälern abtransportiert werden konnte, kam es selten zur Anhäufung mächtiger Spülschutt- oder Gelisolifluktionsdecken.

3.4.5 Zeitliche Einstufung der Sedimentdecken

Bei der Formung der Hänge sind verschiedene Phasen zu unterscheiden. Im Holozän hat sich der Verlauf der Stufe an keiner Stelle markant verändert. Die Überformung durch die rezenten Abtragungsprozesse ist im Überblick gesehen gering. Die Stufenformung war auch in den Interglazialzeiten im Gegensatz zu den Kaltzeiten unbedeutend. Zwar führten Quellerosion und Rutschungen zur kleinräumigen Umgestaltung der Stufe, es fehlte aber der flächenhafte Gesamtabtrag, der die Stufe erfaßte und ihre Rückverlegung vorantrieb.

Die pleistozäne Stufenentwicklung kann durch die Erfassung der Formen und die Analyse der Schichten des Anstehenden und der Decksedimente rekonstruiert werden. Bei der aktiven Rückverlegung der Stufe in dem periglazialen Klimaraum des Pleistozäns können morphologisch besonders aktive Teilgebiete unterschieden werden. Sie sind gekennzeichnet durch die wechselnden Prozeßkombinationen, die jeweils unterschiedliche Formen entstehen lassen. Die Formbildung ist abhängig von der jeweiligen Durchfeuchtung des Gebietes. Die Feuchtigkeit kann autochthoner oder allochthoner Herkunft sein. Autochthon ist die Durchfeuchtung erfolgt, wenn sie durch Niederschlag oder Schneeschmelze dem Ort direkt zugeführt wird. Allochthone Durchtränkung liegt vor, wenn aus hangenden Sedimenten, wie zum Beispiel den untermiozänen oder pliozänen Sanden bzw. den sie bedeckenden Lößschichten, Wasser zugeführt wird. Auch an der Basis dieser Sedimente können Wasserkanäle auftreten, wie sie zum Beispiel in den Einmuldungen der miozänen Schichten bei Ockenheim beobachtet wurden (PREUß 1983, S. 39 f.). Schichtneigungen und tektonische Störungen begünstigen Wasseraustritte, die durch ihr Einzugs- und Zuflußgebiet zur lokalen Anreicherung von Wasser führen, so daß sie auf die Entwicklung der bereits eingetieften Dellen, Kerben und Rinnen, die das räumliche Muster der linearen Abtragungsformen in den Hängen bestimmen, starken Einfluß nehmen.

Außer in den durch Rutschungen bedingten Sedimentfallen konnten auf den steilen Stufenhängen in der Regel keine gegliederten älteren Sedimente beobachtet werden. Die älteren Schuttdecken und letztinterglazialen Böden sind der starken Abtragung des Frühwürms zum Opfer gefallen.

Neben den sich im Frühglazial bildenden flächenhaft abwandernden Schuttdecken entstanden Frostschuttbänder, die auch in flachen Dellen und Kerben transportiert wurden. Bei geringer Feinmaterialzufuhr oder guten Abflußverhältnissen entwickelten sich durch Abspülung locker gelagerte Steinströme am Hang, die später wie bei Wörrstadt durch pelitisches Material oder Löß überkleidet und zugeschüttet wurden.

Die Verfüllung der Hohlform durch Solifluktionsmaterial, Gehängelehm und Löß weist auf eine Änderung des Prozeßgefüges hin. Da diese Veränderung großräumig verfolgt werden kann, geht sie auf klimatische Ursachen zurück. Es bilden sich zunächst Übergangsformen, die sowohl den Einfluß der neuen, wie auch der alten Wirkungsphase erkennen lassen. Dieser Fall ist gegeben, wenn die Sedimente nicht mehr einheitlich durch Spül- oder Solifluktionscharakter geprägt sind, sondern von äolischen Ablagerungen durchsetzt bzw. phasenweise ganz ersetzt wurden. Das zeigt eine zunehmende Trockenheit an, die den Grobmaterialtransport auf den Hängen verringerte und allmählich erlahmen ließ. Die Lößanwehung war durch die Abnahme der Feuchtigkeit im Hochglazial der letzten Kaltzeit möglich.

Der unter Löß lagernde Frostschutt, die Solifluktions- und Spülschuttdecken dürften in den Zeitraum des ausgehenden Frühwürms gehören. In den SW exponierten Gebieten, die vorwiegend lößfrei sind, fanden in dem pelitisch sandigen Material der Hänge der Schichtstufe, das der periglazialen Abtragung wenig Widerstand entgegensetzte, ein rascher Abtransport und eine starke Hangrückverlegung statt, so daß dort nur gering mächtige periglaziale Spül- und Solifluktionsdecken vorkommen. In Rutschgebieten wurden die frühgazialen Schuttmassen umgelagert und örtlich verschüttet.

Nördlich von St. Johann, bei Wolfsheim und am Wißbergwest- und -osthang und westlich Vendersheim ist an geglätteten Hängen periglazialer Hangschutt angetroffen worden, der mit pliozänen Kiesen und eingebettet in erodiertes tertiäres Sedimentmaterial hangab transportiert worden ist. Örtlich schieben sich Gebiete dazwischen, in denen der Hangschutt ausdünnt oder fehlt. Dort haben sich in den tertiären Süßwasserschichten rezente Rutschungen ereignet, durch die die Schuttdecken abgeräumt und verschüttet wurden.

Es wurden im flachen Oberhang bei Wörrstadt Erdkessel beobachtet, in denen Humusboden und Kalkschutt kryoturbat miteinander vermischt wurden. Von diesen

Erdkesseln greifen schwarze mit humosem Boden gefüllte Röhren und Gänge in die gelbbraunen Mergel des Anstehenden ein. Über dem Bodenmaterial liegt eine lehmreiche Kalkschuttdecke, die solifluidal hangab bewegt wurde. Es wird daher angenommen, daß es sich um eine Bodenbildung handelt, die von einem Deckschutt überfahren wurde, der mindestens der letzten Kaltzeit zuzuordnen ist und sehr wahrscheinlich in der jüngeren Tundrenzeit gebildet wurde (SEMMEL 1964, S. 284).

In dem oberen Bereich einer Hangdelle bei Wörrstadt wurden die vorher genannten Kessel mit Reliktboden nicht beobachtet. Dort war die Abtragung in der Würmkaltzeit so stark, daß ältere Böden ausgeräumt wurden. Statt dessen liegt über dem wenig verfestigten Mergel eine solifluidal bewegte Frostschuttdecke, die von einem skelettreichen braunschwarzen Rendzinakolluvium bedeckt wird (vgl. Abb. 41, Hangdellen).

Fließerdehorizonte können ebenso in Lößfolgen und Flugsandgebieten eingeschaltet sein.

Westlich Heidesheim am Nordabfall des Ostrheinhessischen Plateaus liegen mächtige Flugsanddecken, deren basale Schichten über metergroße Kalkplatten führen. Während der Flugsandsedimentation wurden die frostdynamisch losgelösten Kalkplatten am oberen Hang solifluidal transportiert, und mit der Einwehung der Plateaukante fanden diese Verwitterungs- und Abtragungsvorgänge durch die zunehmende Trokkenheit ihr Ende. Auch im Raum Gau-Algesheim findet man an den unteren Selztalhängen Solifluktionsdecken, die in die basalen Schichten der Flugsande eingeschaltet sind.

Der Übergang zwischen Hang und Fußfläche ist in den weichen Sedimentgesteinen vielfach nicht scharf ausgebildet. Es besteht vielmehr ein konkaver allmählicher Übergang, ohne daß es zu einer mächtigen Akkumulation von Hangmaterial kommt. Am Hangfuß ist es auch nach dem Abschmelzen des Schnees und dem Abrinnen des Abflußwassers durch oberflächennahe Sickerwasserbewegung feuchter als in den übrigen Hangteilen. Dadurch erhält die frostdynamische Aufbereitung und Umlagerung der Verwitterungsdecke neben der Abspülung hier immer wieder neue Abtragungsimpulse durch die Solifluktion. Es muß ein gewisses Gleichgewicht zwischen dem vom Steilhang herabkommenden Material und der Abtragung auf dem Glacis bestanden haben. Nahe des Hangfußes und am Übergang auf das Glacis sind die korrelaten Ablagerungen bei Sprendlingen nur 60 cm mächtig.

Es ergibt sich aus den Beobachtungen, daß genetisch ganz unterschiedliche heterogene Ablagerungen, die durch Solifluktion, Rutschungen oder Spülvorgänge transportiert wurden, auf die Glacis geschüttet werden.

Die Situation am Hang ist durch Solifluktion, Gleitungen und Abspülungen, die flächenhaft oder in Rinnen sowie in Dellen und Talbuchten erfolgen, charakterisiert. Alle diese Vorgänge wirken in einer Richtung, sie zerstören die Stufe und verlegen sie zurück.

3.4.6 Kaltzeitliche Hangabtragung: Prozesse und Formbildungen

Periglaziale Hangabspülung, Solifluktion und Rutschungsvorgänge führten an der heterolithischen Stufe (LOUIS 1966) zu einer weiträumigen Zurückverlegung der gesamten Stufe, wenn auch an den Spornen des Plateaurandes und in den Nischen und Buchten differenzierte Abtragungsraten erreicht wurden. Die Rückverlegung der Schichtstufe ist in den Teilberichen ihres Verlaufs bei aller Gleichförmigkeit unterschiedlich erfolgt, da die Hangkerbtälchen, Dellen, Rutschungsnischen, -gassen sowie seichte linienhafte Zerschneidungsformen, Wanderschuttdecken und -streifen beteiligt waren.

Die Frostverwitterung zerrüttete am Stufenrand des Rheinhessischen Plateaus die dünnbankigen Kalkschichten. Im periglazialen Klimaraum der Kaltzeiten infiltierte Schmelzwasser über die Klüfte, Schichtflächen und das Karstwassergefäß aus den hangenden tertiären Quarzkiesen. Bei den Frostwechseln im Frühsommer und Herbst konnte die Frostsprengung durch die Bildung von Poren-, Kluft- und Gangeis besonders wirksam werden.

In dem Solifluktionsmaterial der Hänge bildeten sich in trockeneren Bereichen Eislinsen, in feuchteren Hangpositionen dichte netzartige Eisstrukturen aus, die örtlich noch von diskontinuierlichen Eisbändern durchzogen waren (MELNIKOV & TOLSTIKHIN (1974) nach WEISE 1983, S. 30).

Wo die Mächtigkeit der Solifluktionsdecke am Hang geringer als die sommerliche Auftautiefe war, wurde auch das am Hang anstehende Gestein durchfeuchtet. Ein Teil des abrinnenden Hang- und Sickerwassers infiltrierte in die am Hang ausstreichenden Sande, Mergel und Tone. Die Frosteinwirkung führte zur Eislinsenbildung und Frostrissen, die Tauperiode rief durch die Freisetzung des Wassers Quellerscheinungen hervor. Dadurch wurde das Gefüge der oberflächennahen Schichten gelockert. Durch abfließendes Wasser konnte die Solifluktionsdecke auf dem Hang ausgespült werden, so daß sich der Abfluß auf den gequollenen Tonen und Mergeln des Anstehenden vollzog. Dabei wurden seichte Rillen in den Hang eingeschnitten.

Dort, wo eiserfüllte Frostrisse und Klüfte den oberflächennahen Bereich durchziehen und Wasser eindringen kann oder dieses über sandig-schluffige Lagen im Anstehenden den Tonen und Mergeln zugeführt wurde, konnte es zu flachen Gleitungen kommen, die die Hänge örtlich zurückverlegten. Die dabei entstandenen Nischen können entlang der eingesenkten Gleitbahnen zu Dellen ausgestaltet werden und dann durch Abspülung und Ausräumung zur Heraushebung von Plateaurandvorsprüngen Anlaß geben und so die differenzierte Abtragung der Stufe mitgestalten.

Die Hauptphase der Rückverlegung der Gesamtstufe vollzog sich im feuchteren Frühglazial. Die frostdynamische Aufbereitung des Untergrundes und die periglaziale Hangflächenspülung, die Rutschungsaktivitäten und die Solifluktion im Auftauboden führen zu einer großen Abtragungsleistung. Durch die Plombierung des Untergrundes durch Permafrost standen das Schmelzwasser der Auftauschicht und das Niederschlagswasser der Sommerregen für den Transport zur Verfügung. Die austauenden Eislinsen und das Poreneis lieferten darüber hinaus beträchtliche Wassermengen, die den Abtrag der Sande und Pelite am Hang förderte.

3.5 GLACIS AM RANDE DES WESTRHEINHESSISCHEN PLATEAUS

Die Untersuchungen beschäftigen sich mit der quartären Relief formung im nördlichen Rheinhessen. Der Terminus „Rheinhessisches Tafel- und Hügelland" wurde bewußt nicht angewandt, da er, wie schon LESER (1969, S. 3) feststellte „nie ausreichend definiert wurde".

Betrachten wir die Oberflächenformen Rheinhessens anhand der topographischen Karte, so fällt das unterschiedliche Relief zwischen dem nordwestlichen und südlichen Bereich Rheinhessens auf. Deutlich ist das Hügelland um Alzey zu erkennen, für das TUCKERMANN (1927) den Begriff 'Alzeyer Hügelland' einführte. Das Relief ist durch mäßige Höhenunterschiede und vorwiegend isolierte gerundete Vollformen charakterisiert, die durch fortschreitende Zertalung entstanden sind. Anders ist es im nordwestlichen Rheinhessen.

Um die inneren Bereiche der Westrheinhessischen Plateaus breitet sich ein nach außen hin sanft abfallender Randsaum. Um die Restplateaus liegt ein zerschnittener, örtlich in Sequenzen ausgebildeter Kranz von Vorlandflächen. Er ist zusammengesetzt aus zentrifugal abfallenden, gerichtet nebeneinander liegenden langgestreckten Riedelplatten. Sie weisen innerhalb des altersgleichen Abtragungssystems die gleiche Höhenlage und Oberflächenneigung auf. Sie lassen sich als zusammengehörige Reste von Vorlandflächen erkennen.

3.5.1 Glacis im Raum Sprendlingen

Der heute vorliegende Formenschatz (Abb. 49, Abb. 50) läßt eine deutliche Abhängigkeit des Formenbildes vom geologischen Bau erkennen. Über dem geomorphologisch

Abb. 49: Sanft abfallende zerschnittene Glacis bei Sprendlingen

Abb. 50: Die Flanke eines durch Dellen aufgelösten Glacis

weichen oligozänen Sand- und Mergelstockwerk folgt im Hangenden das stufenbildende miozäne Kalkstockwerk. Es ist ein Merkmal des in horizontal lagernden Schichten ausgebildeten Schichtstufenlandes im nordwestlichen Rheinhessen, daß nur ein Stufenrand vorhanden ist und ein Gegenhang fehlt. Der Plateaukörper wird weiterhin von einer Schichtstufe begrenzt, deren steiler Stufenhang von der ausbeißenden miozänen Kalktafel gebildet wird. Je nach Lage zur lokalen Erosionsbasis konnten sich unterschiedliche Formen unterhalb des Stufenrandes ausbilden. Liegt die hydrographische Leitlinie weit entfernt, so sind ausgedehnte, sanft abfallende Vorlandflächen entstanden, die auf die Flußterrassen eingestellt sind. Bei geringer Basisdistanz fehlt die Vorlandfläche. Dort ist der steilgeböschte Hang durch Dellen, Rutschungsnischen und -wülste sowie Erdschlipfe gekennzeichnet.

Der Formenkomplex setzt sich nördlich von Sprendlingen aus der nahezu horizontalen Plateaufläche, dem markanten Steilabfall der Stufe und der ausgedehnten, sanft abfallenden Vorlandfläche zusammen. Der stratigraphisch ältere, weniger widerständige Stufensockel geht in einer konkaven Fläche in den Stufensteilhang der Kalktafel über, oberhalb dem sich örtlich noch ein konvexer Walm anschließt. Die Akkumulationsfläche der pliozänen Kiese und Sande ist im Bereich des Plateaus mit Löß überpolstert.

Das Profil (Abb. 51) zeigt den in der Kalktafel ausgebildeten Steilabfall der Stufe, den sich anschließenden konkaven Übergang zwischen Hang und Fläche und die weitgespannte mit 3-4^0 ansetzende und auf 2^0 in tieferen Lagen auslaufende Vorlandfläche.

Benachbart sind tiefergeschaltete jüngere Abtragungseinheiten zu erkennen.

Das sanfte Einfallen der Vorlandfläche zur Wiesbachterrasse hin zeigt den Verlauf einer Kappungsfläche, die mit Kieslagen bedeckt ist und die geomorphologisch weichen wenig widerständigen ± horizontal liegenden Süßwasserschichten, den Cyrenenmergel und Schleichsand diskordant schneidet. Durch eine Delle unterbrochen, setzt die Kiesdecke oberhalb der Ziegelei Dr. Schnell bei Sprendlingen wieder

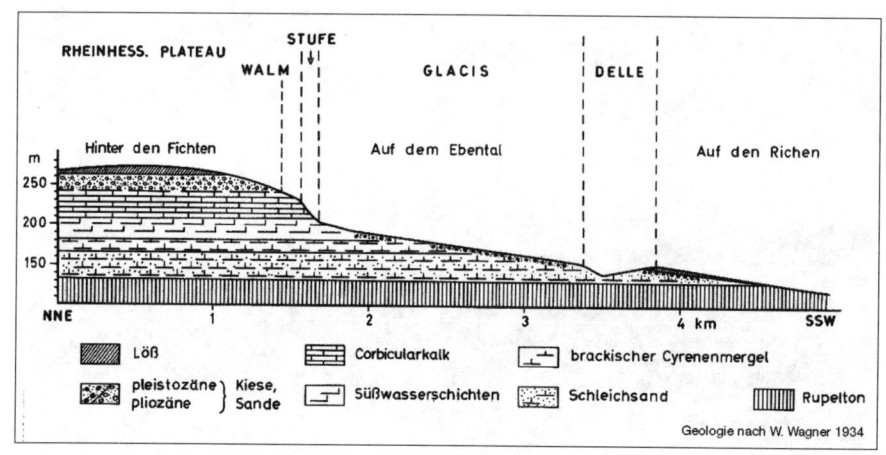

Abb. 51: Längsprofil des östlichen NNE-SSW-ziehenden Glacis bei Sprendlingen
(vgl. Abb. 14 B – B ')

ein, wo sie gut aufgeschlossen ist.

Wie die Beobachtungsergebnisse und das Profil zeigen, sind im Raum Sprendlingen Glacis verbreitet, die in weichen Sedimentgesteinen ausgebildet sind.

Der Autor gebraucht die Termini 'Pediment' und 'Glacis' in Übereinstimmung mit der Entscheidung der IGU Commission on Arid Zone, die von MENSCHING mitgeteilt wurde (1964, S. 143). Man einigte sich auf eine Definition und die Anwendung der geomorphologischen Begriffe Pediment und Glacis wie folgt: „Als Glacis sollen alle Gebirgsfußflächen in weichen Sedimentgesteinen (Neogen) des unmittelbaren Gebirgsvorlandes bezeichnet werden, während nur die Gebirgsfußflächen im härteren Gestein (Fels), so zum Beispiel im Kristallinsockel, als Pediment zu bezeichnen sind. Eine Beschränkung dieser Termini auf einen bestimmten Klimabereich ist damit nicht gefordrt ..."

3.5.1.1 Aufschlußbeschreibung

Beste Aufschlußverhältnisse über weite Strecken ergaben sich im oberen Bereich des Glacis in der Flur „Auf dem Ebental". Eine Aufschlußwand in diesem Bereich läßt ein mehrgliedriges Decksediment erkennen.

Die Kontaktfläche des Sediments mit dem liegenden Cyrenenmergel beschreibt eine asymmetrische Mulde, die nach Osten allmählich ausflacht. Das Sediment ist durch die Wechsellagerung geringmächtiger, seitlich auskeilender Kies-, Grob- und Feinsandlagen mit eingeschalteten Schluffschmitzen und einem stellenweise verbreiteten kryoturbat gewürgten Eisenmanganbändchen charakterisiert. Situmetrische Messungen haben gezeigt, daß die Mehrzahl der Kalkgerölle der Kiesfraktion im Grobsedimenthorizont quer zur Abtragungsrichtung eingeregelt sind. Die Rundungsgradmessungen nach CAILLEUX (1952) führten zu dem Ergebnis, daß das Maximum des Zurundungsindex zwischen 50 und 100 für 44 % der Hydrobia inflata führenden Kalkgerölle liegt (Abb. 52). Das Grobsediment weist also periglazialen Charakter auf. Aus dem Verteilungsspektrum der Indexgruppen und aus dem Aufbau des mehrgliedrigen Sediments ist zu schließen, daß als Transportmedium fließendes Wasser beteiligt war. Der Korngrößensortierung zufolge haben die Abflußverhältnisse stark variiert. Bei der geringen Reliefneigung divergierte das abfließende Schmelzwasser auf der Vorlandfläche. Es wird eine periodische Abspülung angenommen, die den periglazialen Stufenrandschutt erfaßte und über die Vorlandfläche ausbreitete. Dieser Transport führte zur Abrundung des kantigen Materials. Es kam zu einer Überspülung, lateraler Erosion und einem Abtrag am Flächensockel. Durch Bündelung des Abflusses wurden örtlich auch flache Rinnen tiefer eingeschnitten. Durch Verlegung der Abflußbahnen wurden diese im Anschluß daran wieder aufgefüllt.

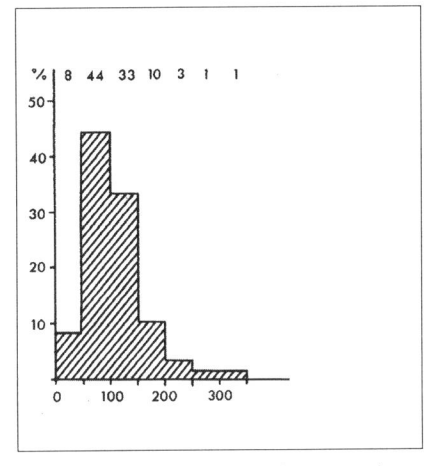

Abb. 52: Indexgruppen der Zurundung nach Cailleux. Auf dem Ebental/Sprendlingen (BECK 1976)

Bei der geomorphologischen Kartierung des Glacis bei Sprendlingen stellte sich heraus, daß auch im unteren Flächenrestriedel die Kiesauflage sich in stratigraphisch unveränderter Position als Hangendes des Tertiärsockels unter einer 10 m mächtigen Lößdecke fortsetzt.

In dem Aufschluß der Ziegelei Dr. Schnell ist die geringfügig gewellte Schnittfläche in den gelbgrünen mitteloligozänen Schichten des unteren Schleichsandes und Rupeltones an einer 200 m langen Aufschlußwand zu verfolgen.

Der darüberliegende Glacisterrassenkörper ist auch hier deutlich mehrgliedrig geschichtet. Sandlinsen folgen auf Kieslagen. Örtlich treten auch tonige Bändchen auf, die reich an tertiären Muschel- und Schneckenschalen sind, also Material führen, das am tertiären Sockelgestein erodiert wurde. Ihre geringe Beschädigung zeigt, daß keine große innere Reibung beim Transport im Abflußmedium bestand, da sie sonst stärker aufgearbeitet wären. Die Ton- und Sandschmitzen keilen seitlich nach wenigen Metern aus. Örtlich treten auch unvermittelt solifluidal transportierte Großblöcke im Sediment auf. Die Terrassenoberfläche verläuft im Gegensatz zur Sockelfläche vielfach unruhiger. Sie hat durch die Ausbildung von Eiskeilen und Kryoturbationen sowie örtliche Abtragung eine stärkere Gliederung erfahren. Die Mächtigkeit der Terrassenakkumulation wächst von einigen Dezimetern über 0,5 m auf 1,20 m und erreicht im Südostteil des derzeitigen Aufschlusses, wohin die Flächenterrasse leicht einfällt, sogar 1,80 m. Die Schuttmächtigkeit nimmt also in Richtung des Glacisgefälles und zum Außenrand seiner schwach konvexen nach Osten abfallenden Basisflächen zu.

Der mehrgliedrige Glacisterrassenkörper zeigt in seinen gröberen Sedimentlagen folgende Zusammensetzung: er besteht zu 86 % aus Kalk- und Mergelgeröllen und 14 % aus Quarz, Quarzit, Kieselschiefer, Eisenoolith, Bohnerzen, Chalcedon, Muschelkalkhornstein und tertiären Muschel- und Schneckenschalen. Bei den Untersuchungen konnte festgestellt werden, daß die Glacisterrasse sich aus den pliozänen Deckschichten des Plateaus, wie sie am Steinberg vorkommen, den Kalken des Stufenrandes und dem erodierten Material des Glacissockels zusammensetzt. Das Morphogramm der unverwitterten Hydrobiengerölle (Abb. 53) läßt das Maximum

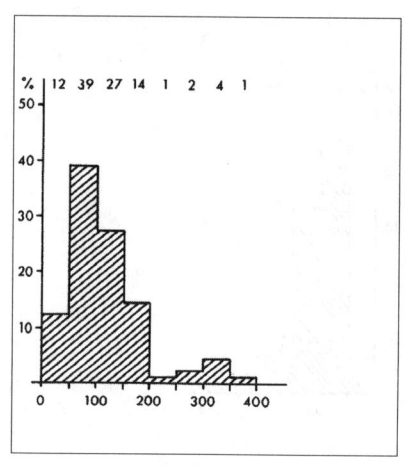

Abb. 53: Indexgruppen der Zurundung nach Cailleux. Ziegeleigrube Dr. Schnell/Sprendlingen (BECK 1976)

zwischen 50 und 100 erkennen. Aufgrund der Schichtung und der Verteilung der Indexgruppen sowie der häufig auftretenden frostgesprengten Gerölle kann man von periglazialem, kantengerundetem, fluviatil transportiertem Material sprechen. Die Längsachsen der größeren, vielfach plattigen Kiese im Aufschluß liegen um die Richtung NE-SW eingeregelt. Der fluviatile Transport erfolgte nahezu aus der Nordrichtung, zeigt aber eine Ostkomponente entsprechend dem Gefälle zum Außenrand des Glacis. Ausspülung und Sedimentation wechseln in der periodisch auftauenden Schicht miteinander, Grob- und Feinmaterial wurden je nach der Transportkraft des zugeführten Schmelzwassers umgelagert. Aus all dem wird deutlich, daß periodisch ein stoßweiser Abfluß in Gerinnen erfolgte. Durch „Pedimentierungsprozesse" im periglazialen Klimabereich wurde der Flächensockel im Anstehenden eingeebnet und tiefergeschaltet.

Durch die starke Materialschüttung der sich tieferschaltenden Glacis wurde der Wiesbach, wie sein bogiger Verlauf erkennen läßt, nach SSW abgedrängt, die Wiesbachterrasse von dem sich tieferlegenden Glacis überformt und abgetragen.

Das Glacis hat sich an seinem unteren Ende in diesem Bereich syngenetisch erweitert, als das Gebiet der Schotterfluren der Wiesbachterrasse durch Abdrängung des Vorfluters in die Glacisbildung einbezogen wurde.

Da die ausgedehnte Glacisterrasse als kaltzeitliche Bildung erkannt wurde, ist zu klären, welcher Kaltzeit sie zugeordnet werden kann.

3.5.1.2 Stratigraphische und zeitliche Gliederung des Lößprofils

Der kaltzeitlich gebildeten Glacisterrasse liegt ein Lößprofil auf, an dessen Basis sich ein warmzeitlicher Boden befindet (Abb. 54). Es handelt sich um eine pseudovergleyte Parabraunerde (10 YR 5/4), deren Bildung in die Eemwarmzeit gestellt wird. Ein basaler Solifluktionsbereich läßt die Abtragungsphase erkennen, die zu Beginn der Würmkaltzeit wirksam war. Darüber folgen die frühwürmzeitlichen Humuszonen. Sie bilden einen Bodenkomplex, der sich in einen autochthonen liegenden Boden, der mäßig humos (3,34 % organische Substanz) und schwach kalkhaltig (0,48 % $CaCO_3$) und in ein umgelagertes, deutliche Schichtung zeigendes, hangendes Sediment gliedert ist, das mäßig humos (3,7 % organische Substanz) und schwach kalkhaltig (0,49 % $CaCO_3$) ausgebildet ist. Eine einschneidende Klimaverbesserung hatte zu der basalen Schwarzerdebildung geführt, während die umgelagerte Schwarzerde bereits eine Klimaverschlechterung mit den Anzeichen der Abtragung und Umlagerung des Bodens erkennen läßt. Entsprechend der Würmgliederung von SCHÖNHALS, ROH-

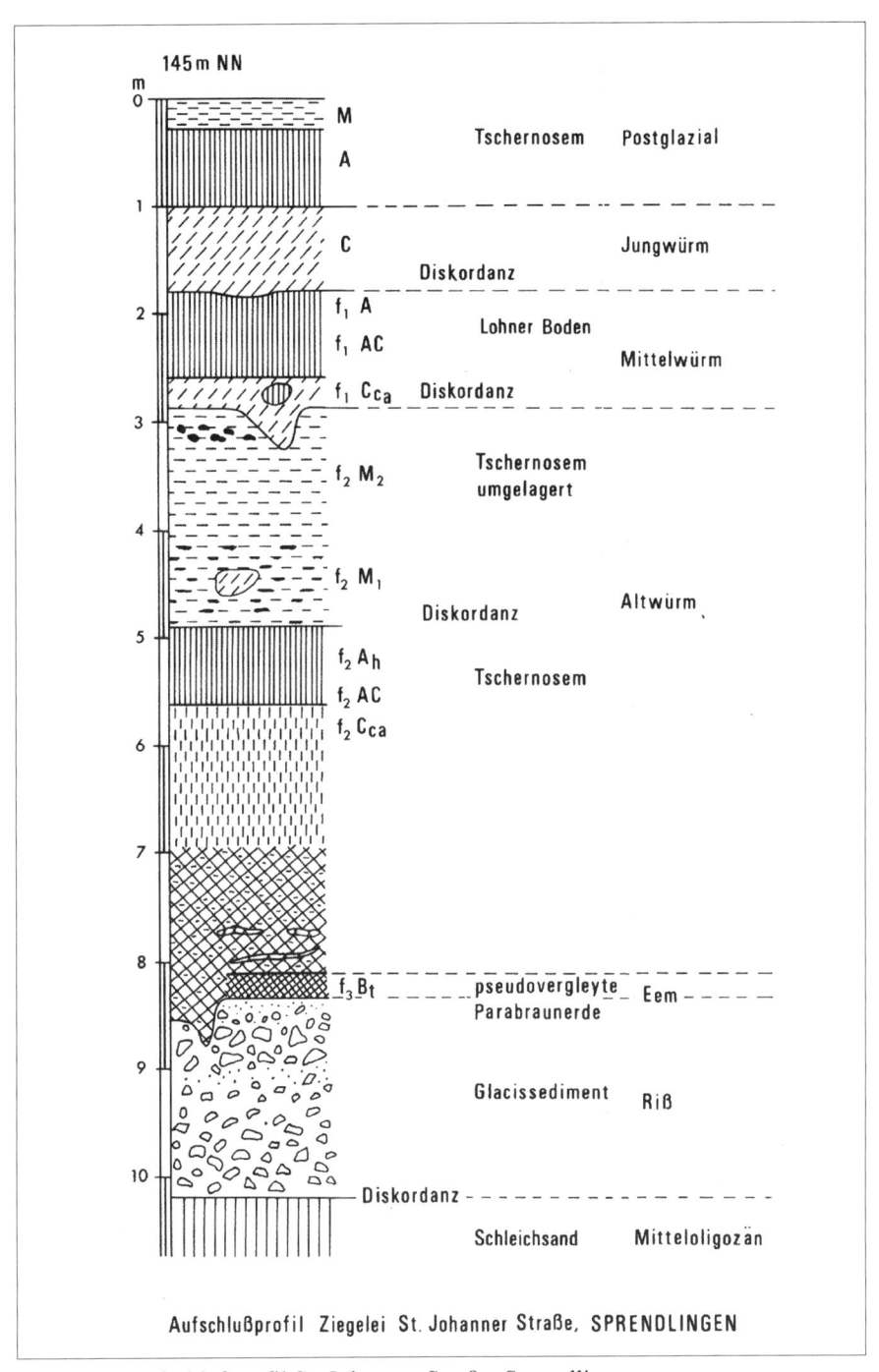

Abb. 54: Aufschlußprofil St. Johanner Straße, Sprendlingen (BECK 1976)

DENBURG, SEMMEL (1964) geht mit der Bildung der obersten Humuszone das Altwürm zu Ende. Die folgende Lößsedimentation ist ins Mittelwürm zu stellen, da sie im Hangenden das Äquivalent des Lohner Bodens trägt. Dieser Boden entspricht qualitativ und stratigraphisch dem von LESER (1970) in der Grube Dr. Schnell unterhalb des Eltviller Tuffbandes beobachteten Boden. Das Mittelwürm schließt an der Obergrenze des Lohner Bodens ab. Es ist eine Diskordanz sichtbar. Darüber folgt örtlich ein Kiesband, das als Basiskiesband des Jungwürmlösses bezeichnet werden kann. Der im Hangenden folgende Löß ist durch rasch auskeilende Steinchenlagen und Rostflecken gekennzeichnet. Der obere Abschnitt des Lößprofils ist unvollständig. Die angetroffene stark verkürzte Abfolge des Jungwürmlösses läßt eine starke Abtragung im Spätglazial erkennen. Der postglaziale Reliktboden (10 YR 4/3), der 4,22 % organische Substanz und 13,3 % $CaCO_3$ enthält, ein brauner, aufgekalkter Steppenboden (ZAKOSEK 1962) schließt das Profil ab.

Da der fossile B_t-Horizont der pseudovergleyten Parabraunerde in dem Lößkomplex als Zeuge einer intensiven Verwitterung und Bodenbildung als Äquivalent der letzten Warmzeit angesehen werden kann, da ihm ein Würmlößprofil aufliegt, ist die Bildung der liegenden Glacisterrasse mindestens in die Rißkaltzeit zu stellen.

3.5.2 Reliefgenerationen der Gau-Weinheim-Vendersheimer Ausraumbucht

Östlich des Wißberges sind in der Ausraumbucht Gau-Weinheim-Vendersheim in entsprechender Höhenlage und Ausbildung altersgleiche örtlich zerschnittene Glacis erhalten (Abb. 55). Auch in noch höherer Lage konnten Glacis- und Pedimentreste beobachtet werden. Auffällig ist, daß die gestuft ausgebildeten geneigten Flächenreste, die zwei Reliefgenerationen angehören, in verschiedenen Richtungen zueinander verlaufen. Während die älteren, höher liegenden WNW ziehenden Flächen mit dem Flurnamen „Auf dem Goldert" und „Auf dem Tafelberg" unterhalb einer flachen Geländestufe liegen, setzen die jüngeren NW-SE verlaufenden Restriedelflächen südwestlich von Vendersheim etwa 50 m unterhalb des Plateauniveaus an (Abb. 56).

Am Rande der geschlossenen Plateaubereiche breiten sich also Abtragungseinheiten aus, die stufenartig übereinander liegen und gegenwärtig als zerschnittene Flächenteile des Vorlandes in Erscheinung treten. Die Flächenterrassen waren auf die lokale Erosionsbasis des Wiesbaches und seiner Nebenbäche eingestellt. Wie kam es zu ihrer Ausbildung?

Zu Beginn des Pleistozäns (FALKE 1960), als die Kalkdecke der Altfläche vom Wiesbach infolge der Reliefenergie durchsunken wurde, griffen im Zuge der kaltzeitlichen Abtragungsdynamik flach geneigte Kalkpedimente in den inneren Kern des Wörrstädter Plateaus vor. Pedimentierende Wirkung ging von den umgelagerten pliozänen Kiesen, Sanden und Bohnerzen sowie den frostdynamisch aufgearbeiteten Mergel- und Kalksteinmaterialien des Untergrundes aus. Diese Komponenten bilden die Deckschichten der Pedimente. Örtlich können die Deckschichten verkittete Sande aufweisen. WAGNER (1972) fand in der Sandgrube am Stubberg einen Molarrest eines Elephas meridionalis, nach dem die Deckschichten der höchstgelegenen Flächenreste ins Altpleistozän gestellt werden. Als Zeitmarke für die Datierung der Formungs-

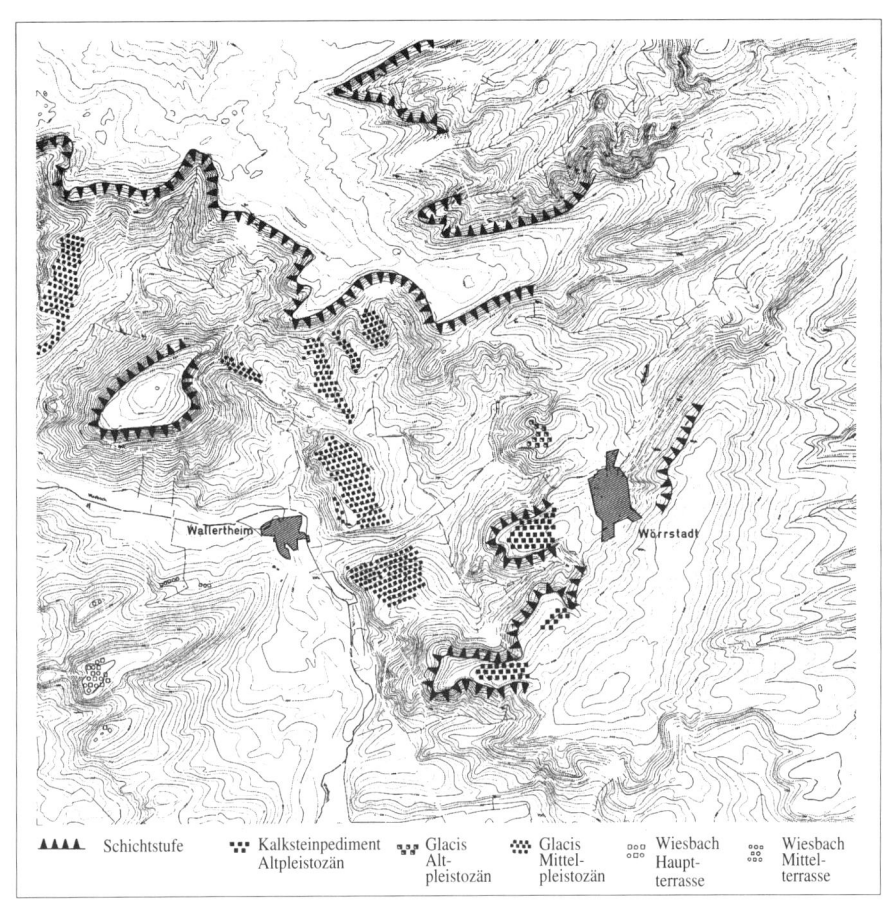

Abb. 55: Geomorphologische Karte Wörrstadt 1:25.000 (BECK 1976)

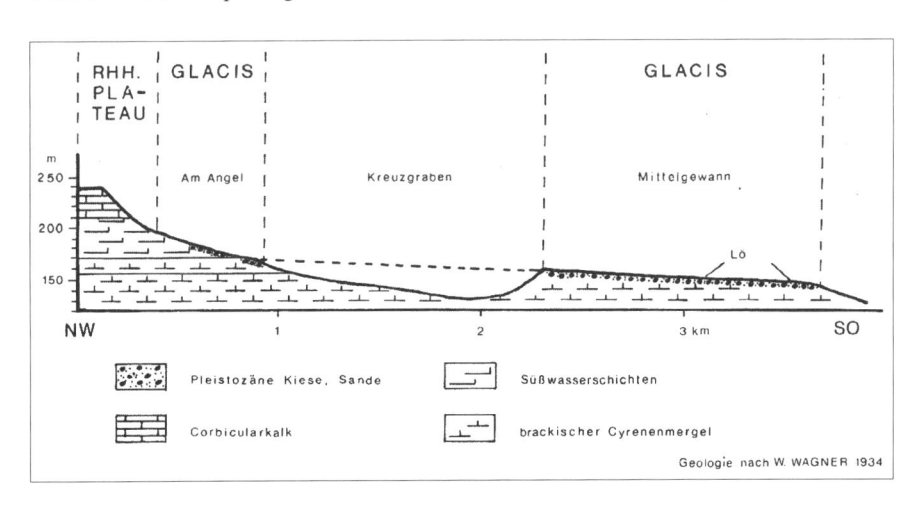

Abb. 56: Längsprofil eines NW-SE verlaufenden Glacis in der Gau-Weinheim-Vendersheimer Ausraumbucht (BECK 1976)

prozesse, die zur ältesten erhaltenen Pediment- und Glacisbildung führten, können die auf dem Steinberg (260 m) durch BARTZ (1950) nachgewiesenen pliozänen Arvernensis-Schotter herangezogen werden. Die Schottervorkommen zeigen, daß das flächenhaft aufschüttende pliozäne Flußsystem des Mains bis ins ausgehende Pliozän hier fortbestanden hat. Die stärkeren en bloc Bewegungen erfolgten im Quartär (FALKE 1960). Sie führten im Pleistozän zur fluviatilen Einschneidung von Nahe, Wiesbach und Selz und dem Einsetzen der Pediment- und Glacisbildung. Da die Pedimente und Glacis auf die ältere Hauptterrasse (WAGNER 1935) eingestellt sind, fällt ihre Bildungszeit ins Altpleistozän.

Die in WNW-Richtung herabziehenden sanft geneigten Fußflächen (Abb. 57), die unterhalb der stark eingeengten Plateaufläche ansetzten, schnitten diskordant die Schichten der miozänen Kalkdecke und griffen im unteren Bereich der Fläche, wo die

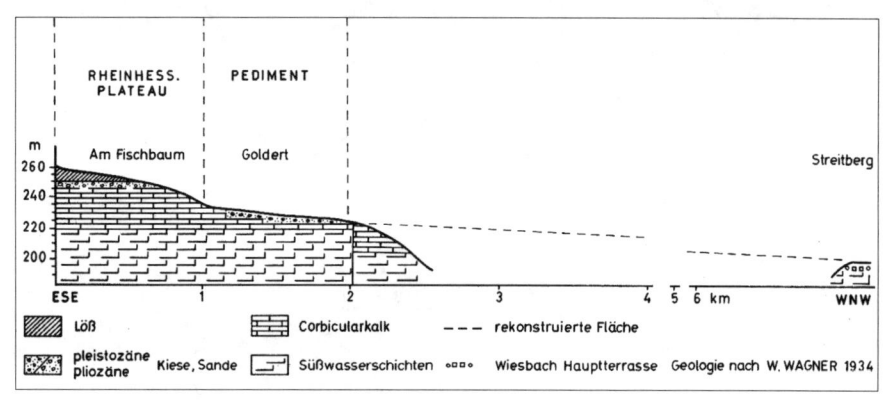

Abb. 57: Das WNW einfallende Kalksteinpediment ist auf die altpleistozäne Wiesbachterrasse eingestellt (BECK 1976)

Kalkdecke bereits erodiert war, über die liegenden geomorphologisch weicheren tertiären Schichten hinweg. Die Abtragungsvorgänge überstrichen das gesamte Flächenareal, das auf die pleistozäne Wiesbachterrasse (WAGNER 1935) eingestellt war. In der älteren Hauptterrassenzeit hatte der Wiesbach die Kalkdecke bereits durchschnitten, wie die Schotterauflage auf den Süßwasserschichten am Streitberg (201,6 m) bezeugt. Der untere Abschnitt der Vorlandfläche war also nicht mehr im Kalkstein als Pediment ausgebildet, sondern zog über die geomorphologisch weicheren liegenden Mergel und Tone hinweg, stellte also ein Glacis dar. Auf dem nach W abfallenden altpleistozänen Glacis, das in den geomorphologisch weichen Süßwasserschichten ausgebildet war, kam es zu einer Bündelung des Gerinneabflusses und zu einem verstärkten Einschneiden einer Sammelader. Sie gab besonders in den folgenden Warmzeiten zur Ausräumung der seitlich angrenzenden Bereiche im Mergelareal des Glacis Anlaß. Die Abtragung wurde durch kräftige Heraushebung Rheinhessens im Mittelpleistozän verstärkt (FALKE 1960). Der untere Abschnitt der Fläche, der Bereich des Glacis, ist inzwischen fast völlig erodiert. Infolge der größeren geomorphologischen Härte des Pedimentsockels im Kalkstein wurde dieser herauspräpariert. Es entstand eine Geländestufe, die durch die Erosion eine weitere Feingliederung erfuhr. Enge stufenlose Kerbtälchen greifen in die Altfläche zurück, wo sie in Dellen auslaufen.

Auch im oberen Abschnitt des Kalkpediments ist nach seiner Bildung eine erosive Zerschneidung eingetreten. Die Anlage des oberen Mühlbachtales hat örtlich zur Abtrennung der oberen Flächenteile der Pedimente vom Plateaukörper geführt. Durch die Erhaltung der Deckschichten, die sich aus Kalkschottern, pliozänen Kiesen und Sanden sowie Bohnerzen zusammensetzen, und durch die nach W sich absenkenden Flächensockel ist die ehemalige Verbindung der vom Plateaurand getrennten Areale westlich des Mühlbaches belegt.

Die hydrographische Sammelader, die den altpleistozänen Glacisabschnitt zerschnitten und aufgelöst hatte, wurde in der folgenden kaltzeitlichen Pedimentierungsphase zum Vorfluter für die folgende jüngere Glacisgeneration, die nach NW und S in der Gau-Weinheim-Vendersheimer Ausraumbucht herabzieht.

Die Flächen dieser Reliefgeneration, die lediglich in den oligozänen Schichten ausgebildet wurden, sind stärker geneigt und wurden nach ihrer Bildung stärker zerschnitten, so daß trotz ihres höheren Alters die Flächenreste im Kalksteinsockel relativ geschlossene Areale bilden, während die jüngeren, die im Sand- und Mergelstockwerk liegen, durch asymmetrische Muldentälchen gegliedert sind.

3.5.3 *Verbreitung der Glacis im Nahetal*

Aufgrund der spezifischen morphologischen Eigenschaften der Schichtstufe in der tertiären Sedimentabfolge und deren relativ geringe morphologische Widerständigkeit in periglazialem Verwitterungsmilieu, setzte am östlichen Talhang der Nahe eine Sonderentwicklung ein, von der der westliche Talhang nicht betroffen wurde. Durch die Zurückverlegung des Rheinhessischen Plateaus im Pleistozän sind in den weicheren liegenden Basisschichten Glacisgenerationen geschaffen worden, die sehr flach geneigt zum Vorfluter abfielen.

Der resistentere, aus paläozoischen Gesteinen aufgebaute westliche Talrand der Nahe wurde dagegen in geringerer Intensität abgetragen, obgleich er ein höheres Rückland aufweist.

3.5.3.1 Der obere Teil des Glaciskomplexes

Auch im unteren Nahetal können sanft abfallende Fußflächen in gestufter Anordnung vor den steiler aufragenden Hängen des Westrheinhessischen Plateaus beobachtet werden. Gerinnekerben haben bastionartige Formen aus dem Plateaukörper herausmodelliert, vor denen Fußflächentreppen liegen. Bezeichnend für diese Glacis ist, daß sie nur als schmale Restflächen südlich und nördlich einer breiten einheitlich tiefergeschalteten Fußflächengeneration erhalten sind, auf der die jüngeren Formbildungen des Pleistozäns zu beobachten sind. Dieser 3 km breite Glaciskomplex setzt unter dem Steilhang im Osten bei 145 m an und fällt nach Westen bis auf die Talwegterrasse in 100 m ü. NN ab. Auffällig ist, daß diese Fläche nicht auf die Niederterrasse eingestellt ist, die 7 m tiefer liegt (Abb. 58). Der obere Teil des Glacis wurde in den Aufschlüssen des Neubaugebietes nordwestlich von Dromersheim 1972 beobachtet.

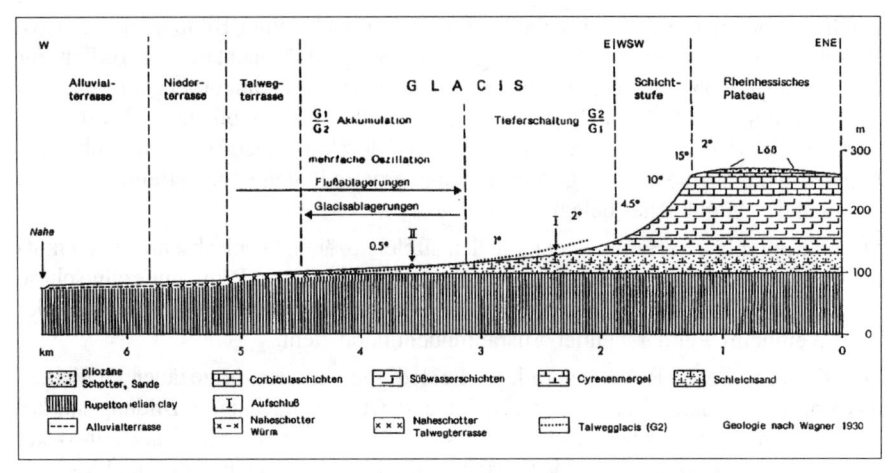

Abb. 58: Längsprofil durch den Glaciskomplex bei Dromersheim
(vgl. Abb. 14 A –A '). Das Glacis G 2 liegt unter der Oberfläche des unteren
Teiles des Glacis G 1. Der obere Teil von Glacis G 2 wurde erodiert. (BECK 1976)

Über grünlich-gelbem Cyrenenmergel folgt eine 20 bis 30 cm mächtige geschichtete Schuttauflage, die aus Hydrobia inflata führenden Kalkgeröllen, kantengerundeten Quarzkiesen, Kieselschiefern und oolithischen Eisenkonkretionen zusammengesetzt ist. Örtlich kann sich die Mächtigkeit des Sediments mit der Ausbildung von flachen Rinnen um Dezimeterbeträge erhöhen. Überdeckt ist dieser Horizont von einer nur örtlich anzutreffenden feinsandigen 10-15 cm mächtigen Flugsanddecke. Es schließt sich ein 35 cm mächtiger humoser Lehmboden an, in den durch Abtragungsvorgänge liegende Quarze und Kalksteine eingearbeitet sind. Darüber befindet sich ein 40 cm mächtiger graubeiger humusarmer kolluvialer Lehm, in den Tonscherben und Ziegelbruchstücke eingeschaltet sind. Das Profil wird von einem 20 cm mächtigen rigolten Lehmboden abgeschlossen (Abb. 59).

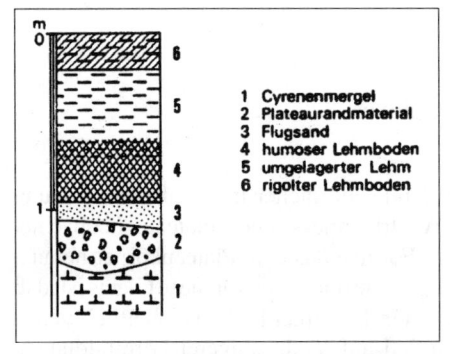

Abb. 59: Aufschluß Neubaugebiet nordwestlich von Dromersheim (BECK 1977)

3.5.3.2 Decksedimente und Morphodynamik

Wie das Aufschlußprofil in der Abb. 59 zeigt, umfaßt die Materialzufuhr auf der Fläche die kantengerundeten Gerölle der Kalkdecke des Plateaus, aufgearbeitete Dinotheriensande und Sedimente der Plateaurandhänge, an denen sich Rutschungen und Auspressungen vollzogen hatten. Da der Rand des Rheinhessischen Plateaus unter rezenten Klimabedingungen nur durch Rutschungen, Quellerosion und lokale Abspülvorgänge geformt wird, muß sich die beobachtete starke Schuttproduktion unter einem Vorzeitklima ereignet haben. Nur häufige Frostwechsel, wie sie im periglazialen Klimaraum vorkommen, waren in der Lage, die Kalkdecke des Rheinhessischen Plateaus in derart kleinstückigen Schutt aufzulösen, daß er von Gerinnen auf der Fläche aufgegriffen und verspült werden konnte. Über dem Dauerfrostboden bildeten sich gescharte Abflußrinnen aus. Die zur Verfügung stehenden Schuttmengen überstiegen die Schleppkraft der Gerinne, so daß sie vorwiegend Flächenerosion (vgl. 5.6., SEUFFERT 1976, 1981) leisteten. Da das Abflußwasser im Periglazialklima nur zur Tauperiode im Frühjahr und Sommer anfällt, erfolgte ein periodischer Transport des Schuttmaterials. Die Gerinne waren nur geringfügig in den Untergrund eingetieft. Sie konnten ihren Lauf pendelnd verlegen und schütteten beim Nachlassen und Versiegen der Wasserzufuhr flache Schwemmkegel auf. Es bildete sich eine weitgespannte Fläche, deren flaches Rinnenprofil im tertiären Sockelgestein von einer dünnen Schotterauflage bedeckt war, die in den folgenden Tauperioden durch die Neuanlage von Rinnen teilweise wieder aufgearbeitet und weitertransportiert wurde. Es waren mehrere Transportschübe notwendig, bis der Schutt auf breiter Front vom Plateaurand zum Vorfluter gelangt war. Kleinräumige Bewegungen in den Akkumulationen vollzogen sich durch Solifluktionsvorgänge, die vor allem in den Bereichen, die in der Auftauperiode nicht von den Gerinnen überstrichen wurden, wirksam waren. Aufgrund dieser periglazialen Morphodynamik wurde durch die geringe Tiefenerosion im oberen Bereich der Fläche ein Glacis ausgebildet, das die tertiären Cyrenenmergel und Schleichsande diskordant schneidet.

3.5.3.3 Der untere Teil des Glaciskomplexes

Im oberen Bereich des Glacis in der Flur „Den sechzig Morgen" und „Die Sülz" sind kleine Bachläufe erkennbar, die in tieferliegenden Bereichen der Glacis versickern. In diesem unteren Bereich der Vorlandfläche G 2 treten im mächtigen liegenden Sedimentkörper Nahesande auf, die der rißzeitlichen Talwegterrasse angehören. Diese Nahesande sind mit vom Plateaurand geschüttetem Materialien verzahnt. Die Lagesituation wird aus den unterschiedlichen Liefergebieten in dem folgenden Aufschluß deutlich (Abb. 60).

Der Aufschluß westlich von Dromersheim zeigt über Mergeln mit Quarzkieseinschaltungen eine humose Bodenbildung, über der die Naheterrasse mit der Plateaurandschüttung mehrfach wechsellagert. Die kantengerundeten Kalkgerölle in der Kiesfraktion, die aus Frostschutt hervorgegangen sind und örtlich über kryoturbat bewegten Nahesanden liegen, zeigen, daß der Transport im periglazialen Klimaraum erfolgte. Zur Schichtstufe hin tritt an die Stelle dieses älteren verschütteten Glacis (G 2) nur noch das jüngere Glacis (G 1), das durch die fortschreitende Rückverlegung des Schichtstufenhanges und die Tieferlegung des Hangfußes entstanden ist.

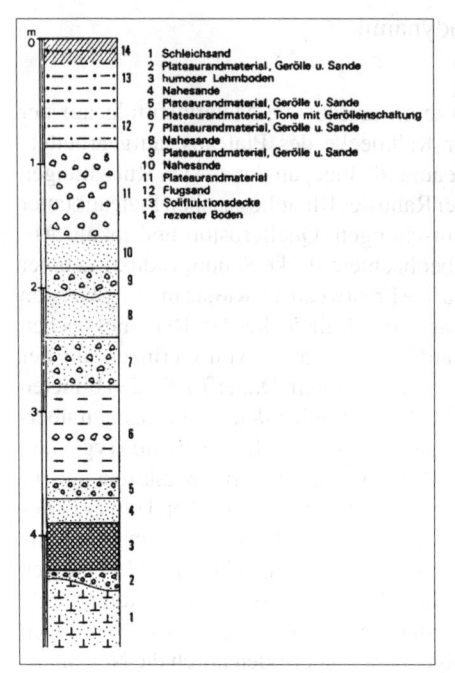

```
 1  Schleichsand
 2  Plateaurandmaterial, Gerölle u. Sande
 3  humoser Lehmboden
 4  Nahesande
 5  Plateaurandmaterial, Gerölle u. Sande
 6  Plateaurandmaterial, Tone mit Gerölleinschaltung
 7  Plateaurandmaterial, Gerölle u. Sande
 8  Nahesande
 9  Plateaurandmaterial, Gerölle u. Sande
10  Nahesande
11  Plateaurandmaterial
12  Flugsand
13  Solifluktionsdecke
14  rezenter Boden
```

Abb. 60: Aufschluß in der Langgewann westlich Dromersheim
(BECK 1976)

3.5.3.4 Stratigraphische und zeitliche Gliederung

Wieso ist es möglich, daß im Liegenden des jüngeren Glacis Plateaurandschüttung und Nahesedimente der Talwegterrasse wechsellagern? Es liegt hier das Relikt eines Talwegglacis vor. Es handelt sich um den unteren Bereich des Talwegglacis, in dem aufgrund des geringen Gefälles akkumuliert wurde. Während der Zeit der Ablagerung der Mittelterrasse haben periglaziale Hangabtragung und flächenhafter Abtrag durch Pedimentierung stattgefunden. Das erodierte Material wurde in den Vorfluter geschüttet. Da der Vorfluter zu dieser Zeit in einzelnen Phasen eine Akkumulationsterrasse ablagerte, wurden die seitlich eingeschütteten Materialien des Plateaurandes zwischen die Sedimentstufen der Naheterrasse eingebaut. Da die Überformung der Glaciszone in der letzten Kaltzeit nicht groß war, konnten der Verzahnungsbereich der Glacis- und Nahesedimente und die tieferliegende westlich anschließende Talwegterrasse nicht völlig ausgeräumt und durch den Vorfluter abtransportiert werden, sonst wäre die Stufe zwischen der Talwegterrasse und der Niederterrasse erodiert und das Glacis auf die altersgleiche Niederterrasse eingestellt. Das hieße, daß das Glacis ohne Geländestufe in die Niederterrasse überginge. Das ist aber nicht der Fall. Das jüngste Glacis, das in der Würmkaltzeit gebildet wurde, hat daher nur im Zuge der Hangrückverlegung den Reliefsockel im oberen Bereich des Glacis tiefergelegt.

3.5.3.5 Die älteren Glacisgenerationen

Als nächstes höher liegendes Glacisniveau entstand das Hochglacis (Abb. 61, G 3), zu dem der Restriedel des Goldberges gehört, der sich bis 2000 m vor den Stufenrand

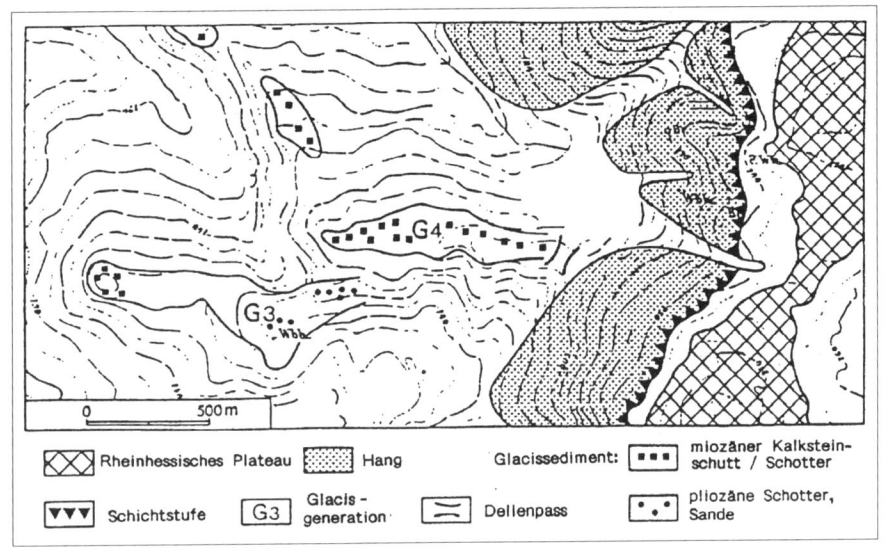

Abb. 61: Geomorphologische Karte von Dromersheim

ausdehnt. Durch die Entwicklung eines Dellensystems wurde der obere Teil des maximal 350 m breiten Glacis erodiert. Der erhaltene Teil der zum Vorfluter hin abfallenden Kappungsfläche setzt bei 167 m ü. NN ein und trägt auf der geologischen Karte den bezeichnenden Namen „Platte". Die Schnittfläche am Top des Goldberges in 162 m ist mit Hydrobia inflata führendem Kalkkies der Corbiculaschichten, wenigen Quarzkiesen und autochthonem Kalkschutt bedeckt. Diese Kiese und die Hydrobien führenden Kalke stehen im steileren Rückhang des Rheinhessischen Plateaus über der Fußfläche an. Nördlich des Wasserbehälters auf der „Platte" liegen Quarzkiese wie die Knoten eines weitmaschigen Netzes zwischen selten auftretenden oligozänen und miozänen Kalksteinresten (G 3). Die lockere Feldstreu, der dünne Schleier, wird erst auf dem nordöstlichen Teil der „Platte" lokal dichter. Die örtliche Verbreitung oder das Ausdünnen der Geröll- und Schuttauflage erklärt sich durch die in der Flanke des Fußflächensockels angelegten Dellen, die bis auf die Fläche hinaufreichen. Trotz der Dellenzerschneidung und der dadurch verursachten Störung der gleichsinnigen Neigung kann für das Hochglacis die Verbreitung eines allochthonen Decksediments nachgewiesen werden. Da dieses Glacis auf die Hochterrasse der Nahe eingestellt war, wird es als Hochglacis bezeichnet, denn es weist Gesteine auf, die am Rücklandhang oberhalb der Fußfläche anstehen und bezeugt damit den schubweisen Transport dieser Leitgerölle und Leitschuttkomponenten beim Prozeß der Pedimentierung.

Die Kappungsfläche des Goldberges bei Aspisheim ist, wie auch der Formenschnitt des Riedels, die Neigung seiner Kulminationsfläche und die Decksedimente zeigen, genetisch der allochthonen Plateaurandüberformung zuzurechnen.

Den nördlichen Teil dieses Reliktformenkranzes bildet die Fußfläche „Auf der Kreuzschanze". Die Kappungsfläche setzt infolge des stromab tiefer liegenden Vorfluters der Nahe und des nahen Rheins bei 160 m an und greift sanft abfallend über den horizontal liegenden Cyrenenmergel und den Schleichsand bis auf 135 m herab. Die auch im oberen Bereich der Glacisreste ansetzende von Nordosten und Südwesten her eingreifende Dellenentwicklung konnte aber die Verbindung mit dem Plateaurandsockel nicht durchtrennen. Das allochthone Decksediment ist auch hier durch die Schotterstreuung in den Weinbergen bemerkbar. Es setzt sich aus umgelagerten teriären Quarzen und miozänen Kalken zusammen. Ein Teil dieser Decksedimente wurde auch infolge späterer Abtragung im Hangbereich des unteren Flächenriedels abgelagert.

Westlich von Aspisheim konnte das höchstgelegene Glacis als sanft abfallende Restriedelfläche zwischen 197,6 und 190,0 m ü. NN beobachtet werden. Das Altebergglacis ist 200 m breit und ist bis 1250 m vor dem Stufenrand ausgedehnt.

Durch einen Dellenpaß ist der Glacissockel, der in horizontal liegenden oberoligozänen Süßwasserschichten verläuft, vom Schichtstufenhang abgetrennt (Abb. 61, G 4).

Die Glacisoberfläche ist mit gelbbraunen aquitanen kantengerundeten Hydrobia inflata führenden Kalken und aufgearbeiteten tertiären Kiesen bedeckt. Dem Decksediment sind auch autochthone graue porige Kalke und gelbliche oligozäne Mergel und Kalke, die aus dem Glacisbereich stammen, beigemischt. Die Kalke und Mergel der Corbiculaschichten, die Hydrobia inflata führen, die pliozänen Quarzkiese und Milchquarze, die in dem steileren Rückhang über der Fußfläche anstehen, sind als Leitgerölle bzw. Leitschuttkomponenten der Beleg für die Umlagerung dieser allochthonen Materialien und die Pedimentierungsvorgänge auf dem Glacis. Bei der Anlage der jüngeren Fußflächenglieder wurde der untere Abschnitt des Altebergglacis und die Schotterterrasse der Nahe an der östlichen Talseite erodiert.

Die allochthonen Komponenten der Decksedimente, die aus miozänen Hydrobia inflata führenden Corbiculakalken und pliozänen Quarzkiesen bestehen, sind im Gegensatz zu der Darstellung von ANDRES und PREUß (1983) nicht nur an einzelnen Punkten, sondern auf dem Hochglacis (G 3) und dem Altebergglacis (G 4) flächenhaft verbreitet. Sie sind Belege für die abgelaufenen Pedimentierungsvorgänge, so daß hier die Formbildung der Glacis vorliegt. Zur Schuttdeckenproblematik und ihrer diskontinuierlichen Verbreitung ist grundsätzlich zu sagen, daß es bei Fußflächen immer Gebiete mit geringerer Schuttauflage gibt, ja sogar der Fall der Freispülung des Glacissockels selbst bei aktiver Weiterbildung vorkommen kann. Die Diskontinuität oder das örtliche Fehlen von Deckschichten ist damit kein Beweis dafür, daß keine Pedimentierung stattfand. Es steht außer Frage, daß jedoch die Existenz eines allochthonen Decksediments und - wenn es nur noch als Schleier ausgebreitet vorhanden ist - den Transport des kantengerundeten Materials, den Pedimentierungsprozeß und damit die Flächenbildung unterstreicht. Es ist nicht eine Frage der Quantität, sondern der Qualität, nicht die Mächtigkeit und Geschlossenheit der Schuttdecke sind entscheidend, sondern die auf Schritt und Tritt auftretende Streu von gerundeten Milchquarzen bzw. kantengerundeten oder eckigen Hydrobia inflata führenden Kalken genügt, um zu zeigen, daß hier korrelate Ablagerungen vorhanden sind, die für die periglaziale Morphodynamik einen Beleg darstellen.

3.5.3.6 Entwicklung der Glacisgenerationen

Die Formung des tertiären Altreliefs Rheinhessens erfährt durch die einsetzende tektonische Hebung und durch klimatische Veränderungen im Prozeßgefüge der Abtragung im beginnenden Pleistozän einen Umbruch. In die Hebungstendenz werden das Rheinische Schiefergebirge und der Alzey-Niersteiner Horst einbezogen.

Alle Reliefglieder, die nach der Ablagerung der pliozänen Flußablagerungen geschaffen wurden, sind jünger und nehmen tiefere Positionen im Relief ein. Sie können daher in der Geochronologie eindeutig dem Quartär zugeordnet werden. Es wirkte seitdem eine alternierende periglaziale Morphodynamik mit den klimagesteuerten Prozessen des Auftaubodens über dem Permafrost und der sich darin ereignenden dominanten Abspülung und Solifluktion.

Am Rande des ererbten tertiären Flächenreliefs der Altfläche bilden sich im Zuge der Eintiefung der Schotterflüsse als Mesoformen flachgeneigte Abtragungsflächen, die vor höheren Rückhängen liegen.

Zuerst entstanden die ältesten pleistozänen Pedimente (BECK 1976), die in ihrem oberen Teil in den miozänen Kalken und Mergeln angelegt sind und im unteren Bereich über die Mergel und Tone der Süßwasserschichten hinweggreifen. Sie sind auf die Hauptterrassen der Flüsse eingestellt. Die Hauptterrassenschotter sind die ältesten pleistozänen Flußablagerungen und nur noch diskontinuierlich verbreitet. Sie sind am Wiesbach und links der Nahe verfolgbar, fehlen aber am Westrand des Westrheinhessischen Plateaus. Auch von der ältesten Fußflächengeneration ist durch die großflächige Anlage jüngerer Glacisgenerationen dort kein altersgleiches Relikt mehr vorhanden. Im unteren Nahetal sind das Altebergglacis (G 4) und das Hochglacis (G 3) als Talglacis in der Mittelterrassezeit der Schotterflüsse angelegt worden. Durch erneute tektonische Hebung und klimatisch gesteuerte Abtragungsimpulse im periglazialen Milieu wurden der verwilderte Schotterfluß der Nahe und die flankierende Fußfläche tiefergelegt. Wie von den ehemaligen Talsohlen durch die Variation der Erosionsbreite des sich einschneidenden Flusses ältere Terrassenleisten erhalten bleiben, so kommt es auch bei der flächenhaften Abtragung durch die Uneinheitlichkeit der Pedimentierungsstruktur zur Erhaltung alter Fußflächenreste, die von der Abtragung der jüngeren Fußflächengeneration nicht immer erfaßt werden. Sie liegen an der Peripherie eines größeren Fußflächenfeldes, das eine einheitliche Tieferschaltung erfuhr. Die Südflanke der Fußflächeneinheit wird von der Flächentreppe, die sich aus dem Altebergglacis und dem Hochglacis zusammensetzt, begrenzt. Den nördlichsten Teil dieses Reliktformenkranzes bildet die Fußfläche „Auf der Kreuzschanze". Bei der Bildung der jüngeren Glacisgenerationen werden die Schotterfluren der Mittelterrassen der Nahe, auf die das höher gelegene ältere Glacis eingestellt war, erodiert, und der Vorfluter durch die Schuttlieferung der sich tieferschaltenden Fläche vielfach abgedrängt. Je stärker der Flächenabtrag, die Akkumulation und der Durchtransport des Materials vom höheren Rückhang sind, umso eher ist es möglich, dem Fluß durch die seitliche Einschüttung einen bogigen Verlauf aufzuzwingen, der die Peripherie der Schuttfächer nachzeichnet.

Die Fußfläche kann sich als Kappungsfläche im tertiären Sockelgestein nach unten und nach oben Flächenteile angliedern. Nach unten erweitert sie sich, wenn das Gebiet der Schotterfluren der älteren Terrasse durch Abdrängung des Vorfluters in die Fußflächenabtragung einbezogen wird. Nach oben wächst die Fläche durch die

Zurückverlegung der Hänge. Die Höhe der Hänge zeigt eine deutliche Abhängigkeit von der Höhenlage des Glacissockels. Die älteren höherliegenden Glacissockel verfügen über einen kürzeren Rückhang. Die tiefergeschalteten Fußflächen sind durch höhere Hänge ausgezeichnet.

Das am tiefsten liegende jüngste Glacis, das von der Stufe des Rheinhessischen Plateaus zur Nahe hin abfällt, ist in der letzten Kaltzeit geformt worden. Auffällig ist, daß dieses Glacis nicht auf die Niederterrasse eingestellt ist. Die Niederterrasse liegt ca. 7 m tiefer als die Talwegterrasse. Die bei der Bildung des Glacis geschütteten Plateaurandsedimente sind heute bis kurz vor den Abfall der Talwegterrasse zur Niederterrasse bei Sponsheim zu verfolgen. Die periglaziale morphodynamische Phase, in der das jüngste Glacis gebildet wurde, war nicht in der Lage, einen beträchtlichen Tiefabtrag zu erreichen, sonst wäre die Stufe zwischen der Talwegterrasse und der Niederterrasse erodiert. Statt dessen finden wir im unteren Nahetal die Ausbildung eines Glaciskomplexes.

3.5.3.7 Dellenpässe

Vielfach kann bei den älteren Glacis in Rheinhessen ein Dellenpaß oder sogar eine Trennung der Fußfläche vom steileren Hang beobachtet werden (Abb. 61). Ein solcher Dellenpaß liegt am Alteberggalcis (G 4) bei Aspisheim vor. Das Hochglacis (G 3) ist an seinem Oberende ganz von dem Sockel des Rheinhessischen Plateaus abgetrennt.

Dellenpässe bilden sich, wenn Hangabspülung und Solifluktion nicht mehr auf die eingeengte ältere Reliktform der Fußfläche kanalisiert werden konnten. Es kam bei dem geringen Eigengefälle der Glacis dann zu seitlichem Solifluktionsabtrag und Abfluß, die auf die tieferliegende jüngere Glacisfläche eingestellt waren. Einmal als Vertiefung angelegt, wächst die Delle in Abhängigkeit von der hydrographischen Situation des Hanges und der Höhenlage der lokalen Erosionsbasis, die durch das nächst tiefere Glacisniveau gegeben ist. Verstärkt wird der Tiefabtrag der Dellen durch die Schneefleckenerosion. Die Durchfeuchtung fördert die frostdynamische Lockerung der Partikel, und der Abfluß des Schneeschmelzwassers forciert die Abspülung. Die Dellenübertiefung greift in den weichen Glacissockel ein und trennt das obere Ende des Glacis vom steileren Hang, der dann eine autonome Weiterentwicklung in Abhängigkeit von dem tiefer liegenden Glacis zeigt. Die geomorphologischen Prozesse werden in ansönnigen Lagen beschleunigt und in Schattenlage verzögert.

3.5.3.8 Periglaziale Morphodynamik am Hang und auf der Fußfläche

Die Periode periglazialer Fußflächenbildung im nördlichen Rheinhessen ereignete sich nach dem Einschneiden der Flüsse im Pleistozän. Parallel mit der Taleintiefung verlief die außerordentlich intensive kaltzeitliche Hangabtragung. Die Rohform der Plateaukörper unterlag dabei einer ständigen peripheren Umgestaltung. Ausschlaggebend war eine starke Auflösungsrate der das Plateau bildenden Kalkdecke und damit eine beträchtliche Zurückverlegung der späteren Stufenstirn. Die Kalkdecke wurde in einzelnen Teilen durch die Abtragung unterschiedlich gestaltet. Während der obere Hang mit seinen Hydrobia inflata führenden Kalkbänken durch Frostsprengung kantigen Schutt lieferte, erfolgte am mittleren Hang in den bindigen, diagenetisch wenig verfestigten Süßwasserschichten und Schleichsanden, die schluffige und mergelige Zwischenlagen kennzeichnen, durch Eislinsenbildung eine Lockerung. Durch Solifluktion in den Dellen, Rinnenspülung und Rutschungen wurde das Frostschuttmaterial von der oberen Kalksteinschicht über den zunehmend flacher werdenden Hang transportiert. Während der Schichtstufenhang zurückverlegt wurde, bildete sich zwischen der Stufe und dem Vorfluter der Nahe eine Schrägfläche aus, die den bereitgestellten periglazialen Schuttmassen der Auftauschicht als Transportbahn diente. Die tauende Schnee- und Eisdecke auf der Oberfläche und die Eislinsen in den oberen Schichten hatten in der Auftauschicht einen Wasserüberschuß zur Folge, der zu Gelisolifluktion, Rutschungen und spontanem Wasserabfluß führte, der sich auf und in der Auftauschicht oberhalb des plombierenden Permafrostes abspielt. Die Glacisoberfläche, eine weite unzerschnittene Fläche mit einem ungeregelt angelegten System von Entwässerungsbahnen, nahm das Abflußwasser der Dellen- und Rillenspülung und die anastomosierende Wasserschüttung aus den Kerben und Bächen auf. Die Rinnenspülung überarbeitete und beschickte die Fläche mit Schutt und Geröllen und weitete die Glacis in immer ausgedehntere hohe Umlandbereiche aus. Die Tieferschaltung der Glacis resultiert aus dem flächenhaften Abfluß, der zunächst auf dem gefrorenen Boden einsetzt und mit zunehmender Auftautiefe als Flächen-, Rinnen- und Drainagespülung auftritt und durch sommerliche Niederschläge akzentuiert wird. Durch phasenhafte Hebung und klimagesteuerte Abtragung im periglazialen Milieu wurden die Schotterflüsse der Vorfluter und die sie flankierenden Glacis tiefergelegt.

3.5.4 *Glacisgenerationen östlich des Wörrstädter Plateaus*

Östlich des Wörrstädter Plateaus liegen gestuft übereinander angeordnete Glacis. Sie sind durch SW-NE verlaufende Bäche, die in die Selz münden, zerschnitten. In dem Untersuchungsgebiet, das von der Verbindungslinie zwischen den Orten Wörrstadt, Udenheim, Hahnheim, Köngernheim, Bechtolsheim, Spiesheim, Ensheim eingegrenzt wird, wurden Sondierbohrungen niedergebracht (Abb. 62), um die Schichtenfolge des Decksedimentes in seiner flächenhaften Verbreitung bestimmen zu können.

Die von Westen nach Osten abfallenden Flächenareale östlich des Wörrstädter Plateaurestes werden durch zwei Profilreihen vorgestellt, von denen die erste im weitesten Norden und die zweite nahe der Südperipherie des Untersuchungsgebietes gelegen sind.

Das nördliche Flächenareal umfaßt die Sondierbohrungen:

500, 502, 503, 504, 506, 507.

Das Flächenareal im Gebiet des Südrandes des Untersuchungsgebietes wird durch die folgenden Sondierbohrungen wiedergegeben:

525, 526, 527, 528, 529.

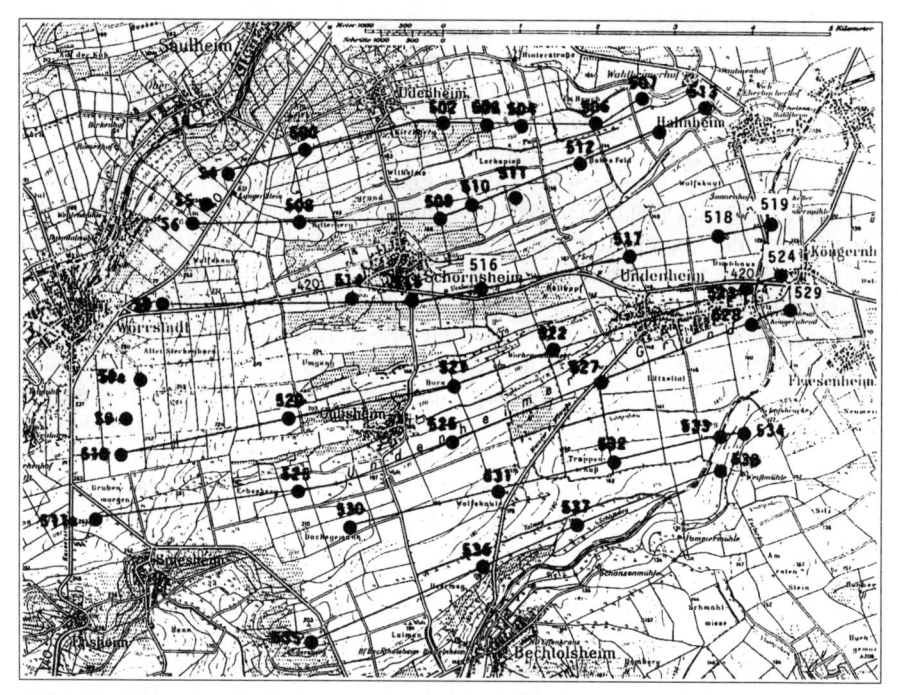

Abb. 62: Lageplan der Bohrungen 500-538 und der Bohrungen S 4 bis S 11 a

Der Reliefsockel (s. Geländeprofil mit Bohrprofilen 500-507), der gestuft in West-Ost Richtung Flächenreste aufweist, ist von verschiedenen Akkumulationen verhüllt. An der Oberfläche sind daher die verhüllten lang gezogenen Fußflächen im Gelände wenig voneinander abgesetzt und nur an kleinen Gefällsknicken erkennbar (Abb. 63, Abb. 64). Die Bohrprofile 500-507 und 525-529 verdeutlichen die Existenz vier verschieden alter geomorphologischer Einheiten.

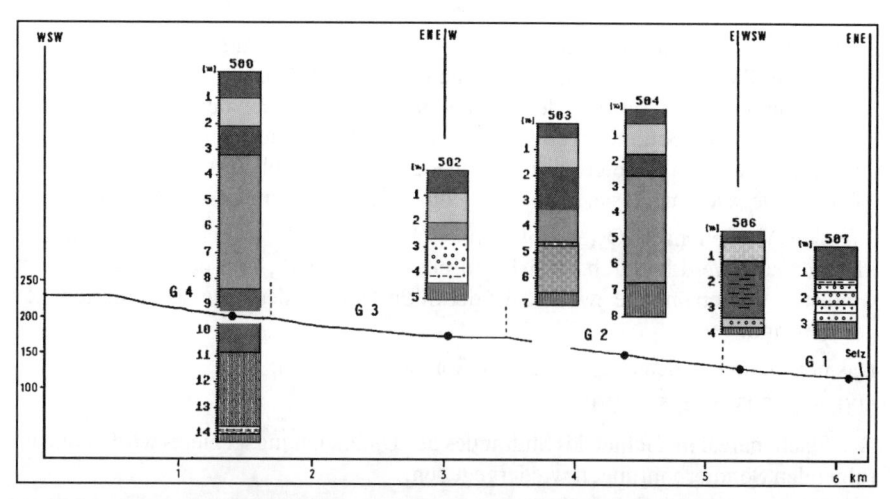

Abb. 63: Die Lage der Deckschichtenprofile 500-507 im Bereich der Glacis östlich des Wörrstädter Plateaus

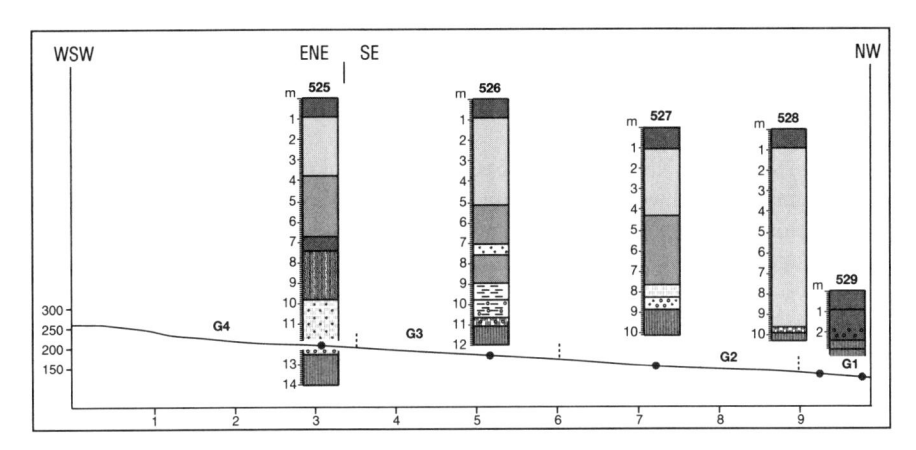

Abb. 64: Die Lage der Deckschichtenprofile 525-529 im Bereich der Glacis östlich des Wörrstädter Plateaus

Unterhalb des Plateaurandes wurden in den Reliefsockel sanft abfallende Glacis eingearbeitet. Sie sind mit korrelaten Ablagerungen bedeckt. Diese bestehen aus wenig gerundeten bis kantigen Kalksteinen, Sanden und Kiesen der Dinotheriensande und Bohnerzen sowie fossilen Muschel- und Schneckenschalen und Materialien der Tertiärbasis, die durch Spültransport und Solifluktion in weiten Sand- und Schuttbändern während der Bildungszeiten der jeweiligen Glacis über die gering geneigten Fußflächen transportiert wurden. Örtlich ist bei Bohrungen auch lediglich umgelagertes Anstehendes über dem tertiären Sockel angetroffen worden.

Das Decksediment der Glacis gliedert sich in einzelne Schichten und Horizonte, von denen die Ober- und Untergrenze der Horizonte in cm, die Farbe (Munsell Soil Color Charts) und die Korngröße im Labor bestimmt wurden. Außerdem wurden ausgewählte bodenchemische Parameter für die Horizonte der Sondierbohrungen - 500, 502, 503, 504, 506, 507 - untersucht. Es wurden dabei der Carbonatgehalt, der pH-Wert, das oxalatlösliche und dithionitlösliche Eisen und der Humusgehalt (organischer Kohlenstoff) ermittelt.

Das Bohrprofil 500, 203 m ü. NN, zeigt folgende Großgliederung: unter einer subrezenten Schwarzerde folgen Würmlösse, ein B_t-Horizont, Rißlösse, ein interglazialer Boden und umgelagertes aufgearbeitetes älteres Bodenmaterial sowie ein sandiges Glacissediment über der tertiären Basisfläche, die in den Süßwasserschichten verläuft. Dieses Decksediment gehört zu der hochgelegenen ältesten Kappungsfläche, die in WE-Richtung herabzieht. Aufgrund der drei beobachteten Böden kann das Glacissediment in die viertletzte Kaltzeit datiert werden.

Das Bohrprofil 502, 170 m ü. NN, liegt im Fußbereich der zweiten Fläche, die nach Osten einfällt. Das stark verkürzte Decksediment der auslaufenden Fläche setzt sich zusammen aus einem rezenten Boden, Würmlöß, Rißlöß, schluffigem Feinsand, Mittelsand und Kies und schluffigem Sand. Südlich Udenheim gehen die schluffig-sandigen Ablagerungen in Schlick über. Es deuten diese Ablagerungen darauf hin, daß es sich hier um die Überschwemmungszone eines sich seitlich erweiternden Beckens handelt, das Fußflächen durch Solifluktionsvorgänge und Rinnenspülung, also in einer Phase denudativer Abtragung ausbildet. Die Sedimentfacies reicht daher von einer sandig-kiesig-tonigen Ablagerung bis zum Feinsand, Schluff und Schlick, die je nach Schüttung der lokalen Spülrinnen miteinander wechsellagern. Es ist der Bereich nahe der lokalen Erosionsbasis eines Sees, der bisher von WAGNER (1972) und SONNE (1972) beschrieben wurde, aber in keinem Zusammenhang mit den Skulpturformen der Landschaft gestellt wurde.

ROTHAUSEN & SONNE (1984, S. 75) erwähnen ebenfalls die limnischen Sedimente und Feinsande und weisen darauf hin, daß SCHOTTLER (nach SONNE 1972, S. 35) Cricetodontide Inzisive in den Ablagerungen gefunden hatte, die auf eine offene Steppenlandschaft hindeuten. Die zeitliche Zuordnung dieser Sedimente wird durch die Molluskenbestimmung in einem benachbarten Aufschluß an der Straße Udenheim-Schornsheim möglich. Die Kappungsfläche liegt bei dem Bohrprofil 502, 170 m ü. NN, in vergleichbarer Höhe wie bei dem genannten Aufschluß. GEISSERT fand im oberen Sedimentabschnitt des Aufschlusses bei der Bestimmung der Mollusken die Mindelleitart Vitrina Kochi Andreae. Die liegenden Schichten dürften somit mindestens mindelzeitliches Alter haben, also dem älteren Mittelpleistozän angehören (Abb. 65).

Das Profil am Rande des Straßeneinschnitts bei Schornsheim liegt auf einem durch tektonische Verstellung leicht nach Norden einfallenden Glacissockel. Über dem graugrünen Reliefsockel, der im Schleichsand verläuft, befinden sich verspülte kantige bis kantengerundete Kalkgerölle von 4-7 cm Durchmesser und Glycimerisschalen in schluffig-sandigem Feinmaterial. Es folgen Lagen mit sandig-tonigem Schluff, die Muschelschill führen. Darunter liegt wieder eine gröbere Schicht mit Kalksteinen und Glycimeris-Fossilien. Diese 1,50 m mächtige Abfolge schließt mit einer sandigen Lage ab, die überdeckt wird von 2,20 m mächtigen älteren Lössen, in denen 3 cm mächtige plattige Kalkkonkretionen liegen; sie werden überlagert von geschichteten Lössen, denen Horizonte mit Anhäufungen von Lößschnecken zwischengeschaltet sind. In einer solchen Zusammenschwemmung von Lößschnecken befand sich Vitrina Kochi Andreae. Das Profil schließt mit einem Würmlöß, auf dem eine Schwarzerde entwickelt ist, ab (Abb. 65).

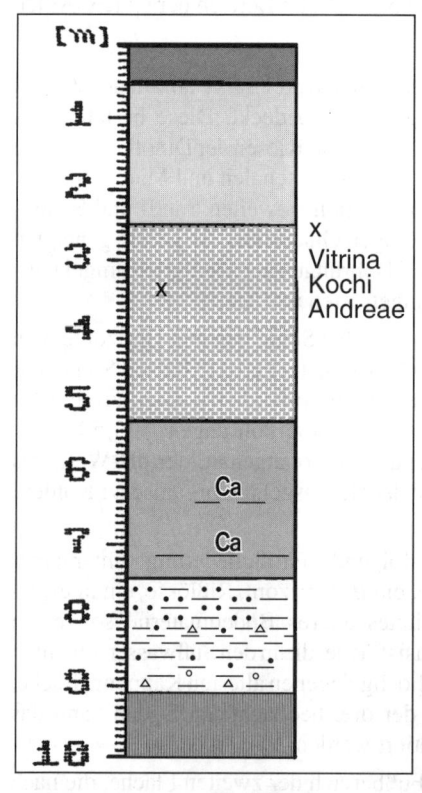

Abb. 65: Glacisdeckschichten in dem Straßenaufschluß nördlich Schornsheim (180 m ü. NN)

Die Flächenreste unterhalb des Gefällsknicks im nördlichen Geländeprofil sind durch seitliche Erweiterung des Beckens nach einer Absenkung des Vorfluters angegliedert worden.

Da die Profile 503, 160 m ü. NN, und 504, 150 m über NN unter dem rezenten Boden Würmlöß, den Eemboden und Rißlöß sowie umgelagerten Rißlöß zeigen, dürfte die Bildung dieses Flächenabschnittes spätestens im frühen Riß erfolgt sein. Dabei ist interessant, daß in Profil 504 in der basalen Umlagerungszone viel Tertiärmaterial eingearbeitet ist, das die Flächenausweitung nach Westen gegen das höhere Mindelniveau hin erkennen läßt.

Beim Profil 506, 130 m ü. NN, ist das Decksediment in geringer Mächtigkeit ausgebildet. Es folgt unter umgelagertem lößhaltigem humosem Lehm ein umgelagerter Würmlöß, dann tritt ein humoser Lehmboden auf, der über Abschwemmassen aus lehmigem Schluff liegt. Das Material weist einen geringen Humusanteil auf und nimmt nach oben hin mit der Zunahme an lößbürtigen Schluffanteilen an Kalkgehalt zu. Diese Ablagerungen und Bodenbildungen fallen in das Würm und folgen auf eine frühwürmzeitliche Abtragungs- und Umlagerungsperiode. Die Übergangsschichten zur Tertiärbasis sind durch die Sand-Kieslagen in schluffigem Lehm markiert.

Das Profil 507, 120 m ü. NN, zeigt neben einem humosen Aueboden nur die Kiesterrasse der Selz, die direkt der Tertiärbasis aufliegt. Die Auelehme sind postglazial entstanden. Sie sind denen in den Seitentälern zeitlich gleichzustellen, wenn sie auch insgesamt geringer mächtig sind. Der Schotterkörper der jüngsten Terrasse der Selz ist im Würm aufgeschüttet worden. Die letztgenannten Bohrprofile 506, 507 gehören der würmzeitlichen Formungsperiode an. Seitdem hat durch Materialzufuhr vor allem seit der Rodung Rheinhessens in der Landnahmezeit eine Aufhöhung und Sohlenbildung insbesondere in den die Glacis zerschneidenden Nebentälchen der Selz, aber auch im Haupttal östlich des Wörrstädter Plateaus stattgefunden.

Die Deckschichten des Bohrprofils 525, 207,5 m ü. NN, sind mit dem Bohrprofil 500, 203 m ü. NN, vergleichbar. Das Bohrprofil 525 zeigt unter einer Schwarzerde Würmlöß, der von einem älteren Löß unterlagert wird. Es folgt darunter ein Interglazialboden, dessen oberer Teil umgelagert ist. Der dichte tonige in situ liegende Boden ist von mehreren Kalkkonkretionshorizonten durchzogen. Darunter schließt sich ein hellbrauner, örtlich Bleichzonen aufweisender Bodenkomplex an. Dieser liegt aufgekalkten rostgelben bis weißen umgelagerten Quarzsanden auf, die im unteren Abschnitt Kalksteingerölle führen. Die Tertiärbasis bilden glimmerhaltige Süßwasserschichten.

Das Profil 525 ist im Aufbau dem Profil 500 ähnlich. Die Decksedimente weisen beide eine Sandbasis aus umgelagerten Quarzsanden über dem Tertiärsockel auf. Ihnen ist der Bodenkomplex, dem ein interglazialer Boden aufliegt, gemeinsam. Darüber hinaus zeigen sie zwei verschieden alte Lösse und schließen mit einer Schwarzerde auf Würmlöß ab.

Die Bohrung 526, 185 m ü. NN, zeigt die Abfolge Würmlöß, Rißlöß mit eingeschalteten Lagen von Sand, Schlick, kiesig-tonigem Lehm über einer umgelagerten Tertiärbasis.

Die Tertiärbasis ist im hangenden Abschnitt umgelagert. Die Höhenlage der Kappungsfläche, 173 m ü. NN, die in den tertiären Schichten verläuft, und das Alter des unteren pleistozänen Sedimentabschnittes entsprechen sich in dem Bohrprofil 526 und dem Bohrprofil 502.

Wir finden hier auch die charakteristischen Sedimente, die auf einen Überschwemmungsbereich mit zweitweiliger Seenbildung hinweisen, der sich im Bereich der lokalen Erosionsbasis entwickelte. Je nach der Schüttungsintensität der auf den Flächen Material transportierenden Spülrinnen wurden Kies, Schluff und Sand von Schlick überlagert. Die gröberen Materialien dürften nach Spültransport in Rinnen auf den Flächen akkumuliert worden sein, während die feinen Schlicke

Seeablagerungen darstellen. Die Vermischung von Schluff und Kies weist auf solifluidalen Transport hin. Das Auftreten von Cricetus-Fossilien zeigt eine offene Steppenlandschaft an und weist damit in Richtung auf kaltzeitliche Bedingungen.

Das Bohrprofil 527, 155 m ü. NN, zeigt folgenden Aufbau: Schwarzerde, Würmlöß, Rißlöß, umgelagerten Rißlöß und Sand-Kies-Ablagerungen über der Tertiärbasis. Die Abfolge der Schichten des Decksedimentes reicht bis in das Riß zurück. Da das Bohrprofil unterhalb eines stärkeren Geländeanstiegs liegt, befinden wir uns bereits auf einer Fußfläche, die im frühen Riß gebildet wurde. Bei der Schichtabfolge in dem Bohrprofil 528, 134 m ü. NN, fehlt die rißzeitliche Ablagerung, die in der topographisch höheren Lage bei Bohrprofil 527 noch vorhanden war. Statt dessen ist nur der Würmlöß als ältestes Schichtglied vorhanden. Der untere Abschnitt, der Würmlöß, ist dazu noch umgelagert. Es muß also auf der Tertiärbasis zu Beginn des Würm eine Abtragung erfolgt sein. Die in den tertiären Schichten angelegte Kappungsfläche wurde dann in den trockeneren Würmabschnitten fossilisiert. Die größere Mächtigkeit des Würmlösses erklärt sich aus Umlagerungsprozessen, die hier nahe der Erosionsbasis ausklingen. Die Tieferschaltung der Fläche tritt gegen die Rißfläche nicht als Geländestufe in Erscheinung.

Offenbar ist durch die größere Entfernung von der sich langsam tieferschaltenden lokalen Erosionsbasis die Abtragung so allmählich erfolgt, daß es nicht zu der Bildung einer deutlichen Geländestufe kam. Sicherlich sind auch die geringe Neigung und das große Einzugsgebiet der maximal 8 1/2 km langen Flächentreppe Anlaß dafür gewesen, daß sich hier ein allmählicher Übergang in das jüngere Niveau der Rißflächen vollzog. Das Einschneiden der Würmphase ist relativ gering. Das Würmniveau wird durch eine Schotterterrasse, Bohrprofil 529, 125 m ü. NN, vertreten. Die Lehmterrasse auf ihr ist rezent gebildet worden.

Es lassen sich folgende flächenhafte Abtragungseinheiten ausgliedern:

1. die Fußfläche, die in WE-Richtung als Kappungsfläche im Anstehenden bis 190 m verläuft und aufgrund der 3 beobachteten fossilen Böden in die viertletzte Kaltzeit datiert werden kann,

2. die Fußfläche, die in WE-Richtung als Kappungsfläche im Anstehenden bis 170 m abdacht, Sand- und Schlickablagerungen trägt und die aufgrund der Mollusken ins Mindel gestellt wird,

3. die Fußfläche, die in WE-Richtung zieht, unterhalb des Mindelniveaus ansetzt und örtlich als Sockelfläche bis 140 bzw. 130 m herabreicht und aufgrund der Decksedimente im frühen Riß gebildet wurde,

4. die Reliefteile, die zur Würmterrasse gehören und als Übergangsflächen zu ihr überleiten, die örtlich im Höhenbereich von 117 bzw. 123 m ihren Fußpunkt unter den Sedimenten haben.

Nördlich von Gabsheim am Goldbachtälchen wurde in einem Straßeneinschnitt in 175 m ü. NN ebenso wie im Straßeneinschnitt bei Schornsheim eine tektonische Verstellung der Glacisoberfläche beobachtet. Nördlich Gabsheim war der mit Schutt bedeckte Glacissockel im Schleichsand angelegt. Darüber befand sich ein brauner lehmigtoniger interglazialer Verwitterungsboden. Dieser wurde von einem humosen Bodensediment überdeckt. Die Grenzflächen der Böden fielen beide nach Norden ein. Darüber waren Sande geschüttet, die im oberen Bereich des Riedels in eine mächtige Kappe aus Würmlöß übergingen.

Bei Gabsheim erfolgte eine Kippung der Glacisfläche nach Norden. Der abgesenkte Flügel des Glacis wurde von Sanden überdeckt. Aufgrund der gleichen Höhenlage und Reliefposition kann dieser Glacisabschnitt mit den datierten Decksedimenten bei Schornsheim parallelisiert werden. Danach fällt die tektonische Verstellung des Glacissockels bei Gabsheim ins Mittelpleistozän.

Da sich in den Sandschüttungen auf dem Glacis bei Gabsheim Störungen nachweisen lassen, haben sich auch noch nach der Ablagerung dieser Decksedimente tektonische Bewegungen ereignet. Die nach Osten herabziehenden, mit Schotter und Sand verfüllten flachen Mulden und Rinnen in dem Glacissockel bei Schornsheim wurden mit Löß überdeckt und durch eine von Süden kommende Hebung gekippt, so daß die Oberfläche der Glacis heute nach Norden leicht einfällt. Eine Lößkappe hat den tektonisch verstellten Reliefsockel derart verhüllt, daß die Schiefstellung des Riedelkerns nur im Straßeneinschnitt, nicht aber an der lößüberkleideten Oberfläche zu erkennen ist. Die Lößmächtigkeit ist im Norden wesentlich größer als im Süden, so daß durch diese asymmetrische Lößanhäufung heute die Oberfläche eines gleichförmigen Riedels vorliegt.

Auch bei Spiesheim konnten eine Kippung der Cyrenenmergel nach Norden und eine Heraushebung der Süßwasserschichten nachgewiesen werden (HEITELE & SONNE 1976, 1976 a). Die tektonischen Verstellungen werden auf die mittelpleistozäne und postmittelpleistozäne Hebungsaktivität des benachbart liegenden Alzey-Niersteiner Horstes zurückgeführt.

3.5.5 *Die Partenheimer Ausraumbucht*

Die Partenheimer Ausraumzone wird von einem hohen Rahmen flankiert, in dem die Profilreihen 712, 713, 714, 715 und 716 liegen (Abb. 16).

Am Rand des stark eingeengten Plateaurestes bei Vendersheim liegt die Bohrung 701, 253 m ü. NN (Abb. 24). Die leicht nach S abfallende Oberfläche weist unter einem rezenten Boden einen Würmlöß auf. Darunter folgt eine Solifluktionsdecke aus Löß und Quarzkiesen, die zur Basis hin noch mit Kalkmergel und älterem Verwitterungslehm sowie Sanden und Kiesen vermischt ist. Der Plateaurandsockel ist hier von einer Solifluktionsdecke überzogen. Das Bohrprofil 702, 235 m ü. NN (Abb. 66), zeigt einen ähnlichen Deckschichtenaufbau wie das Profil 701. Unter Würmlöß, der eine Schwarzerde trägt, folgt eine Solifluktionsdecke aus Mergelkalk, Kiesen und kiesigen Eisenkonkretionen. Die Eisenoolithe stammen aus umgelagerten alten Verwitterungshorizonten. Die mergeligen Kalke wurden vom Anstehenden des Plateaukörpers abgetragen.

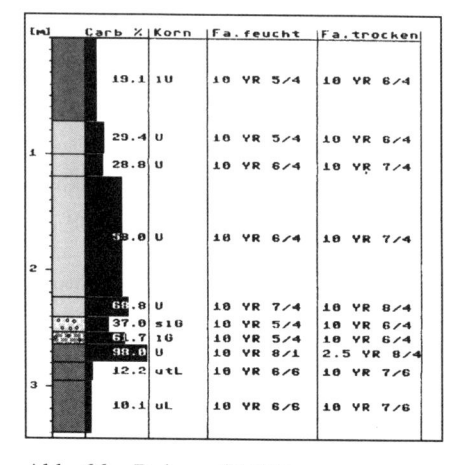

Abb. 66: Bohrprofil 702

Beide Profile, 701 und 702 lagen im Bereich des Plateaus, gehören jedoch entgegengesetzt geneigten Flächenbereichen des Plateaus an. Die geneigte Plateaurandoberfläche, in der die Bohrung 701 liegt, fällt nach S ein. Die Bohrung 702 liegt auf einem sich nach NE absenkenden Oberflächenteil.

Beide Profile zeigen eine Überformung des Plateaurandes an, die sich in der Auftauschicht des Dauerfrostbodens vollzog. Durch raschen Wechsel dünner tertiärer Sedimentserien ergaben sich für die frostdynamische Aufarbeitung des Untergrundes günstige Voraussetzungen. Bei der solifluidalen Umlagerung wurden Kalkkieskomponenten, die aus den mergeligen Kalkhorizonten hervorgegangen waren, mit Fe-Oolithen aus alten Verwitterungsdecken vermischt. In den hohen Reliefpositionen wurden auf dem zentrifugal geneigten Plateausockel keine älteren Deckschichten beobachtet. Statt dessen konnte wieder die Existenz einer von der periglazialen Abtragung gekappten tertiären Basis beobachtet werden.

Den zentrifugalen Abfall des Plateaurandes finden wir in weiten Teilen sowohl im Plateaurandgebiet des Ostrheinhessischen Plateaus als auch an der NW- und SE-Flanke der Partenheimer Ausraumbucht.

Auf einem spornartig nach NE geneigten Flächenrest im Bereich des Plateaus wurden die Bohrungen 712, 713 und 714 niedergebracht.

Die Bohrung 712, 260 m ü. NN (Abb. 67) wies unter einer Schwarzerde 4,60 m mächtige Würmlösse auf. Sie haben an ihrer Sohle einen umgelagerten Löß, der Kiese und Sande führt. Darunter folgt der Rest eines 20 cm mächtigen warmzeitlichen Bodens, der in seinem oberen Bereich noch deutlich Spuren einer Umlagerung zeigt, was durch das Auftreten einzelner Quarzkiese erkennbar ist. Den Flächensockel bilden Kalk- und Mergellagen, in die kalkige Tone eingeschaltet sind.

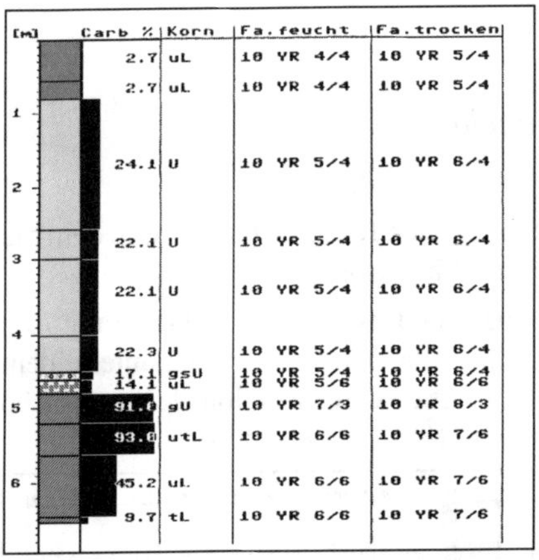

Abb. 67: Bohrprofil 712

Das in einem schmalen Flächenzug nach NE abfallende Plateaugebiet zeigt im Profil 713, 251 m ü. NN (Abb. 68) ähnliche Verhältnisse wie im Profil 712, nur daß hier bereits der Würmlöß, der 1,80 m mächtig ist, direkt dem aus tertiären Sedimenten bestehenden Flächensockel aufliegt, der aus weichen Mergelkalken und Tonlagen aufgebaut ist.

Im Profil 714, 243 m ü. NN (Abb. 69), liegt Schwarzerde über Löß. An der Basis der 2,65 m mächtigen Lösse ist eine abluale und gelisolifluidale Umlagerungszone ausgebildet. Darunter trifft man auf weiche weiße Kalke und graubraune bis schwarze kalkhaltige tertiäre Tone.

Die Bohrungen 712 und 713 im Bereich des zur Peripherie abfallenden Plateaus sind mit den Plateauprofilen 701 und 702 in ihrer topographischen Lage und in ihrem Aufbau vergleichbar. Es folgen über den gekappten tertiären Sedimenten eine kaltzeitliche Umlagerungszone und würmzeitlicher Löß. Auf dem zum Rand hin abfallenden Reliefsockel lassen sich umgelagerte abluale Deckschichten im Grenzbereich der

Tertiär/Quartär-Schichten feststellen. Bei Profil 701, 702, 713 und 735 sind die würmzeitlichen Sedimente direkt in Kontakt mit der tertiären Basis.

In der erosionsgeschützten Lage des Profils 712 tritt noch ein 20 cm mächtiger umgelagerter warmzeitlicher Verwitterungsboden aus dem Pleistozän an der Grenze Tertiär/Quartär auf. Durch die in den zentralen Plateaubereich vordringende periglaziale Abtragung wurde dieser fossile B_t bis auf einen kleinen Rest erodiert, bevor eine junge Lößdecke ihn verhüllte.

Gestuft übereinander liegende stark eingeengte Flächenreste nehmen das Innere der Partenheimer Ausraumzone ein. Ihre Oberflächen sind alle sanft nach NE geneigt und von pleistozänen Decksedimenten verhüllt. Die langgestreckten ineinandergeschachtelten Abtragungsflächenreste lassen sich durch ihre verschiedene Höhenlage und die Gliederung der Decksedimente unterschiedlichen Bildungszeiten zuordnen.

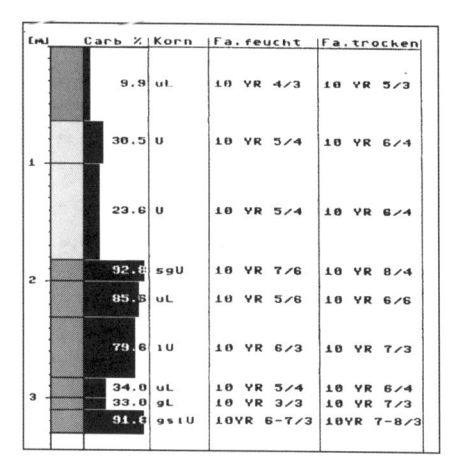

Abb. 68: Bohrprofil 713

Das Profil 705, 185 m ü. NN, (Abb. 70) gibt bei der Einstufung einige Probleme auf. Die Höhenlage des Glacisrestes und die Decksedimentgliederung weichen vom gewohnten Bild ab. Vergleicht man dieses Niveau mit der Glacishöhenlage im Selztal östlich des Wörrstädter Plateaus, so kommt man in den durch Fossilien datierten Glacishöhenbereich, der in der drittletzten Kaltzeit überformt wurde. In den Deckschichten der Bohrung 705 ist aber eine derartige Schichtenvielfalt nicht nachweisbar. Es dürfte hier

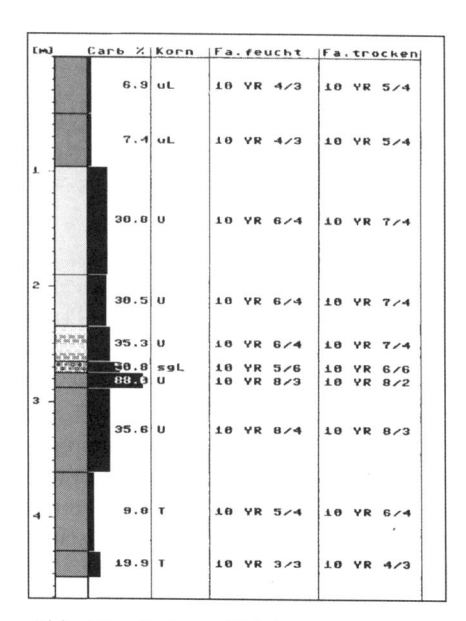

Abb. 69: Bohrprofil 714

auf dem Riedel zwischen zwei Ausraumgebieten zur Abtragung eines Teiles der mittelpleistozänen Sedimente gekommen sein, so daß hier zwar wie im Selztal altersgleiche fluviatile Flächenerosion vorliegt, die Deckschichten sich aber lediglich aus älteren und jüngeren Lössen zusammensetzen.

Aufgrund der Decksedimente im Profil 708, 165 m ü. NN, (Abb. 71), die über einem oligozänen Ton eine Verspülung von tertiärem und pleistozänem Material erkennen lassen, folgen eine Solifluktionsschicht mit älterem Löß, ein interglazialer B_t, Humuszonen und ein Würmlöß, den ein lößreicher holozäner humoser Boden abschließt. Aufgrund der Decksedimente können wir im Profil 708 noch mindestens eine Abtragung rekonstruieren, die in der Frühphase der zweitletzten Kaltzeit erfolgt ist.

Abb. 70: Bohrprofil 705

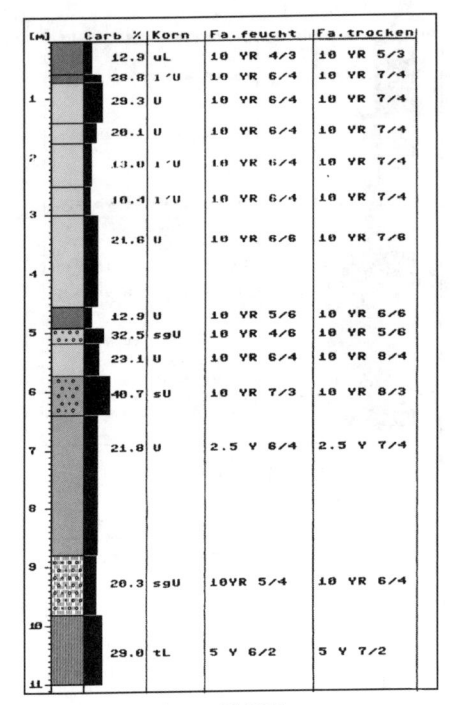

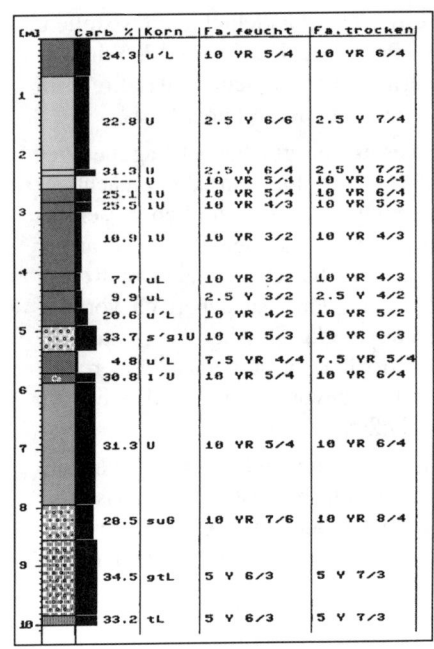

Abb. 71: Bohrprofil 708

Die tiefergeschalteten, zum Inneren der Ausraummulde hin liegenden Bohrungen 709, 167 m ü. NN, (Abb. 72) und 710, 144 m ü. NN, (Abb. 73) sowie das Profil 716, 135 m ü. NN, (Abb. 74) zeigen nur würmzeitlichen Löß über einer periglazialen Umlagerungszone, die dem anstehenden oberoligozänen Cyrenenmergel aufliegen.

Die bisher angewandte Methode der stratigraphischen Zuordnung der Formbildung findet bei kleinen Flächen und kuppigen Einzelerhebungen, wie z.B. dem Ölberg, Profil 711, 186 m ü. NN, (Abb. 75) ihre Grenze. Der Ölberg zeigt in seiner isolierten Lage außer dem rezenten Boden nur noch eine Solifluktionsdecke, die sich aus Mergelkomponenten der oberoligozänen Süßwasserschichten zusammensetzt, die den Untergrund der Einzelerhebung aufbauen.

Abb. 72: Bohrprofil 709

Abb. 73: Bohrprofil 710

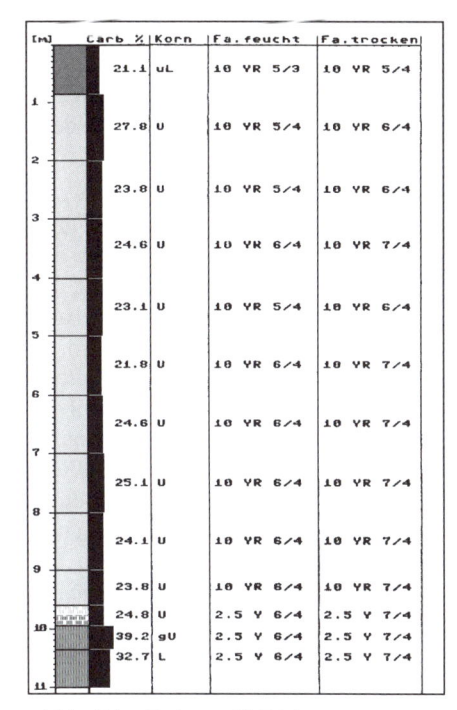

Abb. 74: Bohrprofil 716

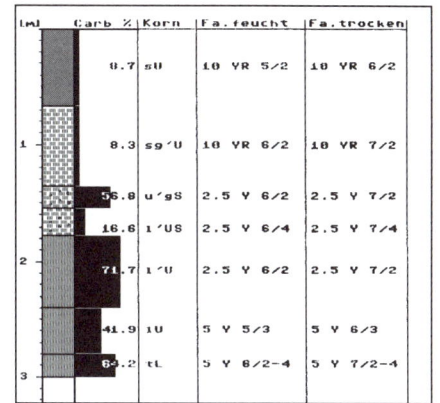

Abb. 75: Bohrprofil 711

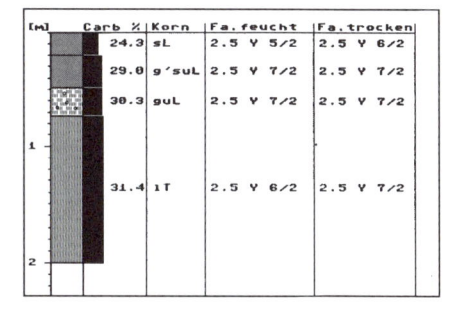

Abb. 76: Bohrprofil 715

Auch die Bohrung 715, 161 m ü. NN, (Abb. 76), die im Bereich des Hahnberges liegt, repräsentiert den Typ, wie er auf isolierten Kuppen angetroffen wird. Unter einem Tonmergel-Pelosol folgt eine Solifluktionsschicht, die sich aus oligozänen Cyrenenmergeln zusammensetzt, die im Untergrund anstehen.

Diese kuppigen Einzelberge wurden zuletzt in der Würmkaltzeit denudativ überformt, so daß sie völlig frei von älteren Sedimenten sind.

3.5.6 *Formungsbedingungen und -prozesse auf dem Plateau, am Steilhang und auf dem Glacis*

Betrachtet man das Relief im nördlichen Rheinhessen, so fällt auf, daß ein Mißverhältnis besteht zwischen den weiten Ausraumzonen und den kleinen Flüssen der Selz und Nahe, die sie entwässern. In den schotterbedeckten Talböden fließen heute Bäche mit geringer Wasserführung. Die seitliche Unterschneidung der verwilderten Gewässer (Braided river) im Periglazialklima des Pleistozäns kann die konkaven Profile der Glacis am Rande der Ausraumzone nicht geschaffen haben. Im Bereich der weichen oligozänen Gesteine steigt die Oberfläche der Glacis sanft an und geht dann in einen Steilhang über, der im oberen Abschnitt durch Kalkstein gebildet wird. Ursache für die Formbildung der Glacis oberhalb der Talterrasse ist die Rückverlegung der Plateaurandstufe und die Tieferlegung der Vorlandfläche. Durch die Rückverlegung der

Schichtstufe und die phasenhafte Tieferschaltung der Fußfläche wurden die ursprünglichen Taleinschnitte zu Ausraumzonen erweitert. Das heutige Relief im nordwestlichen Rheinhessen erhielt dadurch seinen eigentümlichen Charakter, daß um die Plateauberge ein Kranz von Glacisterrassen angelegt wurde, der sich von dem gewohnten fluviatilen Zerschneidungsrelief abhebt.

In den ausgedehnten Ausraumzonen zwischen den Plateauschwellen konnten jeweils bis zu 4 übereinander angeordnete Fußflächen beobachtet werden. Auf der jung gehobenen Festlandsfläche wurden zur Zeit des Untermiozäns die Schotter des Urrheins abgelagert, auf der im Norden während des Pliozäns die Ablagerung der Arvernensis-Schotter erfolgte. Zu Beginn des Pleistozäns wurden die Schichttafel und ihre Flußablagerungen durch die tektonische Heraushebung fluviatil zerschnitten, so daß einzelne Plateauteile entstanden. Auf dem West- und Ostrheinhessischen Plateau sind interglaziale Böden aus dem älteren Quartär verläßliche Zeugen dafür, daß auf die Kaltzeiten mit periglazialer Flächenbildung und Lößtransport Warmzeiten mit intensiver Bodenbildung und fluviatiler Zerschneidung gefolgt sind. Stellt man die Gebiete der Altflächen des Westrheinhessischen Plateaus den Arealen der Erstzerschneidung gegenüber und vergleicht man die Altflächenreste im Wasserscheidenbereich mit den über 130 m tiefer liegenden sie umgürtenden jüngsten periglazialen Fußflächen, die im Nahetal mehrere Kilometer breit sind, so wird das Ausmaß der kaltzeitlichen Überformung am Rande des Plateaus deutlich. Die Fußflächen konnten in verschiedenen Niveaus bevorzugt in Ton- und Mergelgesteinen, die von der Abtragung leicht überformt wurden, angelegt werden, wenn die entsprechende Basisdistanz gegeben war.

Der obere Randbereich des Westrheinhessischen Plateaus ist leicht abgeschrägt. Der Plateausaum ist um 2^0 geneigt. Durch Abspülung und Solifluktion wurde in den Deckschichten des Plateaus eine Abschrägung geschaffen, die lokal auch über eine durch Dolinen verkarstete Kalkdecke hinweggriff. Die geneigten Plateaurandgebiete sind also Abtragungsflächen, die sich an den obersten Abschnitt des Hanges anschließen.

Der obere Rand der Plateauberge hat im Pleistozän eine Überformung erfahren, so daß heute vielfach keine scharfe Plateaukante vorliegt, sondern vielmehr örtlich ein Walm entwickelt ist, der die Kalkschicht des Tertiärs, die bis 10 m mächtigen miozänen und pliozänen Sand- und Kiesablagerungen und die hangenden Lößdeckschichten diskordant schneidet. Der Walm fehlt dort, wo sich im jüngsten Pleistozän starke Hangrückverlegung ereignete. In dem massigen Ostrheinhessischen Plateau, das nach Westen, Norden und Osten in seiner Oberfläche abfällt, ist an dem rutschaktiven Südhang bei Ober-Olm kein Walm ausgebildet.

Der unter dem Walm folgende Steilhang ist petrographisch gegliedert. Unter dem 12-16^0 geneigten oberen Bereich, der in tertiären marinen Kalken verläuft, liegt der mittlere und untere Hangabschnitt, der zwischen $4,5^0$ und 10^0 geneigt ist und in weichen tertiären Sand- und Mergelgesteinen ausgebildet ist. In den pleistozänen Kaltzeiten wurden die Hänge durch frostdynamische Prozesse beansprucht. Die klüftigen verkarsteten Kalke zeigen in der horizontalen Verbreitung durch den Facieswechsel wie auch in der Mächtigkeit der Lagerungsfolge eine unterschiedliche Zusammensetzung. Da der innere Bau der Kalke und Mergel infolge der wechselnden Materialanteile und ihrer jeweiligen Beschaffenheit ein heterogenes Gebilde darstellt und die Verkarstung nicht einheitlich erfolgte, ist die Kalk- und Mergeldecke gegenüber der Abtragung verschieden resistent. Daher wechselt die retardierende Wirkung der miozänen Kalkdecke bei der Rückverlegung der Hangfront in den einzelnen Abtragungsgebieten.

Die Kalkdecke des Plateaurandes lieferte bei intensiver Frostverwitterung den Schutt, der am Hang angetroffen wird. Das am Rande der tertiären und fluviatilen Decksedimente des Plateaus austretende Schmelzwasser durchtränkte die klüftigen, örtlich konglomeratisch ausgebildeten verkarsteten Kalke, die in den Frostperioden des Pleistozäns aufgrund der zwischengeschalteten heterogenen dünnbankigen Kalk- und Mergellagen bevorzugt zu kantigem plattigem Schutt zerfielen. Die zum Plateaurand hin geneigte Oberfläche wie auch zur Peripherie sich absenkende tektonische Mulden und Vorzeitformen übernahmen im Bereich des Nahetals oft die Funktion von Wasserleitbahnen, die zur Durchfeuchtung und zu einer intensiven frostdynamischen Zerrüttung und Abtragung der krönenden Kalkdecke führten. Der kleinstückige Frostschutt stürzte vom Rande des Plateaus auf den darunter liegenden Steilhangabschnitt, der aus oligozänen Tonen, Mergeln und Sanden aufgebaut ist. Durch die Wasserzufuhr wird auch die tiefere Hangentwicklung beeinflußt. In den hydrographisch begünstigten Gebieten werden die anstehenden Tone und Mergel, die sandstreifig ausgebildet sind, durch Frostsprengung und Eisbildung aufbereitet und in der Auftauschicht des Dauerfrostbodens stark aufgeweicht. Die frostdynamisch verursachte Wasserübersättigung führte bei der Schneeschmelze zu einer breiigen Aufbereitung in der Auftauschicht. Durch die Veränderung der Zustandsbedingungen verlieren die oberflächennahen Massen ihre Standfestigkeit, so daß der kantige Frostschutt aus der Kalkdecke in der Auftauschicht auf dem oberen Mittelhang solifluidal und durch flache Rutschungen abtransportiert wird. Schmelzwasserabfluß und sommerliche Regenfälle führen zu Abspülungen und verstärken die oberflächennahe Durchfeuchtung. Es kommt zu Kriech- und Abspülungsvorgängen, die eine Rückverlegung des Hanges vorantreiben.

Die Hänge werden durch mehrere miteinander vergesellschaftet auftretende Abtragungsvorgänge zurückverlegt. Sie werden durch das gravitative Abgleiten bei Frostwechseln und durch soligelide Kriechbewegungen in den frostdynamisch gelockerten und aufbereiteten Verwitterungsprodukten der Auftauschicht zurückgeschnitten. Im Winter wird eine Schneedecke aufgebaut und durch Frostvorgänge Bodeneis angereichert. In der Tauperiode führt das Schneeschmelzwasser in der durch tauende Eislinsen wasserübersättigten Auftauschicht am Mittel- und Unterhang zu Spülvorgängen. In den aufgeweichten breiigen und gequollenen Tonen und Mergeln werden bei der kryodynamischen Aufbereitung Verwitterungsprodukte geringer Korngröße gelockert und von einem gering mächtigen Wasserfilm abtransportiert. Damit kombiniert tritt zur Zeit der einsetzenden Sommerregen Rinnenspülung auf. Bei stärkerem kleinräumig linearem Abfluß kommt es zum Einschneiden eines Rillenreliefs in den Hangsedimenten. Derartige später aufgefüllte Abflußrinnen mit Bleichungsrändern im Hangsediment wurden nördlich Wörrstadt, bei Wolfsheim und bei Partenheim beobachtet. Diese Abtragung dürfte auch bei den weit gespannten unzerschnittenen Hangflächen in der Vendersheimer Ausraumbucht mitgewirkt haben. Die Abflußrinnen sind heute verfüllt. In ihnen werden unter der Bodendecke grober Schutt, Sand und Schluff, umgelagertes Plateaurand- und Hangmaterial angetroffen.

In anderen Hangbereichen bildeten sich Dellen und Kerben aus. Die Gliederung der Wißbergflanken durch parallel gescharte Hangdellen ist ein Beispiel für den Fall, in dem Verwitterungsmassen in einer Tiefenlinie zeitweise durch abfließendes Wasser und gelisolifluidale Kriechprozesse abtransportiert wurden.

In den stärker durchfeuchteten Dellen kam es in der Auftauschicht durch Gleitflächenbildung zu Materialbewegungen und bei starker Durchtränkung zu murartigem Abfluß. Das Abgleiten der liegenden oligozänen Schichten führte dazu, daß Teile der hangenden miozänen Kalkdecke, die örtlich durch tektonische Störungen vorgezeichnet waren, nachbrachen und auf diese Art eine Erweiterung der Plateaunischen oder eine Zerstörung der Sporne erfolgte. Auf derartige Abbrüche am Plateaurand geht die Lage einer aquitanen Kalkdecke am Hang südlich von Ensheim zurück. Auch die miozäne Kalkscholle südwestlich von Gau-Weinheim am Fuße des Wißberges ist durch das Nachbrechen einer Plateaukante und solifluidales Abgleiten entstanden.

Einige hydrographisch begünstigte Bereiche sind durch eingreifende Hangtälchen, wie zum Beispiel an der Nahe, tiefer eingeschnitten. In einigen Hangtälchen kommt es heute zu oberirdischem Abfluß. Ihr großes Einzugsgebiet, das in den Kaltzeiten bis zu den Kiesdecken auf dem Plateau reichte, führte zur Entwicklung von Gerinnen, die im Plateaurand wurzeln. Durch diese werden Hangteile als Vollformen herausgeschnitten, die ihrerseits von Hangdellen überzogen sind. In den Hangdellen konnten ihrerseits durch abfließendes Wasser bedeutende Abtragungsmengen erzielt werden. Die Hänge, die frontal gegen das Rheinhessische Plateau zurückverlegt wurden, sind durch Hangtälchen, Dellen oder ein Rillenrelief gegliedert.

Die zwischen den stark zurückwandernden Stufenhangkerben stehengebliebenen Hangteile, die bis zum Plateau hinaufreichen, werden weniger stark durchfeuchtet und abgetragen. Diese Hangbereiche der Sporne sind durch eine Reihe von weitständig angeordneten Dellen gekennzeichnet, die durch Solifluktion und Abspülung ausgeräumt wurden. An der Stirn der im Mittelhang ansetzenden Riedel, die ältere Glacisniveaus darstellen, haben sich, wie zum Beispiel am Waschberg bei Aspisheim, Dreieckshänge ausgebildet. Diesen Hängen fehlt der Transport von Material aus den höheren Hangbereichen (BÜDEL 1970, S. 23). Außer der rein gravitativen Verlagerung des aufgefrorenen, durchweichten breiigen Materials und der Solifluktion wirkt die Rinnenspülung auf den Fronthängen und an den Flanken der Glacisrestriedel. Durch Ausbildung von Dellen können Teile, wie zum Beispiel die Kuppe des Waschberges, herausgearbeitet werden. Verstärkt tritt diese Formbildung durch Dellen auch am oberen Ende der Glacis auf, wo durch Verschneidung von Dellen ein Dellenpaß, wie bei Aspisheim und am Bleichkopf bei Stadecken-Elsheim ausgebildet wurde. Dellenpässe entstehen, wenn die Abtragung nicht mehr auf die vorgelagerten hochliegenden Glacisreste kanalisiert werden. Auch bei Sprendlingen ist unmittelbar am Hangfuß eine tiefe Delle entstanden, die im Bereich ihrer weitesten Ausdehnung das Glacis vom Hang auf mehr als 100 m trennt.

Unabhängig davon, ob der unzerschnittene Hang durch Rutschungen und fluviatile und gelisolifluidale Abtragung parallel zu sich selbst zurückverlegt wurde wie bei Vendersheim oder ob ein schwach zerschnittener Hang vorlag wie im Nahetal, es bilden sich im Vorland breite sanft abfallende geschlossene Abtragungsflächen, die Glacis, die auf die Flußterrassen eingestellt sind.

An dem Übergang vom Stufenhang zur Fläche ist ein Gefällsknick erkennbar, der durch Abspülungsprozesse und Solifluktion geschaffen wurde. Durch das Schmelzwasser aus Schneeanhäufungen am Fuß des Steilhanges, die Wasserzufuhr aus den Hangrillen und das Wasser des Auftaubodens wurde der Hangfuß stark durchtränkt, so daß zum Unterhang das aufgeweichte Gelisolifluktionsmaterial in Kombination mit der Abspülung und murartiger Umlagerung auf die Fläche transportiert wurde. Bei der

Rückverlegung des Hanges bildete sich auf diese Weise eine konkave Abtragungsfläche, die von korrelaten Sedimenten überzogen ist.

Die Hangtälchen im Fronthang sind auf das jüngste Glacis eingestellt und können als flache Mulden vielfach noch ein Stück auf dem Glacis verfolgt werden. Die Glacisoberfläche ist dann im Querschnitt leicht gewellt ausgebildet. Sie zeigt an ihrer Oberfläche flache Mulden, die ausgefüllt sind mit geschichtetem korrelatem Spülschutt, der aus Kiesen, Sanden und Schluffen besteht. In dem kantigen bis kantengerundeten Material können auch solifluidal bewegte Großblöcke vorkommen. Kleinräumige Sand- und Kiesschüttungen sind bezeichnend. Sedimentologische Merkmalsgruppen weisen auf ein fluviatiles Milieu hin: dachziegelartige Lagerung, eingestreute rasch auskeilende Kieslagen, eine lagige Trennung von Schutt-, Sand-, Schluff- und Kiesdecken und eine Tendenz zu flachlagernder Schichtung. Dieses umgelagerte Material kann eine Mächtigkeit zwischen 0,2 bis 1,8 m erreichen. Außerdem kann die aus Schutt, Sand und Schluff bestehende Auflage auch kleinräumig, wie es bei Sprendlingen an einer Stelle beobachtet wurde, durch Abspülung ausgedünnt oder abgetragen sein.

Die Abtragung auf dem Glacis erfolgt durch ein Geflecht von Rinnen und Runsen, die ihr Wasser von der Hangabspülung und aus den Dellen und Kerben im Fronthang beziehen. Der konzentrierte Abfluß und Materialtransport strebt durch die Zerschlagung und Zerfaserung der Gerinne auf der Fläche auseinander. Anastomosierende Rinnensysteme mit zwischengelagerten Aufschüttungsinseln kennzeichnen die Abflußverhältnisse auf dem Glacis. Die anastomosierenden Gerinne bewirken bei einer dünnen Schutt- und Schotterauflage durch den stetigen Wechsel von Tiefen- und Seitenabtrag bei der Durchbewegung der Sedimente die flächenhafte Ausbildung und Tieferschaltung des Glacissockels.

Auf dem Glacis liegen die Ablagerungen meist mit scharfer Grenze dem flachen Reliefsockel auf. Bei der Anlage der Glacis werden die horizontal liegenden tertiären Basisschichten gekappt, und eine Skulpturfläche wird ausgebildet. Nach der Einregelung des Schuttes handelt es sich um eine periglaziale Spülschuttfläche mit lokalen Gelisolifluktionserscheinungen. Örtlich sind die Ablagerungen durch Kryoturbationen überprägt.

Die Glacis tragen geschichtete, durch aquatische Umlagerung entstandene Sedimente. Die Flächenerosion wurde von Fließgewässern geleistet, die durch eine Zunahme der Bodenlast oder auch völlige Auslastung gekennzeichnet waren. Diese Auslastung wurde durch die Aufnahme von Grob- und Feinmaterial aus der Auftauschicht des Dauerfrostbodens erreicht. Zum Transport standen durch die Frostverwitterung aufbereiteter Kalksteinschutt, aufgefrorene Tone, Sande und Mergelschichten von den Hängen und frostdynamisch aufbereitete wenig verfestigte Gesteine des Glacisuntergrundes zur Verfügung. Dieses in verschiedenen Korngrößen bereitstehende leicht erodierbare Material führte zu einer Maximierung der Bodenfracht, wodurch die Flächenerosion gefördert wurde. Beim Transport kam es zum „Komponentenaustausch" (SEUFFERT 1976, S. 21), das heißt, es wurde gröberes Material beim Abfluß über dem Glacis abgesetzt und statt dessen Feinmaterial aufgenommen.

Die Auftauschicht ist durch den Dauerfrostboden nach unten hin abgedichtet. Er verhindert jede Wasserversickerung und auch jeglichen Wasseraustritt aus den liegenden Schichten. Es kann daher auch kein Grundwasser hinzutreten, das die Flächenerosion beeinträchtigt. Die aufgeweichte wassergesättigte bzw. wasserübersättigte Auftauschicht weist eine geringe Durchlässigkeit und eine schüttere Vegetationsdecke auf, so daß die Abspülung auf die oberflächennahen Schichten konzentriert ist und die Gerinnefracht heterogene Korngrößenzusammensetzung aufweist.

Der Glacissockel konnte bei dem Transport des Verwitterungsmaterials über die wenig verfestigten oligozänen Sedimente tiefergelegt werden. In den frostdynamisch aufbereiteten und aufgeweichten Gesteinen wurde das Feinmaterial durch Abspülung und Kriechprozesse umgelagert.

Bei der Glacisbildung addierten sich mehrere Abtragungsvorgänge: konzentrierte Gerinne, Runsen- und Flächenspülung (vgl. SEUFFERT 1970, S. 22). Untergeordnet ist die soligelide Umlagerung. Hauptursache für die Flächenbildung sind die fluviatilen Prozesse, deren Abtragungsleistung die soligelide Formung überdeckte.

Der in Hangtälchen, Dellen und Spülbahnen linear konzentrierte Wasserabfluß und der Schuttransport am Steilhang erfahren jenseits des Geländeknickes mit dem Abnehmen des Gefälles am Oberrand des Glacis durch den „Abfluß/Lastwandel" eine Aufspaltung der Abflußkanäle, so daß Flächenerosion geleistet wurde.

Auch im periglazialen Klimaraum hat die Erklärung der Flächenbildung durch die Abfluß-Lastwandel-Theorie SEUFFERTS (1981, S. 156; 1976, S. 27) ihre Gültigkeit. Sie besagt, daß die Zunahme des Belastungsgrades des Fließgewässers durch Bodenfracht in Fließrichtung bei abnehmendem Gefälle zu einer Vertiefung und Konzentrierung des Abflusses führt, der einhergeht mit einer Zerfaserung der Abflußbahnen. Durch die Zu- und Abnahme der Abflußgeschwindigkeit der periodisch abkommenden Fließgewässer wird die Wirkungsbreite dieses polylinearen Abflusses entscheidend vergrößert. Die Abflußbahnen ändern ständig ihre Abflußbreite, ihren Verlauf und ihre Anzahl, so daß breite Flächen überarbeitet werden können, wie sie ein monolinearer Abfluß nicht erreichen könnte. Entscheidend für die Flächenbildung ist, daß der Abfluß der Gerinne durch Materialtransport derart ausgelastet ist, daß er zur Abflußdivergenz tendiert.

Die Fließerosion wird nach SEUFFERT (1981) darüber hinaus von der Höhenlage und der Basisdistanz, dem Ausgangsrelief, der Oberflächenform und -neigung sowie der Beschaffenheit und Erosionsresistenz des Untergrundes bestimmt sowie von der Gestalt und Rauhigkeit der Transportbahn, der Vegetationsbedeckung und der Menge und Korngrößenzusammensetzung des Transportgutes beeinflußt, das durch das Fließgewässer erodiert und bewegt wird.

Entscheidend für den Formungstyp und die Formungsintensität sind der Wasserhaushalt, das Abflußgeschehen und die Erosionsresistenz des Untergrundes.

In der aufgeweichten wasserübersättigten Auftauschicht entstanden in großen Mengen frostdynamisch aufbereitete Feststoffe wie Kalkschutt, Sande, Schotter, Schluffe und Tonpartikel zur Verfügung. Auch wurde durch Gleitungen und Stufenrandbrüche mit murartigem Abfluß, die sich in der Auftauschicht der Steilhänge ereigneten, sowie durch Gelisolifluktion reichlich breiiges Material für die Bodenfracht des Abflusses bereitgestellt.

In einer Landschaft mit schütterer oder fehlender Vegetation kam es während der Frostwechsel zur Zeit der Schneeschmelze und der sommerlichen Regen zu einem „pulsierenden" hohen Oberflächenabfluß. Das stoßartig abfließende Wasser konnte dabei Lockermaterial aus dem Untergrund aufnehmen, so daß die Gerinne anastomosierten und flächenhafter Abtrag erfolgte.

Die hygrischen und thermischen Voraussetzungen waren für die Entstehung von divergierenden, Abfluß in den Kaltzeiten in Rheinhessen günstig. Im ozeanisch gefärbten feucht periglazialen Klima wurde der winterliche Schneeniederschlag im Sommer aufgezehrt. Da das Wasserangebot höher als der Sättigungsbedarf der Auftauschicht war, kam es zur Abspülung. Dabei traten auch Wasserbewegungen in der Auftauschicht und an deren Basis auf. Die sommerlichen Frostwechsel und Regenfälle ließen den Wasserabfluß an- und abschwellen. So werden durch die Schneeschmelze und die Sommerregen bei pulsierendem Abfluß Materialien über größere Distanzen umgelagert.

Die Auslastung der Fließgewässer führt zu einem divergierenden Abfluß, einer Zerschlagung des Abflusses in mehrere Abflußbahnen, die wie ein ädriges Geflecht die Oberfläche überziehen. Dieser zefasernde Abfluß bewirkt einen breiträumigen Abtrag und führt letztlich zur flächenhaften Überarbeitung und Tieferlegung des Glacis. Dabei kommt es durch die Zu- und Abnahme der Abflußstärke zur Verlegung der Abflußstränge und der Einebnung der die Rinnen trennenden Vollformen. Die Überformung und Tieferschaltung des Glacissockels erfolgen durch das sich beim periodischen Abfluß verlegende Abflußnetz. Der Tiefenabtrag ist abhängig von der Resistenz des Sockelgesteins, den Abflußverhältnissen und damit der Hydrographie des Einzugsgebietes am Hang und auf der Fläche und dem jeweiligen Tieferlegungsbetrag des Vorfluters.

Das Glacis, das aus dem Abtragungsgeschehen hervorgeht, wird wesentlich durch die thermischen und hygrischen Gegebenheiten im periglazialen Klimaraum der jeweiligen Kaltzeiten bestimmt.

Die gestuft übereinander liegenden Fußflächenrelikte, die einzelnen Reliefgenerationen, sind durch die alternierende Abfolge von Kalt- und Warmzeiten im Pleistozän entstanden. In den Warm- und Kaltzeiten haben sich die Abtragungsvorgänge wesentlich geändert. Auf Phasen der Fußflächenbildung folgten Phasen der erosiven Zerschneidung. Das warmzeitliche Zerschneidungsrelief war durch unausgelasteten Abfluß, der Tiefenerosion leistete, gebildet worden. Das geringfügig gegliederte Flächenrelief der Kaltzeit wurde durch flächenhafte Abtragung geschaffen. Das durch warmzeitliche Zerschneidung entstandene Riedelrelief im Bereich der ehemaligen Fläche wurde durch Verschüttung der Rinnen beim Einsetzen der nächsten Kaltzeit und der dann einsetzenden Flächenerosion erniedrigt und eingeebnet. Dadurch bildete sich ein neues Glacisniveau, von dem aus sich die flächenhafte Tieferschaltung in der Kaltzeit fortsetzte.

Da die Glacisbildung entscheidend durch den Abfluß gesteuert wird, sind bei geringer morphologischer Wertigkeit der Gesteine im ozeanisch feuchten periglazialen Klimaraum der Kaltzeiten die flächenhaften Abtragungsleistungen beträchtlich gewesen.

Durch die Heraushebung des nördlichen Rheinhessen im Pleistozän wurden im kaltzeitlichen Klimaraum die Täler stark übertieft, und gleichzeitig wurde durch die Rückverlegung der Hänge und die Tieferschaltung der Fußflächen die Ausbildung der Glacisgenerationen ermöglicht. Dadurch entstanden im nördlichen Rheinhessen entlang der Nahe, des Wiesbaches und der Selz große Ausraumzonen.

3.5.7 Pediment- und Glacisbildung während der kaltzeitlichen Klimaphasen

Die Glacis stellen Vorzeitformen dar, die in den pleistozänen Kaltzeiten gebildet wurden. Rheinhessen lag in den Kaltzeiten zwischen dem kontinentalen Klimaraum, der durch zunehmende Jahresamplituden der Temperatur, abnehmende Niederschläge, hohe Aridität und tieferen Auftauboden im Sommer gekennzeichnet war, und dem ozeanischen Klima, das durch ein Abnehmen der Jahresamplitude der Temperatur, ansteigende Niederschläge und geringe Mächtigkeit des Auftaubodens gekennzeichnet war. POSER (1948, S. 65-66) bezeichnet diesen Übergangsraum in der Würmkaltzeit, der ozeanisch gefärbte Temperatur- und Niederschlagswerte aufwies, als „die zwischenglaziale Provinz. Sie weist die größte Frostzerrung und die geringste Auftautiefe auf. Ständig unter dem abkühlenden Einfluß der Eisdecken ist sie das ganze Jahr der kälteste Raum im eisfreien Mitteleuropa. Das Januar-Mittel liegt unter unter -14 ^{0}C, das Juli-Mittel nur wenige Grade über null. Im Winter gehört die Provinz dem kontinentalen Hoch an, im Sommer liegt sie wahrscheinlich häufig unter einer Hochdruckbrücke zwischen Inlandeis und Alpen-Hoch. Südwestliche Winde herrschen das ganze Jahr vor, ausgenommen das Gebiet östlich der Oder, wo östliche Winde vorwiegen. Die Niederschläge sind in diesem Gebiet im Sommer unter dem Einfluß von Störungen aus dem Süden und dem Westen besonders reichlich, im Winter dagegen sehr viel geringer, aber nicht fehlend. Verwehungen des pulvrigen Schnees schaffen Bodenblößen, wodurch tiefe Frostzerrung im Boden und äolischer Transport von feinem Bodenmaterial gefördert werden kann".

Es erhebt sich die Frage, in welcher Phase der quartären Kaltzeiten sich die Glacis hauptsächlich gebildet haben. Aufgrund der thermischen und hygrischen Differenzierungen unterscheiden wir innerhalb einer Kaltzeit eine frühglaziale Phase, eine hauptglaziale Phase und eine spätglaziale Phase. Am besten sind uns die Klimaverhältnisse aus der Würmkaltzeit bekannt (WEISCHET 1954; BÜDEL 1960).

Durch eine globale Abkühlung setzte mit der frühglazialen Phase die Kaltzeit ein. Durch die Abnahme der Temperatur in Mitteleuropa bildete sich ein feuchtkaltes, periglaziales Tundrenklima von ozeanischem Charakter heraus. Der verstärkte Bodenfrost und die hohe Kondensationsrate in den feuchten-ozeanischen Luftmassen führten zu einer starken Bewölkung, die die Einstrahlung reduzierte und die Jahresniederschläge, die zum größten Teil als Schnee fielen, anwachsen ließen. Die herabgesetzte Einstrahlung minderte die Verdunstung und erhöhte die Eindringtiefe des Frostes, so daß sich ein Permafrost herausbildete, dessen Auftauschicht durch intensive Frostverwitterung gekennzeichnet war. Da die sommerliche Auftauschicht durch periodische Abtragungsvorgänge in ihrer Mächtigkeit erniedrigt wird, kann die Frostverwitterung in den Bereich des ehemaligen Permafrostes vordringen und somit die Aufbereitung des Untergrundes für die Tieferschaltung der Glacis und Pedimente neu beleben.

In der wasserreichen Auftauschicht kam es zusammen mit dem Abfluß des Schmelzwassers zur Abspülung von Fein- und Grobmaterial auf den sanft geneigten Flächen der Glacis. Diese im Sommer anfallenden großen Schmelzwassermassen transportierten die Abspülungs- und Solifluktionsmaterialien zu den sich einschneidenden Schotterflüssen. Die hohe periodische Schmelzwasserzufuhr transportierte die Lockermassen im Vorfluter schubweise talab und ist dabei in der Lage, die Talsohle auszuräumen und einzuschneiden. Daher war die frühe Kaltzeitphase die Periode aktiver Hangrückverlegung, Glacistieferschaltung und Eintiefung der Schotterfluren der Flüsse.

Während der Frühphase der Kaltzeit kam es im polaren Raum durch die Zufuhr feuchter Luftmassen zu ergiebigen Niederschlägen oberhalb der Schneegrenze, so daß eine verstärkte Eisbildung den Aufbau und Vorstoß der nordischen Inlandeismassen ermöglichte. Untergeordnete Wärmeschwankungen überlagerten die weitere Auskühlung Europas und sind durch örtliche humose Bodenbildungen belegt.

In der hauptglazialen Phase wurden durch den Aufbau und die Vergrößerung der nordeuropäischen Inlandeisgebiete die thermischen und hygrischen Verhältnisse im Periglazialraum von Mitteleuropa weiter verschlechtert. Die zyklonale Niederschläge bringende Westwindzone wurde nach Süden abgedrängt. Mitteleuropa geriet unter den Einfluß polarer Kaltluft. Auch der Zustrom feucht- ozeanischer Kaltluftmassen brachte im Lee der Inlandeismassen nur geringe Niederschlagsmengen. Hinzu kommt noch, daß weite Teile des Schelfmeeres vor der Westküste Mitteleuropas dem Festland angegliedert wurden, als durch die Entwicklung des Inlandeises der Meeresspiegel auf seinen Tiefststand sank. Die kontinentale Lage verschärfte die trocken-kalten Winter und brachte strahlungsreiche wolkenarme Sommer. Die Jahresniederschläge, die als Schnee niedergingen, wurden geringer, die Bodenfeuchtigkeit nahm ab und die Wirkung der Solifluktions- und Abspülvorgänge wurde geschwächt. Die Aktivität der Glacisbildung klang damit aus. Die durch Solifluktion und Abspülung umgelagerten Materialschichten, die die tertiären Sockelgesteine diskordant schneiden, wurden zunehmend stationär.

Auf dem bislang überformten Reliefsockel überwiegt die Akkumulation gegenüber dem Abtransport. Abspülschichten und Solifluktionsmaterial treten mehrfach wechselnd auf. Die zunehmende Trockenheit wird durch das Vorhandensein von Löß belegt, der zunächst vielfach noch verspült und umgelagert angetroffen wird. Es bildet sich die Phase des kalten trockenen kontinentalen periglazialen Klima heraus, die Zeit der Lößtundra, die durch Deflation auf den windexponierten Flächen ausgezeichnet ist und die durch Lößanwehungen in abtragungsgeschützten Leepositionen in Erscheinung tritt. Da in den trocken kalten Wintern und trockenen heiteren Sommern das kaltzeitliche Niederschlagsminimum erreicht wird, wachsen auch die Gletscher nicht mehr über den nun erreichten Maximalstand hinaus.

Als dritte spätglaziale Phase des Kaltzeitzyklus stellt sich eine feucht-kalte Periode ein, die sich mit steigenden Temperaturen und hohen Niederschlägen auf die kommende Warmzeit hinbewegt. Die formbildenden Prozesse der Solifluktion und Abspülung treten wieder verstärkt auf, werden aber durch die sich mit der Erwärmung verdichtenden Vegetation in ihrer Effektivität stark abgeschwächt. Der flächenhafte Abtrag tritt zugunsten der aufkommenden linearen Erosion immer mehr zurück. Das führt zu einer Vertiefung der Abflußbahnen auf den Glacis und einer Einschneidung der Flüsse in die Schotterkörper.

3.5.8 Zeitliche und räumliche Abgrenzung der quartären Fußflächenbildung

Als Zeitmarke für die Datierung der Plateaus werden die pliozänen Ablagerungen des Urmains (WAGNER 1960), die Arvernensis-Schotter (BARTZ 1950, 1961) herangezogen, die auf den Hochflächen des westlichen und östlichen Rheinhessischen Plateaus verbreitet sind. Bis zu 90 % sind sie aus weißen groben Quarzkiesen und tonigen Quarzsanden zusammengesetzt und verzahnen sich mit den tonigen Ablagerungen des jüngeren Urrheins.

Die einsetzende Heraushebung im nördlichen Rheinhessen und das Zurückbleiben der Randschollen westlich des absinkenden Oberrheingrabens führten im ausgehenden Tertiär und beginnenden Pleistozän zu dem Abgleiten der Bäche Selz, Wiesbach und Appelbach nach NNE. Die sich heraushebenden Schollen waren in den Kaltzeiten periglazialer Abtragung ausgesetzt. Im Gegensatz dazu finden wir im südlichen Rheinhessen, dessen Randschollen stärker in die Absinktendenz des Oberrheingrabens einbezogen waren, fluviatile Sedimentstapel, die vom frühen Altpleistozän bis ins Mindel datiert werden (WEILER 1953; BECK 1979).

Die Entwicklung des heutigen Reliefs im nördlichen Rheinhessen vollzog sich im wesentlichen seit dem Beginn des Pleistozäns. Der Norden und Westen Rheinhessens wurden herausgehoben, und die östlichen Randschollen und der Oberrheingraben blieben zurück und sanken weiterhin ab. Täler wurden eingeschnitten und Flußterrassen an Rhein (KANDLER 1970) und Nahe (MOSLER 1964; GÖRG 1984) ausgebildet.

Mit der fluviatilen Zerschneidung des nördlichen Rheinhessen in einzelne Plateauteile gingen im Pleistozän die Schichtstufen- und Glacisbildung einher. Bei großer Basisdistanz, wenn also die lokale Erosionsbasis weit entfernt lag, wurden Glacis angelegt, bei geringer Basisdistanz steile Stufenhänge ausgebildet.

Die Fußflächenbildung kann anhand der Pediment- und Glacisreste im Alt-, Mittel- und Jungpleistozän nachgewiesen werden. Zur Datierung konnten die Höhenlage der Glacis, ihre Verbindung mit pleistozänen Flußterrassen sowie die Verbreitung von Fossilien in den Deckschichten herangezogen werden. Die älteren Pedimente wurden in den miozänen Kalken angelegt. Die mittel- und jungpleistozänen Glacis sind in weichen oligozänen Gesteinen ausgebildet und nehmen die tieferen Lagen im Relief ein. Die Bildungszeit der Glacis fällt ausschließlich in die Kaltzeiten des Quartärs. Die Anlage und Ausbildung der Glacis in Rheinhessen erfolgten im Alt-, Mittel- und Jungpleistozän und sind damit eine Formung, die unter kaltzeitlichen Klimaverhältnissen stattfand. MENSCHING (1960, S. 38) hatte von der Existenz „quartärer Vorlandterrassen" („Glacis") am Rande der Hohen Rhön berichtet, „deren Entstehung von älteren Fußflächen ausgeht". WIRTHMANN (1961, S. 26) stufte die Glacisbildung, die sich auf geomorphologisch weichen Keupergesteinen in der nördlichen Oberpfalz vollzog in das Altpleistozän ein. Außerdem haben auch WICHE (1961, 1963, 1964, 1970), ROHDENBURG (1965, 1968), SEMMEL (1966), FRÄNZLE (1969), SEUFFERT (1968, 1970, 1976, 1981), BIBUS (1971), GARLEFF & LEONTEARES (1971), GARLEFF (1972), THIEM (1972), BECK (1972, 1974, 1976, 1977, 1979, 1989) und BRUNOTTE (1978) Fragen der Fußflächenbildung im west- und südeuropäischen Raum diskutiert.

Nordwestrheinhessen läßt sich in zwei Großräume gliedern: das tertiäre Plateau mit seinen obermiozänen und pliozänen fluviatilen Sedimenten und den darunter liegenden mehrgliedrigen quartären Skulpturraum. Die Verflechtung von Stufenentwicklung, Glacisbildung und Terrassengestaltung ist für viele Teile des nördlichen Rheinhessen charakteristisch und schuf jene weiten Ausraumzonen, wie sie für das nördliche Rheinhessen bezeichnend sind.

Die Vendersheimer Ausraumbucht am Rande des Wiesbachtales und die Partenheimer Ausraumbucht des Selztales erreichen ähnlich hohe Werte, wie sie in der Ausraumzone des unteren Nahetales vorliegen. Sie zeugen dafür, daß der autochthonen Rückverlegung des Rheinhessischen Plateaurandes und der Bildung der Vorlandflächen eine dominante Bedeutung in der seitlichen Erweiterung der Talräume zukommt.

Dadurch, daß die Schichtstufe, die sanft abfallenden, gestuft ausgebildeten Pedimente und Glacis sowie die zugehörigen Flußterrassen eindeutig als Glieder des quartären Reliefs datiert werden konnten, stellt dieser Raum eine günstige Versuchsanordnung der Natur dar, die zeigt, wie eine aus geomorphologisch weichen Basisschichten und geomorphologisch harten Topschichten bestehende tertiäre Sedimenttafel, die seit Beginn des Quartärs zyklisch herausgehoben und durch Flüsse zerschnitten wird, sich unter den wechselnden periglazialen Klimabedingungen des Pleistozäns entwickelt. Dieser Raum erscheint daher besonders geeignet für den Nachweis, daß an einer herausgehobenen tertiären Schichttafel nach fluviatiler Erstzerschneidung in Mitteleuropa während des Pleistozäns durch periglaziale Pedimentierungsprozesse Pediment- und Glacisgenerationen gebildet werden konnten.

3.6 ASYMMETRISCHE MESOFORMEN

3.6.1 *Die asymmetrische Lage der Glacis in den Ausraumzonen*

Auffällig ist, daß die Glacis vielfach asymmetrisch ausgebildet sind und oft nur an einer Talseite vorkommen. Dort, wo die stärkste Hangrückverlegung und Tieferschaltung der Glacis erreicht wurden und die Materialschüttung weit in den Talboden hineinreichte, wurde der Vorfluter an den Gegenhang abgedrängt. Im Nahetal, wo die gelblich-gräuliche Materialschüttung vom Rand des Rheinhessischen Plateaus sich leicht von den rötlichen Sanden und Schottern der Nahe unterscheiden läßt, sind in den Aufschlüssen die Verzahnung der Sedimente und die Abdrängung des Vorfluters zugunsten der Ausweitung der Glacis gut zu verfolgen.

Im unteren Nahetal steht das Glacisareal direkt mit der Rißterrasse in Verbindung. Die Fußfläche fällt hier bis 3 km zum Fluß hin ab und greift dabei auch über die Terrassensedimente hinweg, mit denen sie auch im distalen Bereich verzahnt liegt. Die Grenze zwischen Terrasse und Glacis ist durch die korrelaten Ablagerungen nur im Aufschluß klar zu ziehen. In solchen Fällen der starken Materialschüttung und der Ausweitung der Glacis über die Flußterrasse wurde der Lauf des verwilderten Flusses eingeschränkt und an den Gegenhang abgedrängt. Ließ die Stärke der Plateaurandschüttung nach, so daß die Glacisaufschüttung nicht mehr Schritt halten konnte, so eilte der Hauptfluß in der Erhöhung seines Schotter- und Sandbettes voraus. Es entstanden dann zwischen dem unteren Aufschüttungsglacis und dem Flußbett Tiefenzonen. In diesen abflußlosen Randtiefen bildeten sich im Laufe der Zeit kleine Seen, in die durch die geringe Transportleistung und Materialanlieferung Feinmaterial und humose Bodensedimente eingeschwemmt wurden.

Glitt der Fluß in seinem verwilderten Lauf dann in diese Randtiefe ab, dann konnte er weite Bereiche des Glacis überschütten oder auch Teile des schwach ansteigenden Glacis mühelos ausräumen und seine Talsohle auf Kosten des Glacis ausweiten.

Im Gebiet der Topographischen Karte Wörrstadt 1:50.000, Bl. 6114, schnitten die Fußflächen im oberen Abschnitt die miozänen Kalke und griffen im unteren Abschnitt über oligozäne Schichten bis zur unteren Hauptterrasse des Wiesbaches hinweg. Durch die große Abtragungsresistenz der Kalke konnten sich größere zusammenhängende Flächenteile erhalten. Der Wiesbach brach mit seinem Lauf in die leicht erodierbaren oligozänen Schichten der altquartären Fußfläche ein und verlegte, gedrängt durch tektonische Hebung im Westen, seinen Lauf nach Osten. Dieses Ausweichen nach Osten war leicht möglich, da im Mittelpleistozän eine Umorientierung der Glacisbildung stattgefunden hatte und in der Richtung des altquartären Glacisverlaufes keine Materialschüttung mehr erfolgte, die dem Auspendeln des Wiesbaches hätte entgegenwirken können. Die wenig verfestigten oligozänen Schichten ermöglichten die Abtragung der unteren Fußfläche, so daß die Hauptterrassenschotter westlich davon auf einer Bergkuppe liegen und die Talbildung den unteren Teil der ehemaligen Fußfläche aufzehrte.

Vor dem Wörrstädter Plateau bildete sich unter der geringmächtigen, weit zurückgeschnittenen Kalkdecke im Hebungsbereich des Alzey-Niersteiner Horstes durch die etappenweise Neuanlage von Fußflächen nach Osten hin eine Glacistreppe aus. Durch Materialschüttung vom Plateaurand im Westen wurde die verwilderte Selz nach Osten abgedrängt, so daß sie dort erodierte und ihren Lauf je nach der Schutt- und Feinmateriallieferung vom Stufenhang pendelnd verlegte. Dabei kam es zur Transgression abgelagerter fluviatiler Schotterterrassen, so daß der Glacissockel dann nicht nur über die tertiären Sedimente des Anstehenden, sondern auch über pleistozäne Flußschotter hinweggriff. Bei der erosiven Tieferschaltung der Glacis wurden auf diese Weise Flußterrassen erodiert, und der Glacissockel wurde über den abgedeckten tertiären Sedimentsockel ausgeweitet.

3.6.2 Reliefentwicklung im Welzbachtal

Die ostexponierten Hänge des Welzbachtales sind flach und durch Nebenbäche zerschnitten. Der westexponierte Hang ist steil und ohne Zerschneidungsformen ausgebildet. In dem Talbereich liegt eine tektonische Störung. SEMMEL (1985, S. 85) betont: „Der flache ostexponierte Hang ist in keinem Fall auf intensive solifluidale Hangabtragung zurückzuführen, wie es in Übereinstimmung mit älterer Literatur auch von BRÜNING (1975, S. 38 f.) angenommen wird".

Betrachtet man die Deckschichten im Bereich des Welzbachtales zwischen Nieder-Hilbersheim und Appenheim in Abhängigkeit von ihrer Lage im Relief, so stellt man fest, daß durch die Bohrprofile 719, 720, 721 unterschiedliche Reliefglieder erfaßt wurden (Abb. 16, Abb. 17, III). Das Bohrprofil 719 liegt noch im Bereich des Plateaus. Das Bohrprofil 720 erfaßt den mittleren Hang, und das Profil 721 befindet sich in dem versteilten unteren Hangbereich, der durch eine Taleintiefungsphase angegliedert wurde.

Das Bohrprofil 719, 270 m ü. NN, (Abb. 77) liegt im Bereich des tertiären Plateaus, das durch die Abtragung sehr stark eingeengt wurde. An der Basis der Bohrung liegen

Abb. 77: Bohrprofil 719

die grauen Sande der Arvernensis-Schotter. Ihnen liegt ein interglazialer B_t auf, der sich auf Lößsubstrat gebildet haben dürfte und die Grenzschicht zu den liegenden Sanden noch überprägt hat. Über dem warmzeitlichen fossilen Boden folgt ein Würmlöß, auf dem eine Schwarzerde ausgebildet ist.

Das Bohrprofil 720, 245 m ü. NN, (Abb. 78) befindet sich im Bereich des langgestreckten Hangabschnittes „Fuchshöhle" und zeigt an seiner Basis das umgelagerte Material eines interglazialen B_t. Es folgt ein brauner lehmiger Sand, darüber ein entkalkter Löß und ein interglazialer B_t, der sich in den liegenden Sand hinein fortsetzt, wie die Einschlämmung von Tonteilchen zu erkennen gibt. Darüber folgen ein C_{Ca}-Horizont und Würmlöß, der die Frühwürmbodenbildungen der Humuszonen enthält. Der Würmlöß ist bei 2 m unter Flur durch einen weiteren C_{Ca}-Horizont gekennzeichnet. Das Profil

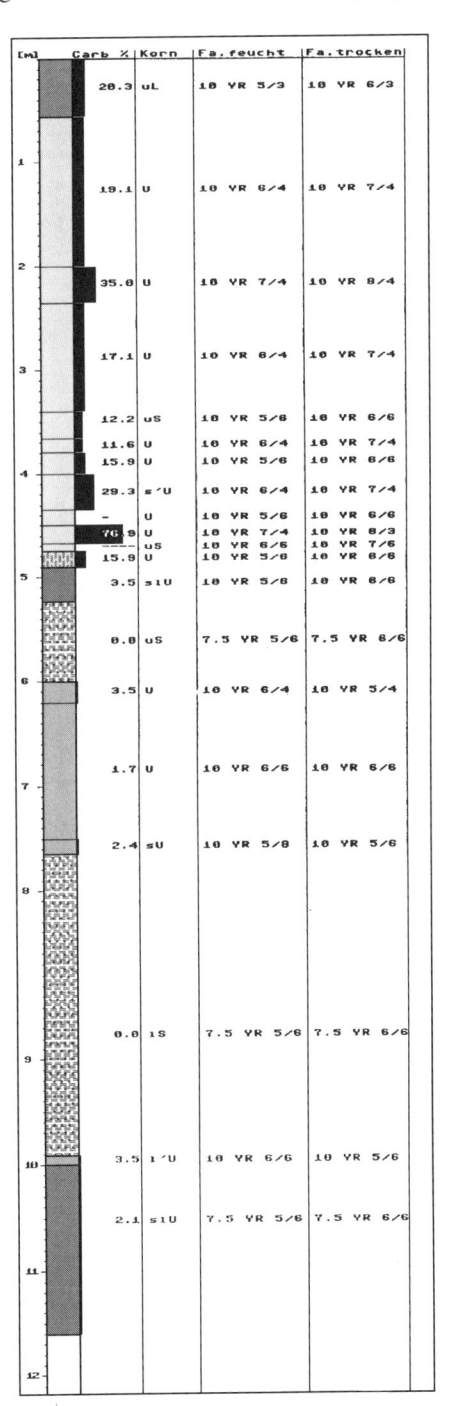

Abb. 78: Bohrprofil 720

111

schließt mit einer kolluvialen Schwarzerde ab, die viel Löß aufgenommen hat, was sich in ihren hohen Kalkwerten niederschlägt.

Das Bohrprofil 721, 200 m ü. NN, (Abb. 79) liegt im Bereich der unteren Hangversteilung des Welzbaches und gehört damit zu einer Eintiefungsphase, die nach der Hangflächenbildung „Fuchshöhle" sich ereignet hat. Die Basis des Profils bilden die

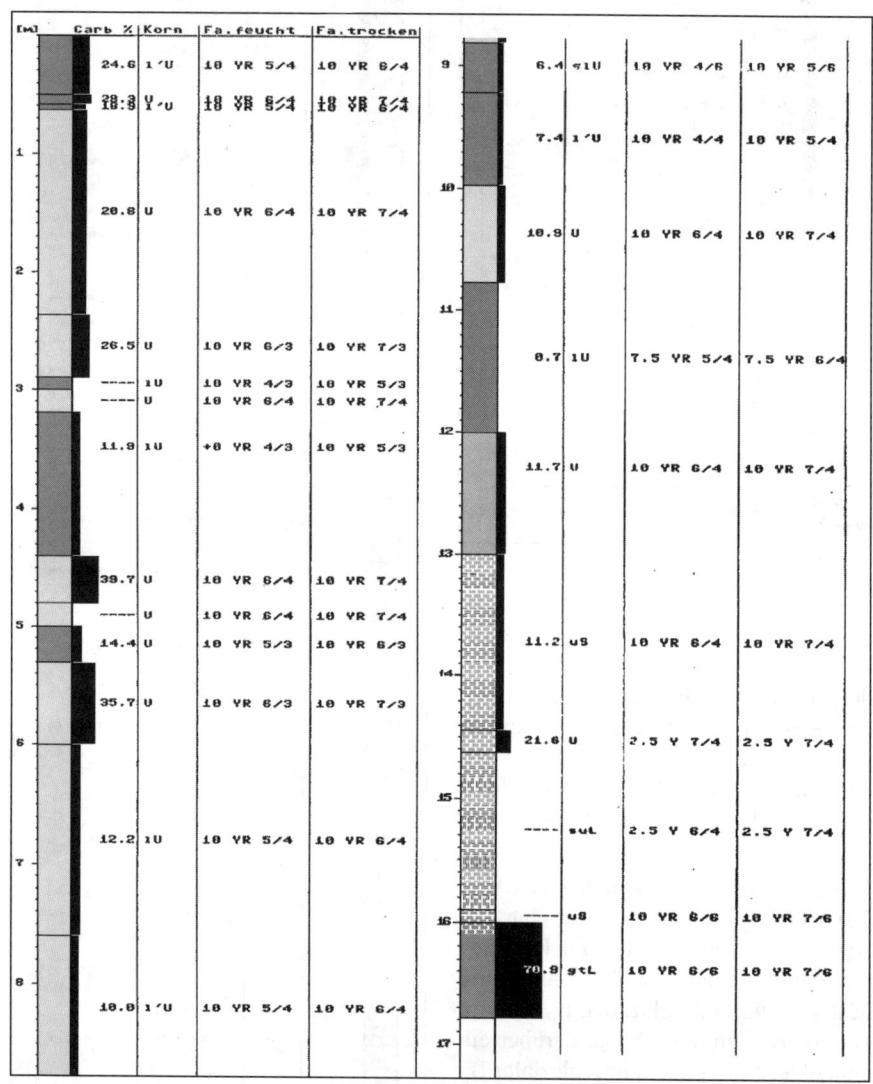

Abb. 79: Bohrprofil 721

umgelagerten Mergel der Süßwasserschichten des Oberoligozäns. Es folgt ein Umlagerungskomplex, der aus schluffigen Sanden aufgebaut ist, die nach oben in sandig-schluffige Lehme mit variierenden Korngrößenanteilen übergehen. Ein älterer Löß bildet dann die Basis für einen interglazialen B_t, über dem dann in einem Würmlöß vier Humushorizonte auftreten. Das Profil schließt mit einem dreigliedrigen Kolluvium ab, das an den wechselnd hohen Kalkgehalten zu erkennen ist.

Betrachtet man die Deckschichten des westlichen Welzbachtales zwischen Nieder-Hilbersheim und Appenheim in Abhängigkeit von der Lage im Relief, so stellt man fest, daß in den Profilen 720 zwei B_t und in Profil 721 ein warmzeitlicher B_t vorhanden sind. Aus den Bohrungen 719 und 720 ergibt sich, daß im oberen Bereich der Tälchen, die den Osthang gliedern, durch die flächenhafte Umlagerung der Sande der Arvernensis-Schotter pedimentierende Wirkung stattfand, die sich aber im Bereich des unteren, steiler geneigten Hanges durch das Einschneiden des Welzbaches nicht mehr fortsetzte.

Die Überformung des Reliefsockels reicht also im Hangbereich der Bohrung 720 mindestens bis in die 3. Kaltzeit zurück. Im Profil 721 ist eine Überformung mindestens in die 2. Kaltzeit vor heute zu stellen. Die Hangversteilung im unteren Abschnitt dürfte mit einer Taleintiefung in der vorletzten Kaltzeit zusammenfallen.

Eine durchgehende junge oder solifluidale Abtragung im Sinne BRÜNINGS (1975, S. 37) ist an dem geknickten Hangprofil nicht festzustellen, da die Sedimente im oberen Hangbereich aufgrund ihrer fossilen Böden älter einzustufen sind als die Sedimente, die jenseits des Hangknicks im tieferen Hangabschnitt liegen.

Auch die Bohrprofilreihe 726, 727 (Abb. 16, Abb. 17,IV) im mittleren Welztal erfaßt verschiedene Reliefglieder. Das Decksediment des nach Osten hin abfallenden Plateaubereiches wird von der Bohrung 726 erfaßt (vgl. auch Bohrprofil 719).

Das Bohrprofil 726, 262,2 m ü. NN, (Abb. 80) zeigt an der Basis rotgelbe kalkfreie kiesige Sande, die von einem entkalkten sandigen Löß überlagert sind. Dem darüber folgenden interglazialen B_t liegt ein Würmlöß auf, der einen aufgekalkten Boden trägt.

Das Bohrprofil 727, 217,5 m ü. NN, (Abb. 81) gibt die Decksedimentgliederung im mittleren Hangbereich des Welzbachtales wieder. Es setzt an der Basis mit braunen, grauen, grünen tertiären Mergeln ein, die überlagert werden von einem ablualen Sediment, das aus Quarzkies, Schluff und Sand aufgebaut ist. Darüber folgt ein älterer Löß, der durch einen C_{Ca}-Horizont vom Würmlöß getrennt ist. Der kolluviale Boden ist durch die Aufnahme von Lößmaterial sehr kalkreich.

Die folgenden Profile 731, 732, 733 (Abb. 16, Abb. 17,V) sind in einem gleichsinnig geneigten, knicklosen Hang, der im nördlichen Abschnitt des Welzbachtales liegt, aufgenommen worden.

Das Bohrprofil 731, 268 m ü. NN, (Abb. 82) zeigt an seiner Basis tertiäre Ton-, Mergel- und Kalklagen, die eine graue, grünblaue und braune Farbe haben. Die Kalklagen sind vielfach weißgrau gefärbt.

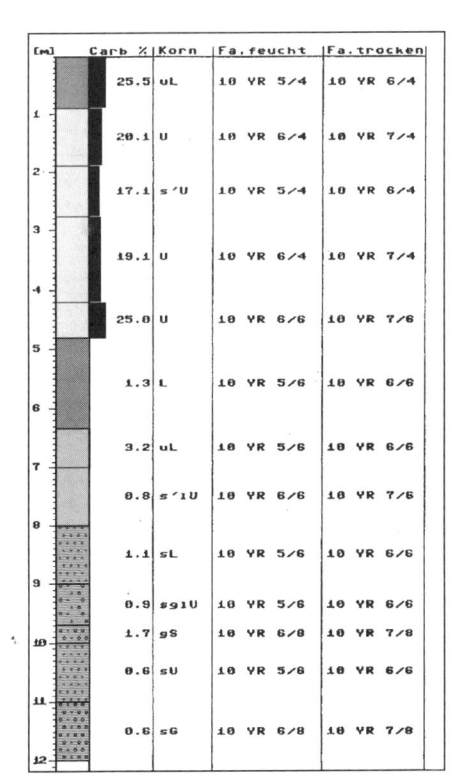

Abb. 80: Bohrprofil 726

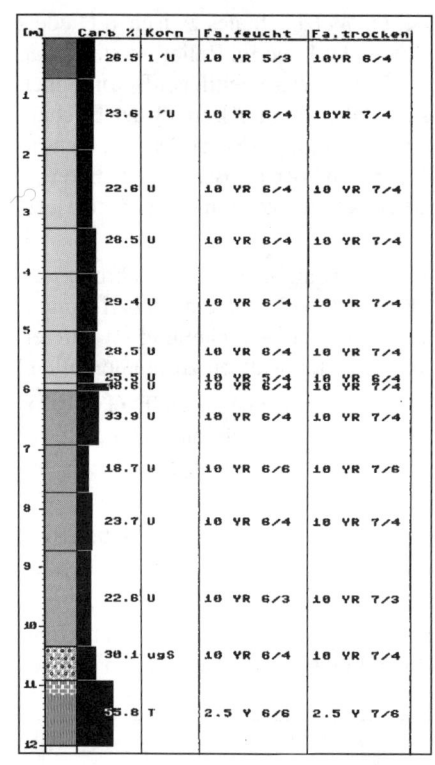

Abb. 81: Bohrprofil 727

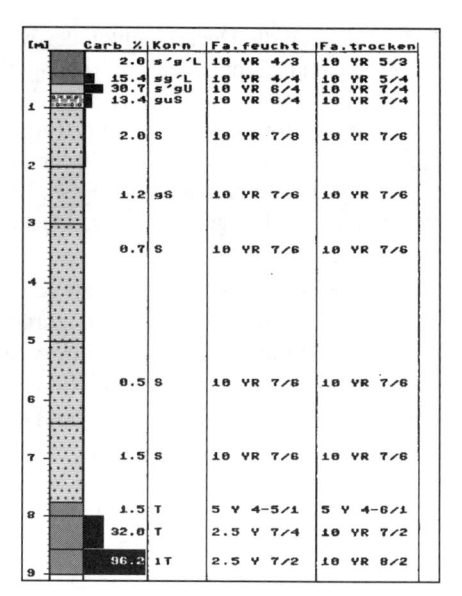

Abb. 82: Bohrprofil 731

Darüber liegen rostige Sande und Kiese. In einer ablualen Schicht sind Löß, Kalkstückchen, Kies und Sand miteinander vermischt. Die folgende dünne umgelagerte Lößschicht trägt einen humosen sandig-kiesigen Lehmboden, der kalkarm ist. Das Profil 732, 230 m ü. NN, (Abb. 83) zeigt die Kalke und Mergel der Corbiculaschichten des Miozäns: die Mergel sind braun, grau bis grünlich, die Kalke dagegen sind weißgrau bis gelblich und meist als schluffige Ablagerungen verbreitet. Dieses Anstehende stellt mit seiner Wechsellagerung der kaltzeitlichen Abtragung geringen Widerstand entgegen. Die periglazialen flächenhaften Abtragungsprozesse haben hier auf dem instabilen Untergrund zu keiner Deckschichtenanhäufung geführt. Das Profil schließt mit einem stark kalkhaltigen schluffigen humosen kolluvialen Lehm ab. Das Profil 733, 165 m ü. NN, (Abb. 84) wurde in der Hangfußlage aufgenommen. Die Basis bilden graue und beige Süßwasserschichten. Es folgt eine Umlagerungszone des Anstehenden, die nach oben hin allochthone Sande und Kiese aufgenommen hat. Es schließt sich ein Würmlöß an,

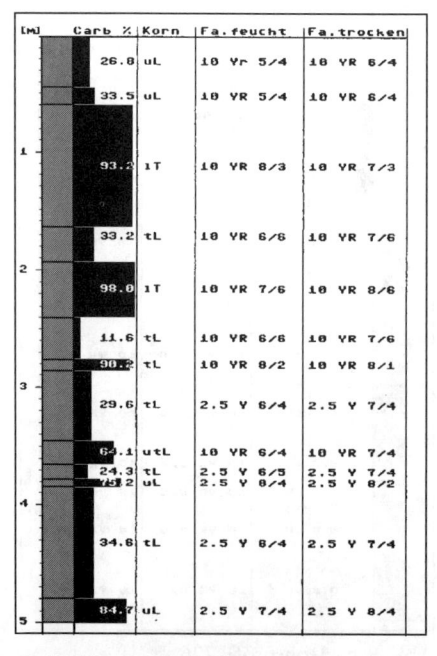

Abb. 83: Bohrprofil 732

der im unteren Bereich überprägt ist und hier geringere Kalkgehalte aufweist als im oberen Abschnitt. Die kolluviale Schwarzerde hat durch Aufnahme von Löß einen hohen Kalkgehalt.

Wie aus den Bohrprofilen im Welzbachtal hervorgeht, haben sich die Hänge zu unterschiedlichen Zeiten entwickelt. Das Welzbachtal steigt von Norden nach Süden an. Beim Austritt in das Rheintal liegt die Sohle bei 90 m ü. NN. Bei Ober-Hilbersheim werden im Bachniveau 220 m gemessen.

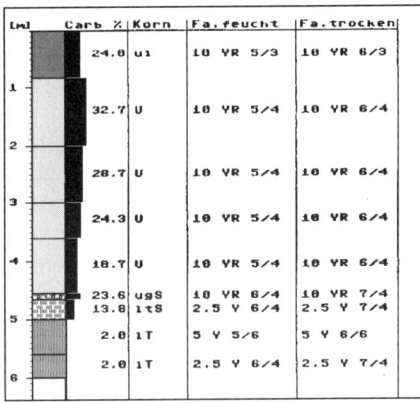

Abb. 84: Bohrprofil 733

Die Impulse der kaltzeitlichen Taleintiefung wurden von dem Vorfluter, dem Rhein, ausgehend, zuerst auf dem nördlichen Teil des Welzbachtales wirksam. Die Würmeintiefung wurde dann unvermittelt auf die Hänge des nördlichen Abschnittes des Welzbachtales übertragen. Auf diesen gleichsinnig knicklos geböschten Hängen findet sich durch die vor allem im Frühwürm abgelaufene Abtragung nur eine dünne Lößauflage aus dem Hoch- und Spätwürm.

In dem südlichen Bereich des Welzbachtales wird dagegen auf einem geknickten Hangprofil ein komplexeres Decksediment verzeichnet. Der würmzeitliche Abtragungsimpuls konnte sich nicht auf die oberhalb des Gefällsknicks gelegenen Hangteile übertragen, so daß auf den flacheren oberen Hangteilen die älteren Decksedimente nicht abgetragen wurden. Das gilt für die Bohrprofile 726, 727. In ihnen läßt sich anhand der Decksedimente die letzte Überformung mindestens in die Frühzeit der 2. Kaltzeit zurückverfolgen. Das Bohrprofil 720 im mittleren Hangbereich zeigt aufgrund der warmzeitlichen Bodenbildung, daß dort in der Frühzeit der 3. letzten Kaltzeit die letzte Überformung des Hangsockels stattgefunden hat.

Die infolge einer jüngeren Eintiefungsphase zu beobachtende Unterhangversteilung konnte für diesen Talabschnitt des Welzbaches durch das Bohrprofil 721 in eine Frühphase der vorletzten Kaltzeit gestellt werden. Daraus ergibt sich, daß die erosive Eintiefung der letzten Kaltzeit, die durch die rückschreitende Erosion vom Rheintal her gesteuert wurde, in diesem Talabschnitt ihre reliefbildende Wirkung schon verloren haben dürfte.

3.6.3 Talasymmetrie im unteren Nahe- und Wiesbachtal

Die west- und südexponierten Hänge der Seitentäler im Bereich der unteren Nahe und des unteren Wiesbachs sind vielfach steiler als die Gegenhänge. Außerdem zeigen sie örtlich eine Dellenzerschneidung. POSER & MÜLLER (1951) sprechen in solchen Fällen von SW-Asymmetrie. Diese Asymmetrie wurde von POSER (1947) als sekundäre Asymmetrie bezeichnet, da sie nicht durch die autochthone Hangabtragung entstand, wie die primäre Asymmetrie, sondern durch die Hangunterschneidung der Bäche herbeigeführt wurde.

Es tritt ein thermischer Kontrast zwischen W- SW- und N-NE-Hängen auf. Die westexponierten Hänge tauen im Frühjahr zuerst und tiefer auf, und die Frostwechsel fördern die Solifluktion. Es läuft eine expositionsabhängige selektive periglaziale Abtragung auf den in der Exposition unterschiedlichen Hängen ab. Die strahlungsbenachteiligten N und NE- sowie E-Hänge tauen später auf. Die Mergel, Tone und Kalke weisen im Zustand der Bodengefrornis eine größere Erosionsresistenz auf und sind daher durch den Frost vor der Abtragung länger geschützt, als die tiefgründig aufgetauten wasserübersättigten Mergel, Schluffe und Tone der S- und W-Hänge, die in der Tauperiode von der Seitenerosion der Bäche ausgeräumt werden. Die so aufbereiteten Mergel und Tone können leichter abgeschwemmt werden als die bis nahe der Oberfläche noch frostfixierten Gegenhänge, die oft in Leelage größere Löß- und Schneemächtigkeiten aufweisen. Zu den steuernden Faktoren, die zu der Entwicklung der asymmetrischen Täler geführt haben (vgl. dazu FISCHER 1956), nennt SEMMEL (1985) auch die Auswirkung der Westwinde.

3.7 FLUSSTERRASSEN IM NÖRDLICHEN RHEINHESSEN

3.7.1 *Die Formbildung der kaltzeitlichen Flußablagerungen*

Die Talböden der Bäche von Selz, Wiesbach und Nahe werden durch würmzeitliche Schotterkörper aufgebaut, die sich aus Kies- und Sandakkumulationen zusammensetzen. Die Talböden zeigen ein ausgeglichenes Längsprofil und sind mit Hochflutlehmen des ausgehenden Pleistozäns und Holozäns bedeckt. In spätglazialen Hochflutlehmen des Rheintales wurden von SONNE & STÖHR (1959, S. 113) Einlagerungen des allerödzeitlichen Laacher Bimsstuffes gefunden. Außerdem sind im Hochflutlehm abgeschwemmtes Tertiärmaterial und Löß eingearbeitet, wodurch sich die hohen Kalkgehalte im Hochflutlehm erklären. Es waren vor allem die Einzugsgebiete von größeren, inzwischen mit Löß oder Kolluvien ausgefüllten Dellen oder kleine Tälchen, die diesen Eintrag in den Talboden förderten. Während im feuchten Frühglazial die Talböden ausgeräumt und eingeschnitten wurden, entwickelte sich im trockeneren Hochglazial der konvexe Schotterkörper der verflochtenen und verwilderten Flüsse der „braided river" (BÜDEL 1981, S. 78; FRENCH 1988, S. 177). Im Periglazialraum bildeten sich infolge des Fehlens einer durchgehenden Pflanzendecke, die die Flüsse hätten fixieren können, nur verflochtene Flüsse aus. Der verwilderte Fluß entstand in Gebieten mit stark wechselndem Abflußregime und großem Schuttanfall. Er hat eine breite Schottersohle ausgebildet und ist in ein Geflecht von breiten flachen Rinnen aufgegliedert, die bei Hochwasser niedrige, in Fließrichtung langgestreckte rautenförmige Kiesflächen und diagonal verlaufende zungenförmige Kies- und Sandbänke ausformt, überspült und umgestaltet, so daß nur die höheren Bereiche der Kies- und Sandablagerungen als Inseln herausragen. Die schwankende Wasserführung, die für den periglazialen Fluß charakteristisch ist, führt zu einem ständigen Auf- und Umbau der Ablagerungen. Beim Nachlassen des Hochwassers können in den Strömungsrinnen Kiese und Sande abgelagert werden, die die einzelnen Rinnen zuschütten, so daß der nächste Abfluß sich ein neues instabiles Geflecht flacher Rinnen bilden kann.

Im Bereich geringer Strömungsenergie werden Sandeinlagen als Rinnenfüllung beobachtet. Silt- und Tonablagerungen werden an den Flußrändern nicht angetroffen. Die Silte und Tone, die mit humosen Einschaltungen im Verzahnungsbereich von Flußterrasse und Glacis vorkommen, sind Verwitterungs- und Abtragungsmaterialien aus dem Bereich der Glacis und wurden vom Plateaurand in das Gebiet des aufschotternden Flusses geschüttet.

3.7.2 Plio-pleistozäne und pleistozäne Flußablagerungen

In den Deckschichten des Steinbruches der Portland-Zementwerke Heidelberg in Mainz-Weisenau beobachtete SEMMEL (1983, S. 231) mächtige gelbgraue wechsellagernde kalkfreie Schluffe und Sande, die aufgrund der Ergebnisse von Pollenanalysen in der hangenden Tonlage mit Torfbildungen mindestens ins Reuver zu datieren sind. Überlagert werden diese „älteren Weisenauer Sande" von grauen kalkhaltigen Sanden, den „jüngeren Weisenauer Sanden", die sich in Schwermineral- und Tonmineralgehalt vom Liegenden deutlich unterscheiden und daher ins ältere Pleistozän gestellt werden (FROMM 1986, S. 13).

In der Geologischen Karte Bl. 6015 Mainz (SONNE 1989) sind die Weisenauer Sande kartiert. Nach der Gliederung der Rheinterrassen von KANDLER (1970) liegen die Weisenauer Sande bzw. die „Finthener Sande" (FALKE 1960, S. 78) im Bereich der altpleistozänen Terrasse und der Terrasse T 7.

Die altpleitozänen Rheinterrassen sind im Osten und Norden des nördlichen Rheinhessens als Reste der Hauptterrasse von Oppenheim über Mainz und den Rand des Ostrheinhessischen Plateaus (190-210 m ü. NN) bis zum Rochusberg (190-220 m ü. NN) verfolgbar. Ihre flache weiträumige Lagerung und rasche Absenkung am Rande der Grabenregion haben sie örtlich vor der Abtragung bewahrt. Auch am Wiesbach ist durch die Hangverlegung nach Osten ein Teil der älteren Hauptterrasse am Streitberg (201 m ü. NN) erhalten (WAGNER 1931). Außerdem ist ein Rest einer jüngeren Hauptterrasse am Nordrand des Pfadberges (170-180 m ü. NN) im Selzbachtal beobachtet worden (WAGNER 1935).

Wo am Rande der Plateaus, wie in Teilen des Wiesbachtales und des Selztales durch Hangrückverlegung und Tieferschaltung der Glacis Ausraumzonen entstanden, sind die Mittel- und Hauptterrassenschotter bis auf Reste der Talwegterrasse und der Niederterrasse abgetragen (SONNE 1972, SCHEER 1989). Auch im Nahetal sind zwischen Horrweiler und Bingen die älteren Terrassen dem Breitenwachstum der Ausraumzone zum Opfer gefallen. Hier ist erst wieder die Talweg- und Niederterrasse ausgebildet.

Betrachtet man die Niederterrasse und die holozänen Auesedimente des Rheins, so ergibt sich folgendes Bild: im Senkungsbereich des Rheintales sind zwei Niederterrassen, die morphologisch nicht in Erscheinung treten, durch die Existenz zweier unterschiedlicher Basisflächen nachgewiesen worden (KANDLER 1970, S. 16; SONNE 1978).

Die Niederterrasse in der Bodenheimer Aue hat eine Mächtigkeit von 5-8 m. Sie ist im basalen Bereich aus feinkiesigem Sand zusammengesetzt, deren Kiesanteil nach oben hin abnimmt (SCHEER 1989, S. 31).

Nach der von SEMMEL (1969, S. 66 ff.) erstellten Terrassengliederung im unteren Maingebiet entspricht die mittelpleistozäne Terrasse, t 3, der T 4 Terrasse in der von KANDLER (1970) für das Rheingebiet zwischen Mainz und Bingen ermittelten Abfolge. Diese t 3 bzw. T 4 Terrasse ist vom Mainzer Volkspark bis nach Gonsenheim zu verfolgen. Die mittlere Höhenlage ihrer Basis liegt in ca. 120 m ü. NN. Diese Terrasse wird im Bereich des Inneren Ringes, der die Johannes-Gutenberg Universität mit Bretzenheim und Gonsenheim verbindet, von folgender Sedimentabfolge unterlagert (SEMMEL 1989, S. 27): sie umfaßt „graue kalkhaltige Sande", das Äquivalent des „Hauptmosbach" (die „Mosbacher Sande" i.S. von WAGNER 1950, S. 179, bzw. das „Graue Mosbach III" i.S. von BRÜNING 1974, S. 62), und die kalkhaltigen Grobschotter des „Unteren Mosbach" bis zu den grauen kalkhaltigen „Weisenauer Sanden" und den kalkfreien Sanden des Pliozäns. Die t 2 Terrasse (SEMMEL 1969) bzw. die T 5 Terrasse (KANDLER 1972, S. 42) konnte im Stadtgebiet von Mainz nicht nachgewiesen werden, da sie dort der Erosion zum Opfer gefallen ist. „Ohne eine Beteiligung tektonischer Bewegungen ist ein solcher lang andauernder Wechsel in ± gleichem Niveau nicht recht vorstellbar. Er umfaßt immerhin eine Zeit von 1,5 Millionen Jahren, wobei der t 3 Terrasse ein Alter von ca. 400.000 Jahren zugemessen wird" (SEMMEL 1989, S. 27-28).

3.8 LÖSSDECKEN UND LÖSSDERIVATE IM NÖRDLICHEN RHEINHESSEN

Löß ist ein im Quartär äolisch verfrachteter, gut sortierter blaßgelber, poröser, ungeschichteter, carbonathaltiger Grobschluff mit geringem Ton- und Feinsandgehalt, der in Rheinhessen im Windschatten, in Mulden, an Hängen, auf Glacis und Plateaus abgelagert wurde. Der Löß besteht vorwiegend aus Quarzkörnern, die einen Kalküberzug tragen sowie Feldspäten und Glimmern. Das Korngrößenmaximum liegt im Bereich des Grobschluff zwischen 0,06-0,02 mm (Abb. 85). Der Würmlöß weist

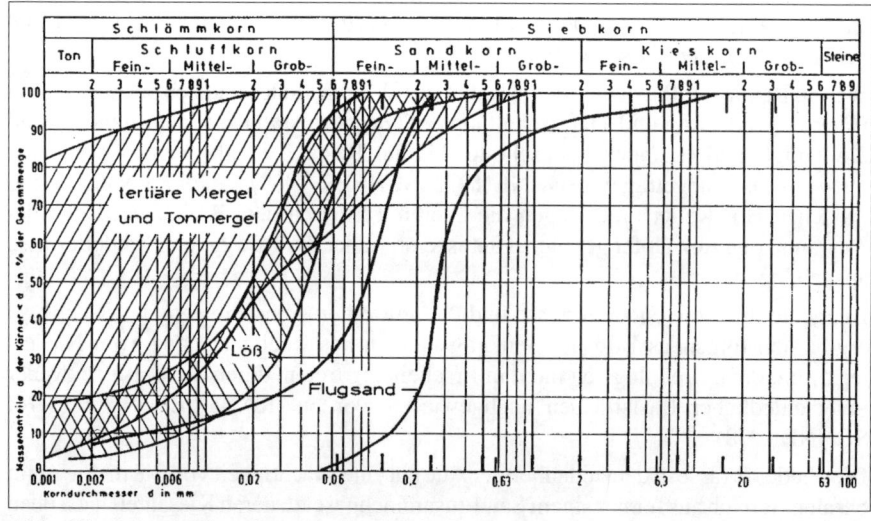

Abb. 85: Korngrößen-Summenkurven der Lockergesteine (zusammengestellt nach Sonne 1989)

im nördlichen Rheinhessen wechselnde Mächtigkeit auf. Er wurde in erosionsgefährdeten Lagen häufig in einer 2-3 m bzw. 5-6 m umfassenden Mächtigkeit angetroffen. Selten wurden in erosionsgeschützter topographisch tiefer Lage, die eine Akkumulation begünstigte, 8-10 m erreicht. Der Würmlöß in Rheinhessen hat einen durchschnittlichen Carbonatgehalt von 28 %. Der Kalkanteil bewirkt in geringer Anreicherung den Zusammenhalt und eine Verbindung der einzelnen Körner untereinander. Der schwach feuchte bis trockene Löß erreicht durch die verkittende Wirkung des Kalkes eine hohe Kohäsion, ist daher sehr standfest und in der Lage, Wände zu bilden. Im Löß sind Horizonte verschiedener Carbonatkonzentrationen festzustellen, Pseudomycel ($CaCO_3$), Kalkfüllungen in kleinen Wurzelröhren und Kalkkonkretionen. Durch das sich in Poren bewegende Wasser und durch Lösungs- und Verwitterungsvorgänge wird der Calcit, weniger der Dolomit gelöst und als Pseudomycel, Porenzement und Auskleidung ehemaliger feiner Wurzelröhren oder im Basisbereich der Infiltration als Lößkindel abgelagert.

Im Untersuchungsgebiet konnte im Jungwürmlöß (SCHÖNHALS, ROHDENBURG, SEMMEL 1964) vielfach das Eltviller Tuffband (SEMMEL 1967) beobachtet werden, das auch von ANDRES (1968) in einem Profil bei Marienborn beschrieben wurde. Dem Verfasser ist das Eltviller Tuffband darüber hinaus aus Aufschlüssen von Mainz-Lerchenberg, Hechtsheim, Harxheim und Bretzenheim, wo es am Hang in 1,60 bis 1,80 m unter Flur liegt, und bei Stadecken, wo es in der Ebene bis zu 2,50 m unter Flur angetroffen wird, bekannt.

In Wallertheim befindet sich 1,20 m bis 1,40 m unter dem 2 bis 3 cm mächtigen dunkelgrauen, oft kryoturbat bewegten Eltviller Tuffband eine weitere weniger deutlich ausgebildete Tuffeinlagerung (ANDRES 1969). Dieser Tuff könnte dem von SEMMEL (1974) beschriebenen Rambacher Tuff entsprechen.

Die Würmgliederung nach SCHÖNHALS, ROHDENBURG, SEMMEL (1964) ist in vielen mächtigeren Würmlößablagerungen, wenn auch nicht vollständig, so doch oft in Teilstücken wiederzufinden. SEMMEL (1989, S. 32) hat die Verbreitung des E_4 und E_5 Naßbodens unter dem Eltviller Tuffband im Aufschluß Marienborn beschrieben. BECK (1976, S. 78) hat in der ehemaligen Ziegeleigrube in Sprendlingen ein Äquivalent des Lohner Bodens, die Humuszonen des Altwürm und einen eemzeitlichen Pseudogley angetroffen.

In einem Aufschluß am Bahnhof Marienborn beschreibt SEMMEL (1989, S. 32) 3 fossile B_t-Horizonte. Bei Bohrungen wurde festgestellt, daß auf dem Ostrheinhessischen Plateau maximal 4 Lösse durch 3 fossile B_t-Horizonte gegliedert sind (BECK, DFG-Bericht, Mai 1989).

Durch Umlagerung der Lösse bildeten sich im nördlichen Rheinhessen Lößderivate. Sie sind meist gut geschichtet, grobkörniger und haben einen geringeren Carbonatgehalt als die Rohlösse. Schwemmlösse werden besonders am Talrand und in der Aue von Selz und Wiesbach beobachtet. Schwemmlösse können auch in verfüllten Dellen auftreten und Glacisbereiche überdecken. Sie zeigen Feinschichtung und sind von Kies- und Feinmaterialeinschaltungen durchsetzt. Daneben wird Solifluktionslöß oder basaler Fließlöß beobachtet, der autochthones Hangmaterial bzw. am Hang anstehendes oligozänes Feinmaterial aufgenommen hat und als Übergangshorizont meist nur wenige dm mächtig ist. STÖHR (1967) berichtet von Sandlößvorkommen, die in dem dynamisch labilen Grenzbereich von Sand- und Lößakkumulationen in Mainz-Gonsenheim angetroffen werden. LUDWIG (1974) und BRÜNING (1975, S. 40) beschreiben sandstreifige Lösse, die sich bildeten, als Terrassensande vom Talrand durch Hangabspülung über Frostboden in die Lößdecke eingelagert wurden.

In den Warmzeiten des Pleistozäns verwitterten die oberflächennahen Lösse. Durch Entkalkung, Verlehmung und Einarbeitung von organischem Material, die Verschlämmung von Tonen und Oxiden bildeten sich verschiedene Bodenhorizonte. Es entstanden der dunkelbraune Steppenboden, die Schwarzerde, oder die bei humideren und wärmeren Bedingungen gebildeten braunen B_t-Horizonte, die häufig in mehrgliedrigen Lößdecken angetroffen werden. Diese ursprünglich kalkfreien Bodenhorizonte zeigen vielfach bei Analysen geringe Kalkwerte, die gelegentlich bis 6 % ansteigen können. Auch makroskopisch sind in den Horizonten weiße bis graue weiche und feste Carbonatknötchen zu beobachten, die wenige mm bis mehrere cm Durchmesser erreichen können. Die Carbonatablagerungen sind durch eine sekundäre Aufkalkung dort neu gebildet worden. Die Carbonate wurden dabei meist aus verwitternden hangenden Lössen geliefert. Die Lößdecken Rheinhessens können durch das Auftreten von interglazialen, warmzeitlichen Bodenrelikten, den braunen B_t-Horizonten, verschiedenen Kaltzeiten zugeordnet werden.

Über die vorherrschende Windrichtung bei der Ablagerung der Lösse wurden verschiedene Auffassungen vertreten. SCHÖNHALS (1953) beschreibt aus Böhmen Lösse, die von Ostwinden abgelagert wurden. Neuerdings nehmen auch THÜNE & STÖHR (1980) an, daß der Löß in Rheinhessen durch Ostwinde abgelagert worden sei. MEYER & KOTTMEIR (1989) kommen nach eingehender Auswertung von Paläowindindikatoren zu dem überzeugenden Ergebnis, daß im Hochglazial der letzten Kaltzeit eine Konkurrenz von West- und Ostwindregimen bestanden hat. Sie stellten fest: „Westwinde beherrschen auch im Hochglazial das Zirkulationsgeschehen in Mitteleuropa, ungeachtet der weit nach Süden vordringenden Eismasse, freilich anderer synoptischer Ausprägung ... eine antizyklonale Umströmung der großen Eisschilde ist durch Paläowindindikatoren nur für einen kaum 100 km breiten Gürtel dokumentiert" (MEYER & KOTTMEIR 1989, S. 17). Im Oberrheingebiet herrschten ebenfalls westliche Winde vor, wie anhand der Verbreitung der Lösse im Lee auf den Osthängen bestätigt wird. Süd- und Südwesthänge sind vielfach lößfrei, oder sie tragen infolge der starken Solifluktion nur geringmächtige Lößakkumulationen.

3.9 DÜNEN UND FLUGSANDDECKEN

Ein 20 km langer, in seiner NS-Ausdehnung zwischen Finthen und Budenheim nahezu 3 km breiter Streifen zieht sich vom westlichen Stadtgebiet von Mainz über die Flur der Vororte Mombach, Gonsenheim und Finthen nach Budenheim, Heidesheim bis in die Gemarkung Gau-Algesheim. Die Flugsande sind im Rheintal über die Niederterrasse, Spülschutt- oder Solifluktionsdecken bis an den Nordrand des Rheinhessischen Plateaus zu verfolgen. Die Sanddecken greifen im unteren Welzbachtal, im Selztal bei Ingelheim, im Heidesheimer Tal und im Sandbachtälchen bei Heidesheim in den fluviatil aufgeschlitzten Plateaurand ein (WAGNER 1981, S. 78). Die Flugsande liegen auf der Niederterrasse und werden daher ins Spätwürmglazial gestellt.

An der unteren Nahe setzen sich die Flugsanddecken zwischen Bingen-Büdesheim und Grolsheim in einem 6 km langen und maximal 6 km breiten Gebiet fort.

Im Gegensatz zu den hellgrauen Flugsanden im Rheintal sind die Flugsande im Nahetal wie die Sande der Naheterrasse braunrot gefärbt. Im Bereich der Niederterrasse der Nahe wurden keine Flugsande beobachtet. Sie sind auf der Talwegterrasse zwischen Bingen-Büdesheim und Sponsheim flächenhaft ausgebildet. WAGNER & MICHELS (1930, S. 86) ermittelten beim km 4 an der Straße Dromersheim-Büdesheim folgendes Profil:

0-0,60 m schwach lehmiger kalkfreier roter Sand

0,60-1,90 m roter kalkfreier Flugsand

1,90-2,80 m braunroter schwach kalkhaltiger Flugsand

2,80-3,40 m graugelber Mergellehm (Tertiär)

3,40-3,95 m feiner kalkhaltiger hellbrauner Sand (Terrasse)

An den Hängen zwischen Budenheim, Gonsenheim und Finthen sowie Heidesheim und südlich Frei-Weinheim bis zur Bahnlinie Ingelheim-Gau-Algesheim bildete sich in den sonst flach lagernden Flugsanden eine Binnendünenlandschaft aus, die heute noch weitgehend erhalten ist. Anhand der Formen der Dünen bei Gonsenheim, die bis 10 m hoch werden können, und der Deflationswannen wird angenommen, daß die jüngeren Flugsande am Talrand von Winden aus westlich bis nordwestlichen Richtungen abgelagert wurden. Der größte Anteil der Flugsande, die rollend und springend durch seitliche Versetzung und Saltation fortbewegt wurden, hat eine Korngröße, die im wesentlichen im Feinsand- und Mittelsandbereich zwischen 0,063 bis 0,315 mm liegt (Abb. 85).

Der größte Teil der Flugsande ist in das späte Würmglazial zu stellen (BRÜNING 1975, S. 52; SEMMEL 1989, S. 33; AMBOS & KANDLER 1987, S. 7). Abweichend davon diskutieren HANKE & MAQSUD (1985), daß die Bildung der Flugsandakkumulation schon im Hochglazial eingesetzt haben könnte.

Nach BRÜNING (1975, S. 49) kam es bei schütterer Vegetation in der ältesten Tundrenzeit zur Ablagerung der älteren bisher verfolgbaren Flugsande (Abb. 86). Die relativ kurze und schwach ausgebildete Wärmeschwankung, das Bölling-Interstadial um 12.500 Jahre vor heute, führte auf diesen Sanden zur Bildung von Braunerden. In dieser Zeit fand durch die dichtere Vegetationsbedeckung keine Flugsandverwehung statt. In der älteren Tundrenzeit wurde im Kaltklima dann die Flugsand- und Dünenbildung wieder aktiviert. In der darauf folgenden allerödzeitlichen Wärmeperiode ca. 12.000-11.000 vor heute bildete sich eine Parabraunerde. In dieser Zeit wurde ein vulkanisches Sediment aus dem Laacher Seegebiet abgelagert, ein dreigliedriger saurer trachytischer Bims. Der Tuff zeichnete die Oberflächenformen der Dünen nach (Abb. 87). Er wurde im oberen Teil der Dünen in einer Tiefe von 50 bis 70 cm gefunden (SONNE & STÖHR 1959). Das Tuffband ist im Muldenbereich mächtiger als am Dünenscheitel, wo es infolge der Verwehung ausdünnt. Die Ablagerung des Tuffes erfolgte in der Allerödzeit vor rund 11.400 Jahren. Die Vegetation der Flugsandgebiete war in der allerödzeitlichen Wärmephase, deren Julimitteltemperatur 4 ^{0}C tiefer lag als heute, durch gebüschartigen Laubwald mit Eichen und Kiefern und einer darunter entwickelten Krautschicht gekennzeichnet (ZIEHEN 1970). Das kleinräumige Gebiet des Mainzer Sandes war im Bereich der Dünenkuppen vegetationsfrei, so daß Sandverwehungen möglich waren, während die Dellentälchen in der Allerödzeit Kräuter- und Graswuchs trugen, die von Kiefern (Bergkiefer, Pinus montana Mill.) und Wacholder (Juniperus communis L.) durchsetzt waren (STÖHR 1972 a; BRÜNING 1977, S. 53).

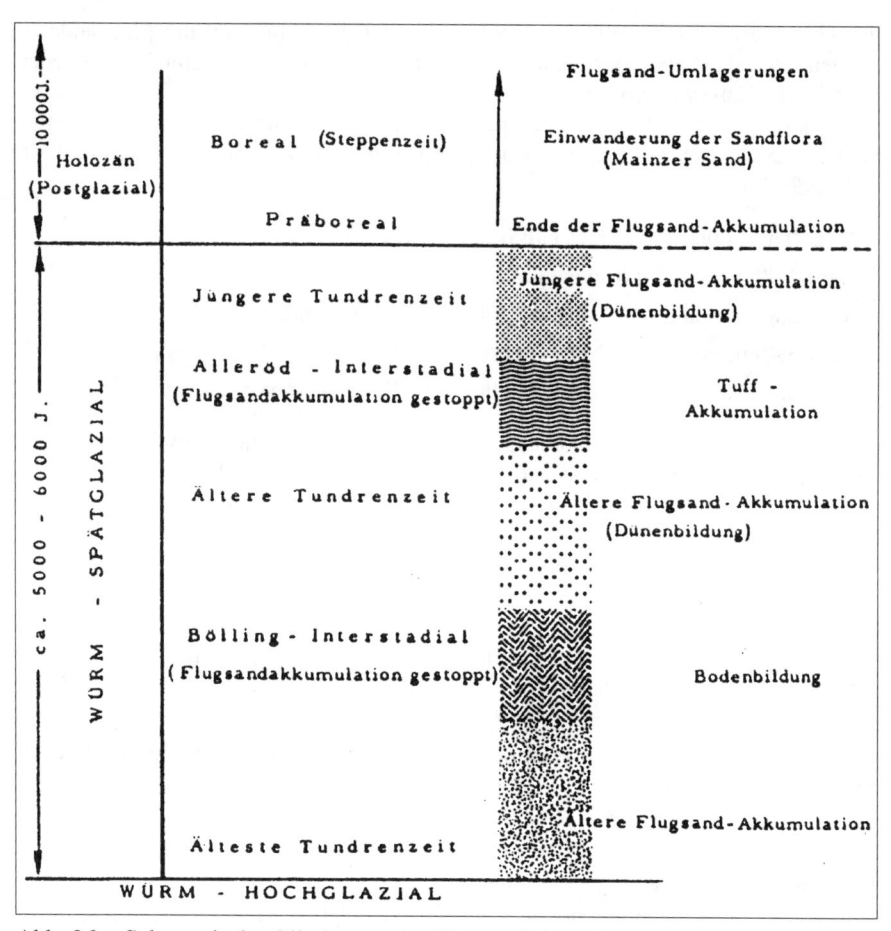

10 000 J. Holozän (Postglazial)	Boreal (Steppenzeit)		Flugsand-Umlagerungen Einwanderung der Sandflora (Mainzer Sand)
	Präboreal		Ende der Flugsand-Akkumulation
ca. 5000 - 6000 J.	WÜRM - SPÄTGLAZIAL	Jüngere Tundrenzeit	Jüngere Flugsand-Akkumulation (Dünenbildung)
		Alleröd - Interstadial (Flugsandakkumulation gestoppt)	Tuff - Akkumulation
		Ältere Tundrenzeit	Ältere Flugsand-Akkumulation (Dünenbildung)
		Bölling - Interstadial (Flugsandakkumulation gestoppt)	Bodenbildung
		Älteste Tundrenzeit	Ältere Flugsand-Akkumulation
	WÜRM - HOCHGLAZIAL		

Abb. 86: Schematische Gliederung der Flugsand-Anwehungen (BRÜNING 1975)

In der jüngeren Tundrenzeit sank die Temperatur um 7-8 °C unter die derzeitigen Meßwerte. Die Vegetationsbedeckung ging stark zurück. Die trockenen Sande wurden erneut verweht, und Solifluktions- und Kryoturbationsformen stellten sich noch einmal in den Auftaubereichen des Dauerfrostbodens ein. Im Holozän, das vor 10.000 Jahren vor heute begann, und mit dem Einsetzen der postglazialen Wärmezeit stieg im Boreal die Temperatur dann 2-3 °C über die heutigen Werte an. Es stellte sich unter kontinentalen Klimaverhältnissen um 6000 v. Chr. eine Steppenvegetation ein, wie sie heute erst in der Ungarischen Pußta wieder auftritt. Auf den festgelegten Flugsanden bilden sich zunächst Pararendzinen aus. In den benachbarten Lößgebieten in Rheinhessen entstehen Schwarzerden. Gleichzeitig bilden sich in den Dünensanden bei Heidesheim und Finthen weiße bis graue 6 cm Durchmesser zeigende Kalkröhren. Es sind Kalkkonkretionen, die sich um Wurzeln gebildet haben. Nach ZIEHEN (1972) sind derartige ^{14}C-datierte Osteokollen vor etwa 6000 v. Chr. gebildet worden.

Der Meeresanstieg des Atlantik und die damit verbundene Abnahme der Kontinentalität führten im Klimaoptimum des Atlantikum zu einer Degradierung der Schwarzerden. Es kam bei höheren Niederschlägen und Temperaturen zur Entbasung, Humusabbau

Abb. 87: Das allerödzeitliche Laacher Bimstuffband in den Flugsanden bei Finthen

und der Aufhellung des A-Horizontes sowie im fortgeschrittenen Stadium zu Tonwanderungen und der Bildung des B_t-Horizontes der Parabraunerde.

Als Bildung des warmfeuchten Atlantikums mit Waldvegetation stufen HANKE & MAQSUD (1985) die dunklen erodierten Parabraunerden mit einem dunklen bis schwarzbraunen fleckigen B_t-Horizont und Lessivierungserscheinungen ein, die in der Sandgrube Walter in Finthen angetroffen wurden. Sie schließen daher eine schwarzerdeähnliche Bildung auf den kalkhaltigen Sanden im Boreal nicht aus und nehmen an, daß sich daraus im Atlantikum eine Parabraunerde entwickeln konnte.

Die älteren Dünen- und Flugsandgebiete tragen Parabraunerden und Braunerden. Die jüngeren Flugsandgebiete sind vielfach durch Rendzinen ausgezeichnet. Anthropogene Einflüsse sind wohl dafür verantwortlich, wenn über gekappten Parabraunerden heute bis 1 m mächtige Sande angeweht sind, auf denen sich Rendzinen entwickeln.

Auch rezente Deflation wird im Naturschutzgebiet Mainzer Sand beobachtet (Abb. 88). Die freigelegten Baumwurzeln zeigen, welche Abtragungsbeträge in westexponierter Lage bei defekter Vegetationsdecke in den letzten Jahrzehnten erreicht werden konn-

Abb. 88: Rezente Deflation infolge einer defekten Vegetationsdecke

ten. Auch ältere, örtlich verkittete Flugsande sind in der Baugrube des ZDF in Mainz-Lerchenberg beobachtet worden, die aufgrund der stratigraphischen Position mindestens mindelzeitliches Alter haben dürften (vgl. BRÜNING 1975, S. 52).

4 HOLOZÄNE FORMBILDUNGEN UND PROZESSE

4.1 RUTSCHUNGEN

Rutschungen katastrophalen Ausmaßes, die in ganz Rheinhessen gleichzeitig auftraten, wurden in der jüngsten Vergangenheit nur episodisch beobachtet. Sie sind in großem Stil aus den Jahren 1881, 1940/41 und 1982 bekannt und können auf außergewöhnliche Witterungseinflüsse zurückgeführt werden. Zwischenzeitlich sind in Rheinhessen immer wieder lokale Rutschungen aufgetreten, die sich aber aus speziellen örtlichen Gegebenheiten erklären lassen. Die Ursache für das Auftreten von Rutschungen in Rheinhessen liegt außerdem in den morphologischen und geologischen Gegebenheiten begründet. Die flachlagernden tertiären Schichten zeigen einen Stockwerkbau. Die liegende Gesteinsabfolge umfaßt die rutschgefährdeten oligozänen sandstreifigen Tone und Mergel des Rupelton, des Schleichsandes, des Cyrenenmergels und die Süßwasserschichten. Sie bildeten die flacheren mittleren und unteren Hangabschnitte, in denen sich Rutschungen ereignen.

Die oberen steilen Hangbereiche werden von klüftigen und verkarsteten miozänen Kalken gebildet, die von Urrheinsanden und pleistozänen Lössen bedeckt sind.

Wird ein Hang von einer größeren Rutschung betroffen, dann bildet sich bergwärts eine sichelförmige bis halbkreisförmige Abrißnische (Abb. 89). Die Rutschmasse

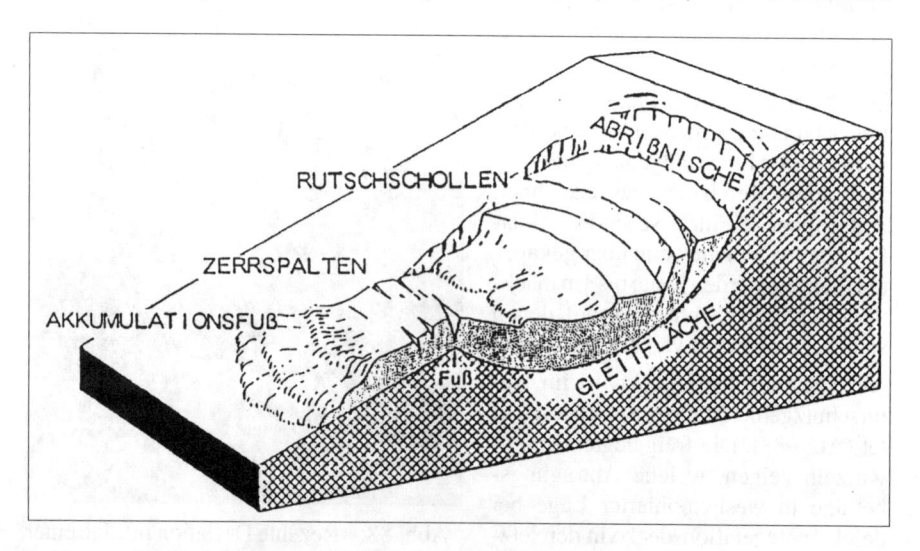

Abb. 89: Querschnitt durch eine Hangrutschung (PUTNAM 1969 verändert BECK 1990)

bewegt sich hangab auf einer mehr oder minder konkav in den Untergrundschichten verlaufenden Gleitfläche, die allmählich zu der Hangoberfläche hin ausflacht. Je höher die Abrißwand, umso tiefer greift die konkave Gleitfläche vom oberen Hangteil her in den Untergrund.

Durch Abgleitbewegung entstehen eine Randkluft und eine Treppe von rückwärts gegen den Geländehang hin gekippter Rutschkörper (Abb. 90). In diesen Rücktiefen kann sich Oberflächenwasser ansammeln und zur Gleitfläche vordringen, so daß in der Gleitmasse erneut Bewegungen ausgelöst werden.

Abb. 90: Staffelförmig abgesunkene bergwärts geneigte Rutschmassenkörper bei Alzey

Bei den größeren Rutschungen wird die Rutschmasse, die im oberen Bereich unter die Hangoberfläche abgesackt ist, über die Gleitfläche abgefahren und in einem zungenförmigen Lobus (Abb. 91), einer meist welligen, wulstigen, von Querrücken durchzogenen Akkumulation abgelagert, die Feuchtlöcher und abflußlose Mulden aufweist. An den Rändern des Lobus tritt oft noch längere Zeit nach dem Rutschereignis abrinnendes Wasser oder Vernässung auf.

Bei den Kleinformen der Rutschungen oder Gleitungen wurden dagegen nur kleine Hangteile abgesenkt. Es wurden eine geringe vertikale Verstellung von kleinen schmalen Abrißspalten sowie eine tieferliegende Aufwulstung beobachtet (Abb. 92). Noch schwächere Rutschvorgänge führen lediglich zu einer konvex-konkaven Hangdeformation, die wie am Wißberg oder bei Ober-Olm durch Kettenreaktionen zu wellenartigen Hangoberflächen geführt hat (Abb. 93). Außerdem sind fossile und rezente Rutschungen zu unterscheiden. Die alten und fossilen Rutschungen entstanden im Pleistozän. Die jungen Rutschungen bzw. anthropogen verursachten Rutschungen gehören in das Holozän und die jüngste Vergangenheit. Bei den fossilen Rutschungen ist die typische Hohl- und Vollformabfolge der Rutschungsmorphologie nicht mehr erkennbar. An den Hängen sind die Hohlformen durch junge Deck-

Abb. 91: Zungenförmiger Akkumulationslobus einer Rutschung bei Spiesheim

Abb. 92: Schwache Rutschvorgänge führten zu halbkreisförmigen Bruchstaffeln

sedimente ausgefüllt und die Vollformen der bis auf die Glacis und Talböden herabreichenden Rutschmassen von Solifluktionsdecken, Abschwemmassen oder Flugsanden verfüllt. Die fossilen Rutschungen liegen in einem verheilten Relief. Ihre Hohlformen wurden verhüllt und ihre Vollformen erodiert. Sie wurden von der jüngeren Reliefentwicklung überprägt. An den örtlich überformten und eingeebneten Hangflächen können solche fossilen Rutschungen nur in Geländeanschnitten oder durch Bohrungen nachgewiesen werden. Die periglaziale Abtragungsdynamik provozierte eine dichte Abfolge von Rutschungsaktivitäten an den Hängen, so daß viele gegenwärtig zu beobachtenden Rutschungen Reaktivierungen von fossilen oder älteren Rutschmassen darstellen.

Diese alten und fossilen Rutschungen können im Gelände anhand von alten Gleitflächen und durch die Korngröße und Konsistenz der tertiären pelitischen Schollen nachgewiesen werden. Auch die stratigraphische Position der oligozänen Mergel als Hangendes von pleistozänen Hangablagerungen oder eine Schichtverdoppelung weisen sie als Teile einer Massenbewegung aus.

Abb. 93: Flachgründige Serienrutschungen führten bei Ober-Olm zu einer welligen Hangform

Die starken relativen Hebungen im Mainzer Becken während des Quartärs haben zur Verstellung der tertiären Sedimente geführt. Die anschließende Zerschneidung ließ ein junges Talrelief entstehen. Die oligozänen pelitischen Mergel erfuhren im Bereich der neu entstandenen steilen Hänge durch die Druckentlastung eine Verringerung der Scherfestigkeit. Die Gesteine waren durch Überkonsolidierung gekennzeichnet.

Durch Verwitterung, Entspannung und Aufweichung verlieren die Pelite an Standfestigkeit. Es wirken sich Entspannungsbewegungen bis zu 20 m Tiefe aus, durch die Schichtfugen vertikal und steilstehende Klüfte horizontal aufgeweitet werden. An den Plateaurändern kann es in der miozänen Kalkdecke über dem instabilen Untergrund zur Bildung von Zugrissen kommen.

Die durch steilstehende tektonische Klüfte, Schichtfugen und wasserführende Feinsandlagen im Anstehenden gegebene Wasserwegsamkeit setzt sich auch in der oberflächennahen aufgelockerten Verwitterungsrinde durch das Auftreten von Trokken- und Frostrissen fort. Der Zutritt von Oberflächen-, Sicker- und Grundwasser führt oft erst über Jahre zur Vorzeichnung, Anlage und Ausbildung von späteren Gleitflächen.

Neben der Beschaffenheit des Gesteins und seiner Lagerung sind die hydrologische Situation der schwer durchlässigen Mergel- und Tonschichten mit ihren zwischengelagerten wasserwegsamen Sanden, ebenso wie die Auflockerung der Schichten durch Druckentlastung und tektonische Bruch- und Schollenbewegung eine wichtige Voraussetzung für die Entstehung von Rutschungen. Von den Wasserleitern, den verkarsteten und sandbedeckten Kalken des Plateaus und dem Glacisschotterkörper fließt das Wasser auf den Liegendstauer, den Tonen und Mergeln, ab und dringt entlang von Klüften und Auflockerungsrissen zu den zwischengelagerten wasserwegsamen Schluff- und Sandlagen, so daß sich Gleitflächen ausbilden können.

Die oligozänen Schichten sind aus inhomogenen Tonen und Schluffen aufgebaut, deren Korngrößenbereich zwischen 0,06 und 0,002 mm liegt (vgl. Abb. 85). Sie werden unter Vernachlässigung der eingeschalteten Feinsandlagen als oligozäne Pelite zusammengefaßt. Wegen ihres hohen Kalkgehaltes, der auch als Bindemittel wirksam ist, sind sie vielfach als Mergel zu bezeichnen. Nach KEIL (1954, S. 37) handelt es sich um veränderlich feste Gesteine. Die Zustandsform der wenig bis stark plastischen Tone ist in den Aufschlüssen weich bis fest.

4.1.1 Beschaffenheit, Verlauf und Lage der Gleitflächen

KRAUTER (1985, S. 292) stellt heraus, daß bei einem Verhältnis der Korngrößenverteilung Schluff zu Ton wie 1:1 die Schichten besonders rutschgefährdet sind, da durch die Anwesenheit des Schluffes das Wasser leicht aufgenommen und vom Ton festgehalten werden kann. Ist hinreichend Wasserzutritt möglich, beginnen die primären Tonminerale durch Hydratation und Ionenaustausch zu quellen. Es kommt zu einer Volumenzunahme, einer Verminderung der Kohäsion und einer Herabsetzung der inneren Reibung. Die Adsorption führt zu einer Gefügelockerung, die eine Konsistenzveränderung und Herabsetzung der Scherfestigkeit zur Folge hat. Das Sediment wird mobil und gleitet plastisch hangabwärts.

Quellvorgänge können auch an der Basis episodisch wasserführender Sand- und Schluffschichten auftreten. Wo Feinsandlagen am Hang ausbeißen, kann es zur Neubildung von Quell- und Wasseraustritten kommen, die im Fall der Wasserschüttung zu Hangaufweichungen und Rutschungsaktivitäten führen. Fallen die Schichten bergwärts ein, bewirken sie einen Rückstau und eine Tiefendurchfeuchtung, durch die potentielle Gleit- und Abrißflächen entstehen können.

Auch gering mächtige Schuttdecken aus Verwitterungsmaterial, die über oligozänen Mergeln und Tonen liegen, sind Grundwasserleiter, so daß die liegenden Mergel durch Aufweichung zur Bildung oberflächenparalleler Gleitflächen neigen. Selbst die mit Spülschutt und Sand erfüllten Tiefenlinien der Dellen wirken als Wasserleitbahnen destabilisierend.

Untersuchungen von STEINGÖTTER (1984, S. 53) ergaben, daß sich auf Gleitflächen „beträchtliche Anteile an feinkörnigem Material < 1 u (etwa 50 %) sowie hohe Gehalte der Feinfraktionen 1-10 µ (etwa 35 %) und 10-63 u (15 %) befinden. Gleitbahnen lassen sich im Gelände an mächtigen „Verwallungszonen" mit weicher Konsistenz oder an „mm-offenen Gleitflächen mit Oxidationssäumen und weichen Tontapeten sowie einer verstärkten Wasserführung erkennen" (Abb. 94). Häufig treten auch mehrere Gleitflächen übereinander auf (STEINGÖTTER 1984, S. 68).

Nach der Ausbildung der Gleitflächen unterscheidet man verschiedene Rutschungstypen in der Verwitterungsschicht der quellfähigen Tone und Mergel: die flachen Rutschungen mit einem flachkonkaven Querschnitt und die tiefreichenden reaktivierten Rutschungen, deren Gleitflächen an der Basis jeweils mehrere übereinandergeschobene Schollen- und Rutschmassenkörper zeigen, die einen steilkonkaven Querschnitt haben. Bei den flachen Serienrutschungen wird der obere Hangteil durch Materialverlagerung instabil, so daß neuerlich eine Gleitflächenbildung und Rutschmassenbewegung einsetzen.

Abb. 94: Die Gleitfläche mit Oxidationsbelägen und polygonalen Trockenrissen

Dem unteren Hang wird dagegen Material zugeführt, so daß der Auflastdruck dort neue Gleitflächen aktivieren und Hangdeformationen und Massenbewegungen provozieren kann. In einer Wellenbewegung bilden sich Rutschungshohl- und -vollformen über dem Hang aus. Der Querschnitt der Gleitfläche beschreibt eine Wellenlinie.

Die Gleitflächen liegen bei Rutschungen mit schichtparallelem Abgleiten in der Verwitterungsrinde in 3-4 m unter Flur. Dort wirkt lediglich das durch Schrumpfungsrisse eindringende Oberflächenwasser auf die Hydratation der Tone ein. Die Pelite quellen, so daß sich die schmalen Trockenrisse in der Tiefe schließen. Der partielle Porenwasserdruck bildet in den Tonen schichtparallele Gleitflächen aus, wobei der Kluftwasserdruck in den noch offenen wassererfüllten Trockenrissen mit der Schwerkraft die Gleitbewegung in Gang setzt.

Die mächtigen fossilen Rutschungen und überschobenen Rutschmassen haben vielfach tieferliegende Gleitflächen, die bis 5 m unter Flur liegen, auf denen neben der beschriebenen vertikalen Wasserzufuhr auch der Zufluß des Grundwassers über alte Gleitflächen bei der Konsistenzveränderung mitwirkt. Durch eine Addition der vertikalen und horizontalen Wasserzufuhr kann die Massenbewegung eingeleitet werden.

Die tiefsten Lagen der Gleitflächen, die bis 20 m unter Flur angetroffen werden, sind an der Basis talwärts geneigter wasserführender Feinsandlagen ausgebildet. Die Wasserzufuhr erfolgt dort meist über die Verbindungsbahnen der Kluftflächen aus wasserreichen hangenden Schichten, wie zum Beispiel den Kiesen und Sanden und den Kalkschichten des Plateaus. Ausgelöst wird die Massenbewegung vielfach durch eine Erhöhung des Zuflusses und wachsenden Strömungsdruck.

Über die Geschwindigkeit der aktuellen Gleitbewegungen haben KRAUTER & STEINGÖTTER (1983) Messungen veröffentlicht. Sie reichen von 13 mm/Monat bis 1,5 cm/Minute. Als maximale Geländeverschiebung wurden am Wißberg bei Gau-

Bickelheim 60 m gemessen. In der Regel liegen aber die Verlagerungsdistanzen unter 10 m.

Bei entsprechenden sedimentologischen und hydrologischen Gegebenheiten sind Rutschungen sowohl an den Plateaurändern wie auch an den Hängen der älteren Glacissockel zu beobachten. Sie liegen meist im Bereich der Verwitterungsrinde der Auflockerungszone des am Hang ausstreichenden Schichtverbandes, die durch den Dauerfrostboden und das tiefe Eindringen der Frostfront im periglazialen Klimaraum der letzten Kaltzeit und der rezenten Winter entstanden ist. Auch die Einwirkung der Insolation auf den südexponierten Hängen trägt zur Instabilisierung bei. So genügt vielfach die Infiltration des Wassers über Trockenrisse oder die Quellenneubildung in feuchten Jahren, um Rutschungen auszulösen.

Die Bewegungsvorgänge werden durch die jeweilige Reliefsituation begünstigt. Im mittleren Hangbereich zwischen 5^0 und 10^0, in denen die rutschgefährdeten oligozänen Schichten ausstreichen, wurden die meisten Gleitbewegungen beobachtet (KRAUTER et al. 1985, S. 285). Die Südhänge zeigen am häufigsten Massenverlagerungen (STEINGÖTTER 1984, S. 167), wie Untersuchungen zur Exposition der Hänge mit Rutschungen erkennen lassen.

Auf den Osthängen lassen sich nur wenige Rutschungen nachweisen. Die überkonsolidierten oligozänen tonig-mergeligen Schichten werden in Ostexposition durch mehrere Meter mächtige Lösse mit Bodenbildungen, Flug- und Schwemmsanden und solifluidalen Ablagerungen überdeckt. Der Auflastdruck der Decksedimente schwächt die Auflockerungsbeträge der Entspannungsbewegungen ab, verhindert durch die B_t-Horizonte die freie Wasserzirkulation und unterbindet die Bildung von Schrumpfungsrissen durch Austrocknung und Gefrieren und den Zutritt von Oberflächenwasser, das die Ausbildung von Gleitflächen und deren Aktivierung veranlassen könnte. Die quartären Deckschichten über dem pelitischen Untergrund wirken daher destabilisierend, es sei denn, daß sich an der Basis der Lößdecken in direktem Kontakt mit dem quellfähigen Material ein Grundwasserhorizont ausgebildet hat, der bei Geländeanschnitten durch den Verlust der Widerlagers eine Gleitbahn ausbilden kann.

4.1.2 Klimatische Faktoren und Rutschungen

Für die katastrophalen Rutschungen in allen Teilen Rheinhessens, die im Jahre 1982 nahezu gleichzeitig auftraten, waren klimatische Faktoren verantwortlich. Überblickt man die Niederschlagsverteilung vor dem Rutschungsjahr 1982, so stellt man fest, daß 1976 ein Trockenjahr war. Es fielen in Mainz 29 % weniger Jahresniederschlag als im langjährigen Mittel, das bei 515 mm liegt (LESER 1969, S. 51). Die folgenden feuchten Jahre 1977-1981 brachten dagegen jährlich bis zu einem Drittel mehr Niederschlag, als nach dem langjährigen Mittel zu erwarten war. Die Niederschläge erreichten im Jahre 1981 in Oppenheim 752 mm. Demgegenüber beträgt das 75-jährige Mittel der Niederschläge nur 542 mm. Die Niederschlagsmenge des Jahres 1981 lag damit 38 % über dem langjährigen Durchschnitt. Vor allem war der Monat Dezember 1981 mit 94,3 mm besonders niederschlagsreich. In den Vergleichsmonaten des langjährigen Durchschnitts betrugen die Niederschläge dagegen nur 37,6 mm. Gemessen am langjährigen Durchschnitt lagen also die Niederschläge im Monat Dezember 1981 in der Höhe von 250 % über dem Durchschnitt. Dabei wirkten die starken Schneefälle mit anschließenden raschen Temperaturwechseln, den Frosttagen vom 15. bis 23.12.1981, dem Weihnachtstauwetter und den Frosttagen vom 26. bis 29.12.1981 und einer anschließenden Tauperiode bis zum 06.01.1982, die dann erneut von einer Frostperiode abgelöst wurde, besonders negativ auf die Hangstabilität. Durch die tief eindringende Frostfront, die sich bei einer Lufttemperatur von -11 bis -17 °C vollzog, reicherte sich das Wasser zusätzlich in dem durchnäßten Untergrund an. In der Tauperiode führte das feigesetzte Wasser zu erneuter Quellung der Tone, deren Scherfestigkeit dadurch weiter herabgesetzt wurde.

In außergewöhnlich feuchten Jahren treten in der Regel im Frühjahr und Winter an den Hängen, in Geländeeinschnitten oder an Dammaufschüttungen mit tertiären Tonen und Mergeln Deformationen und Gleitungen auf.

4.1.3 Rutschungen durch anthropogene Eingriffe

Rutschungen dokumentieren sich in der welligen Hangoberfläche, der Zerstörung von Weinbergen, durch die Schiefstellung und Versetzung von Weinbergspfählen und Weinstöcken. Sie sind im Gelände an den abgesackten, verbogenen, verschobenen oder zugeschütteten Feld- und Wirtschaftswegen sowie den verfüllten oder durchtrennten Entwässerungsgräben, Drainagen und Kanälen sowie den durch Deformationen und Setzungsrisse aufgebrochenen Straßenbelägen und Gebäudeschäden erkennbar.

Neben natürlichen Faktoren trägt der wirtschaftende Mensch vielfach Mitverantwortung an den auftretenden Massenbewegungen. Gegenwärtig werden Hangrutschungen zum großen Teil durch anthropogene Eingriffe ausgelöst. Besonders deutlich treten sie in Geländeeinschnitten oder bei Aufschüttungen zutage, wie sie beim Neubau der Bundesstraße Gau-Algesheim-Appenheim (Abb. 95) oder der Autobahntrasse A 63 Mainz-Alzey (Abb. 96) beobachtet wurden. Auch den Materialaushub bei Gebäudegründungen wurde im Neubaugebiet bei Ockenheim und Zornheim die Stabilität der Hänge beeinträchtigt. Außerdem begünstigen die waldfreien Hänge und die Wirtschaftsformen des Weinbaus die Massenbewegungen. In den bis 60 cm tief gerodeten Weinbergsflächen treten in der Verwitterungszone oftmals Rutschungen auf, da der Zusammenhalt zwischen dem liegenden Untergrund und dem aufgelockerten Rodungshorizont geschwächt ist, die natürliche Klammer des Wurzelgeflechts vernichtet ist und die regelmäßige Wasserentnahme durch die Pflanzen entfällt. In einem jungen Rutschgebiet nördlich von Dromersheim wurde die Wirkung der Wasserzufuhr noch durch die in geringem Abstand voneinander gesetzten Wingertspfähle verstärkt. Durch das am Pfahl abrinnende Niederschlagswasser wurden dem Untergrund bedeutende Wassermengen zugeführt. Diese Infiltration kann besonders dann morphologisch wirksam werden, wenn im Sommer durch Austrocknung weit geöffnete Trockenrisse an der Oberfläche entstanden sind, die metertief hinabreichen, und Gewitterregen mit hohen Niederschlagsmengen niedergehen.

Die Neigung der Stickel markiert die Ausdehnung und die Intensität der Rutschbewegung. Mit der Stärke der Gleitbewegung nimmt der Neigungswinkel der Pfähle

Abb. 95: Die Rutschung im Einschnitt der Straße Gau-Algesheim-Appenheim

Abb. 96: Hangbruch an einem Autobahneinschnitt bei Alzey

ab (Abb. 97). Im Fußbereich, wo es infolge starker Durchtränkung zu murartigem Abfluß kam, wurden sie in Fließrichtung eingeregelt (Abb. 98).

In Rheinhessen treten Rutschungen auch immer wieder an Straßenböschungen und Geländeeinschnitten auf. Die Geländeeinschnitte im Bereich der Autobahntrasse A 63 verlaufen überwiegend in den Löß- und Lößlehmabfolgen der pleistozänen Deck-

Abb. 97: Gleitungen in einem gerodeten Weinberg bei Dromersheim

Abb. 98: Murgänge in den durchnäßten Süßwasserschichten

schichten. In einigen Fällen werden an der Basis der Einschnitte das Anstehende oder verlagerter tertiärer Gehängelehm, Fließerden oder Schwemmschutt freigelegt.

Im Löß angelegte Böschungen haben im allgemeinen eine hohe Standfestigkeit. Vor der Erosion werden sie durch Bepflanzung mit Gräsern und Buschwerk geschützt. Eine Rutschgefährdung ist nur dann vorhanden, wenn an der angeschnittenen Lößbasis oder in den schluffig-tonigen Schichten des Tertiärs Grundwasser fließt. Die letztgenannten Verhältnisse sind „Auf der Warth" (HEITELE & SONNE 1973, Sondierbohrung 14) gegeben, wo eine Sandlage der Süßwasserschichten Wasser führt. Bald nach der Anlage des Geländeeinschnittes traten am bergseitigen Hang Rutschungen auf. Über den tertiären Tonmergeln kam es zu Grundwasseranreicherungen und -ausfluß. Die aufgeweichten und gequollenen Tone haben eine verminderte innere Reibung, so daß die plastischen Tonmergel des Tertiäruntergrundes in Rutschschollen abgleiten. Entlang von Kluft- und Abrißflächen stürzen dann die Lößschollen nach. Die Durchfeuchtung der liegenden Tone kann auch vom Stauwasser in einer Abbaugrube ausgehen. Auf diese Weise entstanden die Rutschungen in der Ziegelei St. Johanner Straße in Sprendlingen, in der mächtige Lößdeckschichten in Staffeln abgesunken sind.

4.1.4 *Kriterien zur Ermittlung der Hangstabilität und Hanglabilität*

Viele Hänge haben ein labiles Gleichgewicht. Die Neigung zur Labilität oder Stabilität eines Hanges kann durch die Untersuchung folgender Parameter eingeschätzt werden: Hangneigung, Hanghöhe, Alter und Standzeit der Hänge, Exposition, Neigung der Grenzflächen des Anstehenden zu den Deckschichten sowie deren Mächtigkeit und Korngrößenzusammensetzung, der Grundwasserstand bzw. der lokale Bergwasseranfall und die Durchfeuchtung infolge der jeweiligen Witterung. Neben der Beschaffenheit des Gesteins und seiner Lagerung sind die Auflockerung der Schichten durch Druckentlastung und tektonische Druck- und Schollenbewegung für die Einleitung von Rutschungen von Bedeutung. Außerdem bewirken die Verwitterung und Auflockerung des am Hang ausstreichenden Schichtverbandes durch das tiefe Eindringen der Frostfront im Pleistozän und die Sonneneinstrahlung auf die südexponierten Hänge eine Instabilisierung, die dann durch die jeweilige Reliefsituation und die Steilheit der Hänge noch begünstigt wird.

4.1.5 *Sicherheitsvorkehrungen und Sanierung an Hängen mit labiler Stabilität*

Die im Rahmen des Neubaus von Bundesstraßen und Autobahntrassen erforderlichen Hanganschnitte und Geländeeinschnitte können zur Instabilität der Hänge führen. Abgrabung und Aufschüttung beeinflussen das Gleichgewicht des Hanges nachhaltig. Besonders auf vorgezeichneten Rutsch- und Harnischflächen ist mit erhöhtem Risiko für die Standsicherheit zu rechnen. Einschnitte, die nicht durch Grundwasser beeinträchtigt sind, bleiben standfest bis zu einer Neigung 1:2. Schon beim Bau des Trassenabschnittes oder beim Fundamentaushub für Gebäudegründungen ist ein Austrocknen der tertiären Tone zu vermeiden, da die Trockenrisse tiefreichende vertikale Leitbahnen für das Wasser darstellen, das bei reichlichem Zutritt die Instabilität des Hanges herbeiführen kann. Zur Stabilisierung der Böschung sollten in quellfähigen, rutschungsgefährdeten Bereichen die Neigung 1:3 gewählt, Bermen angelegt werden und Stützkörper sowie Stützmauern erstellt werden. Stützbauwerke können mit Drahtschotterkörpern ausgeführt werden. Sie haben den Vorteil einer bestimmten Verformbarkeit und Wasserdurchlässigkeit. Bodenersatz kann bei kleinen Rutschungen mit verwitterungsstabilem Material und Steinpackungen vorgenommen werden.

Fällt das Gelände zum Böschungsrand hin ab, so sollte vor der Durchführung des Aushubs, vor allem aber nach der Anlage des Einschnitts drei bis vier Meter oberhalb des Böschungsrandes ein Abfanggraben mit dichter Sohle bzw. Betonschalen angelegt werden.

Zur Sicherung der Hangstabilität ist die Trockenlegung von Böschungsköpfen, Quellaustritten und die Ableitung von Oberflächenwasser in Hangdellen auf Betonhalbschalen notwendig. Auch ist die Überwachung der Kanalisierung unbedingt erforderlich. Durch Druckeinwirkung geplatzte Pfannen oder durch Massenbewegungen verschobene, undicht gewordene Abflußkanäle sind oft Auslöser erneuter weitreichender Durchfeuchtung des Untergrundes.

Auch sollten bei alten befestigten Feldwegen gefaßte Abflüsse installiert werden, die das Oberflächenwasser ableiten. Da den Autobahn- und Straßeneinschnitten vielfach Wirtschaftswege parallel verlaufen, die keine Entwässerung aufweisen, kommt es nahezu zwangsläufig wie an der Autobahn bei Alzey einige Jahre nach dem Bau an begrünten Hängen zu Schollenrutschungen und Hangabsackungen, die einen Lobus auf den Fahrbahnrand schieben (vgl. Abb. 90).

Verläuft die Einschnittsohle der Autobahntrasse in tonigen Sedimenten, ist eine Wasserabfuhr im Mittelteil der Sohle günstig, da dadurch die Standfestigkeit der Böschung nicht durch sich seitlich bildende Sickergräben verändert wird. Die Einschnittsohle kann auch durch ausreichend tiefe Entspannungsbrunnen vor hydraulischem Grundbruch geschützt werden.

In rutschgefährdetem Gelände ist es wichtig, daß dem Erdreich und Untergrund nicht übermäßig oder zusätzlich Wasser zugeführt wird. Es ist dabei unerheblich, ob es sich um Regen-, Quell- oder Grundwasser oder Wasser aus defekten Drainagen und Wasserleitungen handelt. In der Regel genügt das Vorhandensein eines zweckmäßigen und funktionsfähigen oberirdischen Entwässerungssystems, gegebenfalls kombiniert mit einer Drainageanlage im Untergrund. Eine Bepflanzung der Hänge schützt vor Erosion, mindert die Ausbildung von Trockenrissen und unterstützt einen moderierten Wasserhaushalt, da die Vegetation für ihren Fortbestand dem Hang Feuchtigkeit entzieht und damit zur Stabilisierung des Untergrundes beiträgt.

Bei dem Bau von Straßen und Wirtschaftswegen sind Teerbeläge wegen ihrer Dichte vorzuziehen. Pflasterung und Betonplatten werden durch Zug- und Druckbeanspruchung rasch deformiert und bieten infolge ihrer Fugungs- und Sprungrisse gefährliche Leitbahnen für eindringendes Oberflächenwasser.

Zur Vermeidung von Rutschungen bei Hanganschnitten oder Geländeeinschnitten ist neben dem Abflachen der Böschung der Einbau eines Reibungsfußes, die Anlage eines oder mehrerer Sickerungsschlitze anzuraten. Bei tiefliegenden Gleitflächen, die bis zu 20 m unter Flur liegen, ist eine Verdübelung angebracht. In Bohrlöcher werden Metallrohre eingelassen, die mit einem Gemisch von Zement und speziellem Härtungsmittel aufgefüllt werden. Auf diese Weise wird die Gleitfläche vernagelt und bei schräger Abteufung eine Ankerwirkung erzielt.

Bei Erstellung von Bauwerken ist die Einleitung von Oberflächenwasser und Abwasser in den Untergrund zu unterbinden. Die Aushubbasis ist bei nasser Witterung abzudichten und die Aufschlußwände sind zu bewehren, da es sonst zu Konsistenzveränderungen und Rutschungen an der Aufschlußwand kommen kann. Der Hausbau sollte in Rutschgebieten zur Sicherung folgende Konstruktionen bevorzugen: die Verzapfung der Bauwerksohle mit dem Untergrund, die Erstellung eines stabilen Kellerrahmens aus bewehrtem Beton oder die Ausführung eines Ringankers. Der Bau sollte überstehende Massivdecken und eine geringe Geschoßzahl aufweisen und über Versorgungsleitungen mit Dehnungsspielräumen verfügen (STEINGÖTTER 1984, S. 182).

4.1.6 *Rutschungen in oligozänen Sedimenten im nördlichen Rheinhessen*

Der West- und Südrand des Westrheinhessischen Plateaus sowie die Hänge der älteren Glacisterrassen weisen durch ihren geologischen Aufbau eine große Anzahl von Rutschgebieten auf, die von Ockenheim, Dromersheim, Aspisheim, Horrweiler, Welgesheim, Zotzenheim, Sprendlingen und St. Johann zu verfolgen sind. Die 5-10° geneigten instabilen Hänge mit welligen, buckeligen Oberflächenformen sind am Wißberg und an den Rändern des Plateaus zwischen Essenheim und Elsheim, Klein-Winternheim und Ober-Olm sowie zwischen Sörgenloch und Mommenheim zu beobachten. Das Auftreten der gleichen geologischen Schichtabfolge hat auch bei Spiesheim im benachbarten Ensheim, Armsheim, Rommersheim und Sulzheim zu Rutschungen geführt.

Auch am Pfadberg bei Stadecken, am Bosenberg bei Planig und am Petersberg bei Gau-Odernheim und Bechtolsheim treten bevorzugt Rutschungen auf.

4.1.6.1 Rutschungen am Pfadberg

Die Stratigraphie des Pfadberges ist gekennzeichnet durch eine Folge horizontal lagernder Schichten, die von der Basis bis zum Gipfel den Schleichsand, Cyrenenmergel und die Süßwasserschichten umfaßt. Der Pfadberg ist ein West-Ost ziehender Restberg, der im jüngeren Pleistozän an der Nordflanke durch halbkreisförmige Rutschungsnischen aufgelöst wurde. Da die schützende miozäne Kalkdecke abgetragen ist, wird der Berg sich durch die Zurückverlegung der Abrißnischen in der geologischen Zukunft in einzelne Bergkuppen aufgliedern. Das pleistozäne Rutschrelief ist verheilt. Unterhalb der nischenartig eingreifenden Rutschhangzirken sind flache Dellen ausgebildet, die zum Vorfluter geneigt sind. Die flachgründigen aufgelockerten Rutschmassen zerfielen bei starker Durchnässung und Frostdynamik im Periglazialklima rasch in abschwemmbares Material, das in den Dellenachsen abtransportiert wurde. Jüngere Rutschereignisse haben in den verbuschten und waldbestandenen Nischen zur Aufrechterhaltung des Steilhanges geführt.

4.1.6.2 Rutschungen am Petersberg

Die Basis des Petersberges ist bis in eine Höhe von 160 m ü. NN aus Rupeltonen aufgebaut, darüber folgen bis 225m ü. NN Schleichsandmergel, und bis zum Gipfel in 246 m ü. NN sind Cyrenenmergel ausgebidet. Der Petersberg hat im Gegensatz zum Wißberg seine ohnehin gering mächtigere konservierende aquitane Kalkdecke durch die Lage im Hebungsbereich des Alzey-Niersteiner Horstes verloren. Dabei wurden durch periglaziale Rutschungen, Dellenzerschneidung und Abspülung die circummontanen Glacis zerstört. Der Auflösungsprozeß des Berges erfolgt auch heute noch bei starker Durchfeuchtung in retadierter Form. Die Rutschungsaktivitäten waren im Pleistozän um ein vielfaches intensiver durch die Frosttauzyklen oberhalb des Dauerfrostbodens. Auf der Nordseite des Petersberges ereigneten sich 1940 (WAGNER 1941) in den horizontal liegenden oligozänen Tonen, die durch eingeschaltete feinsandige Mergellagen gekennzeichnet sind, ausgedehnte Rutschungen, die eine Fläche von 6,5 ha und eine Erdmasse von nahezu 200.000 m^3 erfaßten (Abb. 99). Die Gleitflächen lagen etwa 3 m unter Flur. Bei einer Hangneigung von 7-8^0 lösten sich bei starker Durchfeuchtung Rutschschollen. Sie überschütteten den Hang bis zu einer Distanz von 40 Metern. Die Oberflächen der am Nordhang ausstreichenden Mergel sind in trokkenen Jahren von einem Netz von senkrecht stehenden Klüften und Spalten durchsetzt. Es handelt sich hierbei um Schwundrisse, die durch den Volumenverlust bei der Austrocknung der Pelite entstehen. WAGNER hatte am Petersberg 3 cm breite und bis 2,5 m tiefe Trockenrisse beobachtet. Bei starken Niederschlägen und feuchter Witterung werden die Trockenrisse mit Wasser aufgefüllt. Es kommt zu einer Volumenvergrößerung der Mergel, zur Quellung und Aufweichung, so daß die Haft- und Scherfestigkeit und die Standfestigkeit dabei abnehmen. Die Tone nehmen Wasser auf und versperren durch das Zugehen der Spalten-

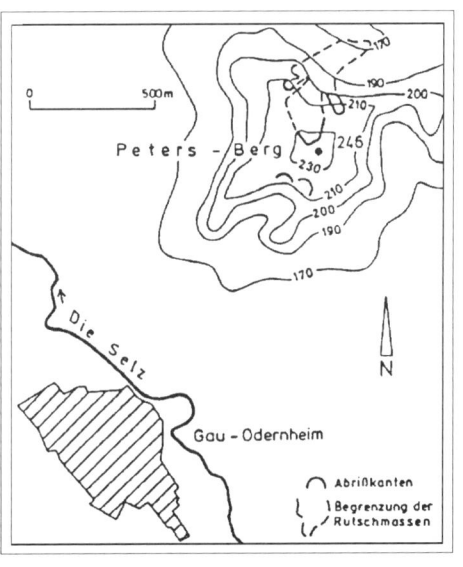

Abb. 99: Rutschungen am Petersberg 1940
(WAGNER 1941)

spitzen bei der Quellung den Wasserzutritt zu den tieferliegenden Mergelschollen. Der Druck des Wassers in den Spaltenöffnungen fördert bei der Aufweichung den Rutschvorgang. Folgt auf diese eingeleitete Instabilisierung der Hänge ein tiefreichender Frost, dann wird noch die Frostsprengung wirksam. Die Risse und Spalten werden dadurch vergrößert. Außerdem kommt es in den Mergeln durch die Frostdynamik zur Bildung feiner Frostrisse und einer Auflockerung der oberflächennahen Schichten. In der Tauperiode führen das Schmelzwasser und das tauende Spalteneis zu einer starken Wasseraufnahme und Durchnässung der Mergel und setzen ihre Scherfestigkeit und den Gleitwiderstand herab, so daß Wellenbildungen oder Hangbruchformen entstehen.

Rutschungen werden heute besonders in Weinbaugebieten beobachtet, wo im Boden durch tiefreichende Rodung die Durchwurzelung zerstört ist, eine schützende Pflanzendecke fehlt und die Mergel durch Entzug und Zufuhr von Wasser und durch Frostwechsel ihren physikalischen Zustand durch Quellung und Schrumpfung verändern. Die Erdbewegungen am Petersberg werden bei WAGNER (1941) bis 2,5 m unter der Oberfläche angegeben. Die zerstörende Wirkung an den Mergelhängen erfolgt durch Abrißnischen, Abtragungszirken, muschelförmige Staffelbrüche bis 1,80 bzw. 2,00 m Höhe und durch Erdstufen und Bodenwellen. Hangab treten Aufstauchungen, Wulstbildungen und zungenförmige Akkumulationen mit Überschiebungen und Erdschollenbewegungen auf. In den kesselförmigen Rücktiefen der Akkumulationen bilden sich kleine Wasserlachen und Tümpel.

Im Jahre 1982 wurden erneut 7 ha Hangfläche am Petersberg von Rutschungen betroffen, ein Areal, das etwa so groß war wie das der Rutschungen im Jahre 1940. Die Gleitflächen lagen zwischen 2 und 5 Metern unter Flur. Bei extrem feuchten Witterungsverhältnissen wurden auch schichtparallele Gleitflächen reaktiviert.

Der Petersberg ist seit seiner Isolierung und dem Abreißen der Pedimentation durch Dellen und Rutschungen aufgelöst worden. Die Abtragung durch Rutschvorgänge engt den Restberg randlich weiterhin ein, bis er durch die Verschneidung von Dellen und Abrißnischen in einzelne Kuppen zerfällt.

4.1.6.3 Rutschungen am Wißberg

Der Wißberg erreicht in seinem Plateau 271 m ü. NN. Er ist im Gegensatz zu den vorher behandelten Zeugenbergen ein Auslieger, da er mit dem Reliefsockel des Plateaus durch die oligozänen Süßwasserschichten verbunden ist. Auf dem Wißberg setzt sich die Kalkdecke des Plateaus fort. Am Fuß des Südosthanges des Wißberges (WAGNER 1935) liegt eine im Pleistozän abgeglittene miozäne Kalkscholle. Auch südwestlich Nieder-Olm (SONNE 1972) und südwestlich Albig treten Teile der miozänen Kalkdecke als Rutschscholle über den oligozänen Peliten auf. Am Westhang des Wißberges wurde eine Scholle des Cyrenenmergels beobachtet, die sich bei einer Rutschung löste und den Hang hinabglitt.

STEINGÖTTER (1984, S. 135-136) berichtet, daß am Südhang des Wißberges in den Jahren 1953 und nach der Flurumlegung 1955 Massenbewegungen aufgetreten sind, die bis 60 m hangab reichten. Weitere bedeutende Rutschungen erfolgten in den Jahren 1969 bis 1978. Im Januar 1982 wurden rund um den Wißberg bis zu 70 ha Hangfläche von Rutschungen betroffen.

Die Rutschungen konzentrieren sich auf die Hangneigungen zwischen 6 und 15°. Im oberen Teil des Südhanges ist ein 1 km langer Steilhang durch Rutschungen entstanden. Grundwasserzutritt aus den hangenden miozänen Kalksteinen führte zusammen mit der Druckentlastung und der Verwitterungserscheinung der am Hang anstehenden Mergelgesteine zu den Massenbewegungen. Auch in jüngster Zeit ist dort durch weitere Zurückverlegung des Steilhanges ein Teil eines betonierten Feldweges abgestürzt.

STEINGÖTTER (1984) hat durch die Auswertung von Luftbildern Schollengrenzen durch Photolinearen erfaßt. Dabei ergaben sich für den Wißberg drei Linearrichtungen

N-S, NE-SW und W-E (STEINGÖTTER 1984, S. 79). Er kommt zu dem Ergebnis, daß Rutschkörper oft alte Schollengrenzen markieren. Die Wasserwegsamkeit dieser Trennflächen kann dazu führen, daß gespanntes Wasser aus zwischenlagernden Feinsandschichten aufdringt und auf diese Weise örtlich Gleitflächen ausgebildet werden. Die Störungsflächen setzen die seitliche Einspannung der Schollen herab und fördern damit die Anlage von Abrißnischen (STEINGÖTTER 1984, S. 86).

4.1.6.4 Rutschungen am Bosenberg

Der Bosenberg, der nach Süden und Westen annähernd die Form eines Kegelstumpfes hat und auf dessen horizontaler Oberfläche ältere Terrassenschotter der Nahe liegen, ist im Rupelton, Schleichsand, Cyrenenmergel und den Süßwasserschichten ausgebildet. Die Hänge, die vorzeitlich im Periglazialraum eine circummontane Glättung erfahren haben, werden rezent durch eine Vielzahl von flachgründigen Rutschungen überformt. Im Jahre 1957 traten nach der Flurbereinigung Rutschungen auf. Die Anlage eines Drainagesystems brachte eine Beruhigung der Massenbewegungen. Aber im Jahre 1982 stellten sich in diesem Gebiet erneut Rutschungen in einer Fläche von 8 ha ein. Die geglätteten Hänge zeigen, daß eine rutschnarbige Hangoberfläche durch Umlagerung am Hang ausgeglichen wurde, so daß ein verheiltes Relief vorliegt. Hier könnten bei starker Durchfeuchtung alte Gleitflächen im Untergrund reaktiviert werden.

4.1.6.5 Rutschungen bei Spiesheim

In einer SE-exponierten windgeschützten Quellmulde liegt der Ort Spiesheim. An den 10^0 geneigten Hängen der 300 m breiten Plateaurandnische wurden Rutschungen und Gebäudeschäden aus dem Jahre 1940, 1978/79, 1980 und 1982 festgestellt. Östlich des Siedlungsbereiches in der Flur „Sommersee" wurden 1982 Rutschungen beobachtet, die sich über eine Fläche von 1,9 ha erstreckten. Durch das Übereinandergleiten von Rutschschollen am Hang entstanden mehrere über 5 m breite Erdzungen, die bis 1 m über Flur auftragten und an deren Rändern es noch lange nach dem Ereignis zu Sickerwasseraustritten kam. Durch Anlage eines 6 m tiefen Sickerschlitzes zur Sanierung des Rutschgebietes erhielt man Einblick in den Aufbau des Hanguntergrundes. Durch Hangbrüche waren dort Schollen gekippt, gedreht und hangab bewegt worden, so daß die Abrißnischen als Sedimentfallen dienten und zugeschüttet worden waren. Braune Lehmhorizonte, die 40 cm mächtig waren, zeigten ein bergwärtiges Einfallen der Kippschollen. Der Geländeunterschied bis zur Hangoberfläche wurde von 1,30 m mächtigen humosen Lehmen überdeckt. Der graugrüne dunkelgraue umgelagerte schluffige Ton und tonige Schluff wurde in 5 m Tiefe unter Flur von einer wasserleitenden Kalksteinschicht mit rostbraunen Tonen unterlagert, die als alte Gleitfläche das anstehende Tertiär durchzog. Während bei den älteren Rutschungen braune Lehme einer warmzeitlichen Bodenbildung überfahren und in die Rücktiefe eingetragen wurden, sind die Hohlräume der jüngeren Sackungen mit umgelagertem humosem Bodenmaterial aufgefüllt. Bis zur jüngsten Rutschung wies der vernarbte Hang daher ein ausgeglichenes Profil auf.

Zur Sanierung des Rutschungsgeländes wurde ein Sickerschlitz angelegt (Abb. 100), der den Hang in der Gefällslinie durchzieht und bis über die Gleitfläche reicht. Seine Basis ist mit einer Folie ausgekleidet. Darauf liegt eine Steinpackung, die mit einem Filtervlies abgedeckt ist, um den Eintrag von Feinmaterial zu verhindern. Der Sickerschlitz hat seit seiner Anlage wesentlich zur Hangstabilisierung beigetragen.

Abb. 100: Anlage eines Sickerschlitzes
(BECK 1976)

4.1.6.6 Rutschungen am Kuppelberg

Im Bereich des Kuppelberges bei Ober-Olm kam es zu Beginn des Jahres 1982 an einem bis 15° geneigten westexponierten Hang, der in einer Plateaurandbucht liegt, zu ausgedehnten Rutschungen, die am unteren Hang zungenförmige Akkumulationsloben aufgeschoben und im oberen Hangbereich klaffende Abrißnischen entstehen ließen. Die Abgerutschten Teilschollen bildeten Abrißstufen bis zu 3,50 m Höhe aus. Die Mehrzahl der genannten Stufenhöhen ordnet sich zwischen 1,50 m und 1,10 m ein. Die wulstigen Aufwölbungen erreichten hangab im Gebiet mit über 100 m Breite eine Höhe von ca. 30 cm über Flur. Wo die Breite des Rutschgebietes kleiner war und nur 75 m betrug, wurden die sichelförmigen Querwülste durch die starken hangab gerichteten Fließbewegungen in ihrem Zentrum durchbrochen. Es entstanden an den Rändern des Nischenbereiches junge Abrißstufen, und der Akkumulationsbereich ist als zungenförmige Fließform in Höhe von 1,20 m bis 1,50 m über Flur aufgeschüttet.
KRAUTER & STEINGÖTTER (1983, S. 10-11) berichten, daß in einer Fläche von 16 ha eine Rutschmasse von 500.000 m³ bewegt wurde, deren maximale Gleitflächentiefe 10 m betrug. Die Rutschungen erstreckten sich über eine Höhendistanz von 60 m (Abb. 101).

Daß das Rutschgebiet am Kuppelberg noch aktiv ist, zeigte das erneute Auftreten von Hangbewegungen im Herbst 1989. Die Weinbergszeilen der in Drahterziehung kultivierten Weinstöcke hatten zur Rutschungsmulde hin Schlagseite. Die Weinbergspfähle am Zeilenrand waren durch die Zugspannung der tieferen abgleitenden Zeilen

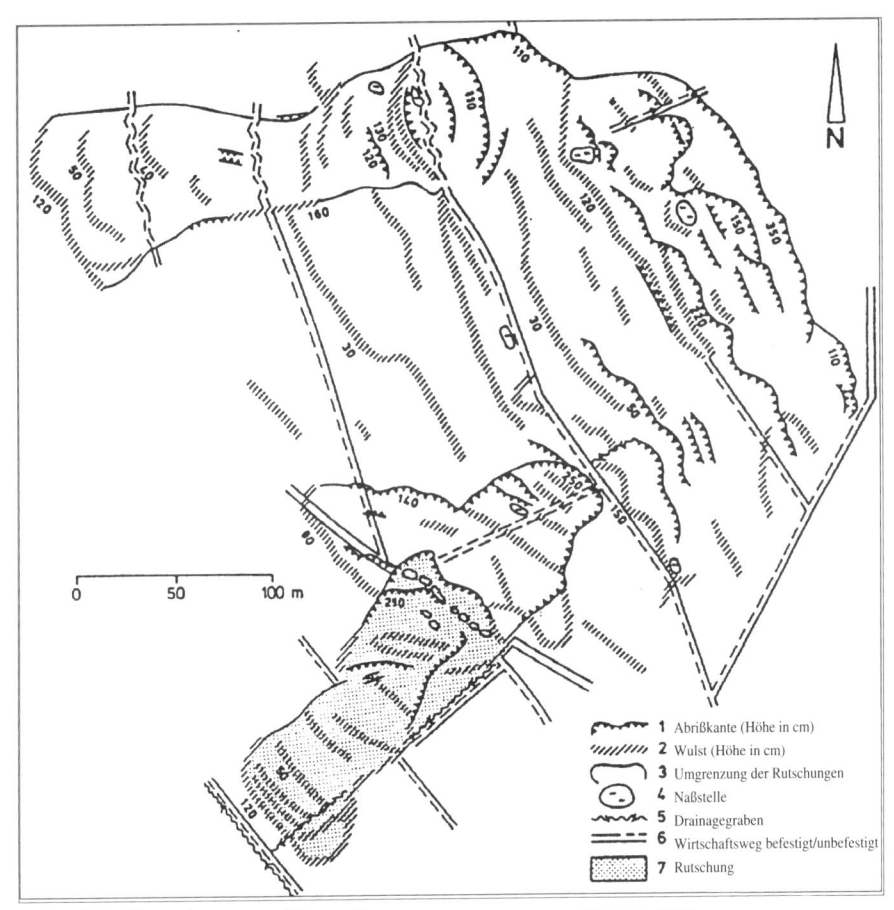

Abb. 101: Rutschung am Kuppelberg (KRAUTER & STEINGÖTTER 1983)

abschnitte an ihrer Verankerung abgebrochen. Neu entstandene Abrißflächen traten zutage. Der Hang zeigt eine Abfolge von konvex gewölbten, sichelförmigen Querwülsten, zwischen die sich horizontale und leicht zu einer flachen Rücktiefe abgesenkte Hangteile schieben. Die steilen vorgepreßten Wölbungen sind stark der Erosion ausgesetzt, so daß auf ihnen im Bereich der Rebstöcke der Boden um Dezimeter höher liegt als in der erosionsgefährdeten Zeilenmitte. In der Pfluggasse wird der Boden durch die Bearbeitung immer wieder aufgelockert und daher bei Starkregen ausgespült.

Die Ursache für diese Massenbewegungen ist in den geologisch-stratigraphischen Gegebenheiten, der Hydrographie und dem Aufbau der Deckschichten sowie den anthropogenen Eingriffen zu sehen. Der Hang verläuft in „flach talwärts einfallenden oligozänen Mergeln und Sanden" (STEINGÖTTER 1984, S. 131). Durch den unkontrollierten Abfluß des Wassers aus den bei der Flurbereinigung 1968 verschütteten Brunnen bildeten sich 15 m unter Flur liegende Gleitflächen aus. Wie bereits die Rutschungen einige Jahre nach der Flurbereinigung zeigten, hatte eine 1 m tief reichende Drainage zur Entwässerung des Hanges nicht ausgereicht. Durch die feuchte Witterung der Jahre 1981/82 wurde dann im Frühjahr 1982 die ausgedehnte Massenbewegung am Kuppelberg ausgelöst.

4.1.6.7 Rutschungen am Jakobsberg

Durch die Chronik des 1720 auf dem Jakobsberg errichteten Klosters sind uns die morphologischen Veränderungen der benachbarten Plateaurandbucht gut bekannt. Es wurde in den Jahren 1860, 1949 und 1981 von Bauschäden berichtet, die durch Rutschungen ausgelöst worden waren. LAUBER (1941) teilte mit, daß im Jahre 1924 die Fläche des Rutschgebietes 6,3 ha umfaßte und daß 500.000 m³ Erdreich hangab bewegt wurden (Abb. 102). Die Gleitflächen lagen dabei bis zu 20 m tief. Die Rutschungen des Jahres 1981 (STEINGÖTTER 1984, S. 126 f.) erfaßten dagegen nur eine Fläche von 3,1 ha und zeigten bis 10 m tief liegende Gleitflächen, die an dem 10 bis 15° geneigten Nordhang eine Höhendifferenz von 60 m umfaßten. Die immer wiederkehrenden Rutschungen ereigneten sich in den 2° einfallenden Schichten, die aus einer Abfolge von tonigen Schleichsandmergeln, Cyrenenmergeln, Süßwasserschichten und Corbiculaschichten zusammengesetzt sind und von verkarsteten hydrographisch wegsamen klüftigen miozänen Kalken und pliozänen Kiesen überlagert sind. Der Zufluß von Wasser durch die Kies- und Kalkschichten über Kluftflächen und Zugrisse führte am Rande des Plateaus in den oligozänen Schichten wiederholt zu Massenbewegungen.

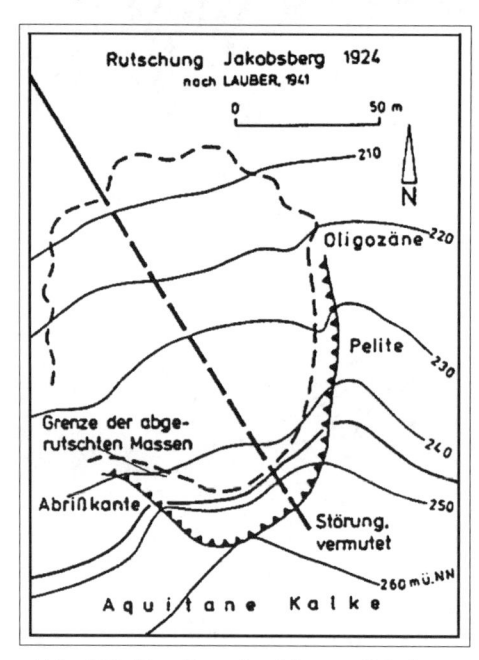

Abb. 102: Das Rutschgebiet am Jakobsberg 1924

4.1.6.8 Rutschungen bei Ensheim

Die Rutschungen an dem nach SW abfallenden 8° geneigten Hang am nördlichen Dorfrand von Ensheim umfaßten einschließlich der B 40 eine Breite von etwa 105 m und eine Länge von 150 m. Die Rutschungsvorgänge begannen zum Jahreswechsel 1980/81 und dauerten bis April 1981 an. In diesem Zeitraum entwickelte sich aus den kleinen Bodenrissen ein Versetzungsbetrag, der am bergseitigen Abriß 0,5 m betrug. Die Rutschmassen sind ihrerseits von cm-breiten Spalten durchsetzt. Die Rutschwülste im Mittelteil des Rutschgebietes liegen 0,5 m über dem ursprünglichen Hangniveau. Auch die gewölbte vorgeschobene Rutschzunge erreicht eine Höhe von 50 cm über Flur.

Das Gebiet ist als rutschgefährdet bekannt. WAGNER hatte 1935 darüber berichtet (Abb. 103). Im Mai/Juni 1979 traten Sackungen im Bereich der B 40 auf, die ca. 5-10 cm Tiefe erreichten.

Bei Bohrungen, die JAHNEL (1982) beschrieb, wurde festgestellt, daß in den Rutschmassen der Süßwasserschichten sich bindige jungtertiäre Schotter und Kalkschutt befinden, die sich einst im Niveau des Plateaus befanden. Die Gleitfläche der Rutschung liegt maximal in 11 m Tiefe und zeigt nach dem steilen Abriß eine flache weitgezogene Bahn.

Hohe Niederschläge und die Schneeschmelze 1981/82 führten in den umgelagerten Cerithienschichten und pliozänen Kiesen beim Zutritt von Schicht- und Sickerwässern zum Anstieg des Porenwassers und der Reaktivierung der alten,

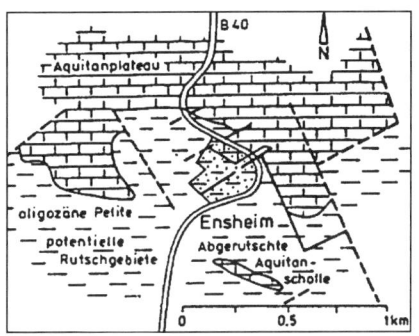

Abb. 103: Rutschgebiete in der Plateaurandnische bei Ensheim
(WAGNER 1935)

in der Hangnische des Plateaus angelegten Gleitflächen. Es entstand in steifen Tonen eine Kriechrutschung, die sich 30 bzw. 35 mm/Monat (JAHNEL 1982) bewegte. Mit der Abnahme des Hangwassers gingen nach einem Monat die Bewegungen auf 9-13 mm zurück. Weitere 2 Monate später haben sich die Bewegungen halbiert, so daß nur 5-7 mm erreicht wurden. Das labile Hanggelände kann durch erneut erhöhte Wasserzutritte wieder aktiviert werden, so daß sich die Bewegungen auch wieder beschleunigen können.

Eine Sanierung des Rutschgebietes durch Hangabflachung ist durch die Siedlungslage nicht möglich. Eine talseitige Gegenschüttung birgt die Gefahr, daß durch den Auflastdruck Folgerutschungen auftreten. Eine Drainage des Gebietes ist schwierig und bei Nachbewegungen von kurzer Dauer. Eine Stabilisierung der labilen Rutschmassen ist durch Stützelemente möglich. Die Fixierung kann durch ein Raster von Stahllanzen oder Stahlbetonpfeilern vorgenommen werden, die im inaktiven tertiären Untergrund verankert sein müssen.

4.2 BÖDEN IM NÖRDLICHEN RHEINHESSEN

Auf den Teilen des West- und Ostrheinhessischen Plateaus, die mit Löß bedeckt sind, ist der Rheintal-Tschernosem verbreitet (ZAKOSEK 1962). Der im Boreal gebildete Steppenboden hat im Atlantikum eine Degradierung erfahren. Durch den Anstieg der Niederschläge wurde der grauschwarze Tschernosem durch Entbasung, Humusabbau und Tonverschlämmung aufgehellt. Der usprünglich grauschwarze bis 60 cm mächtige A_h-Horizont erhielt durch Humusoxidation eine graubraune Tönung und wurde infolge der Bewirtschaftung örtlich zur Parabraunerde weiterentwickelt. Außer dieser postglazialen Schwarzerde wurde bei Wörrstadt in Plateaurandposition auch ein grauschwarzer Steppenboden beobachtet, der von vermutlich jüngerem dryaszeitlichem Deckschutt überlagert ist und damit ein höheres Alter hat. Schon LESER & MAQSUD (1975) hatten im südlichen Rheinhessen auf das Vorkommen älterer fossiler Schwarzerde unter dem borealen Tschernosem hingewiesen. Auch im nördlichen Rheinhessen kommen derartige Schwarzerden vor.

Die braunen Tschernoseme sind auf dem gesamten Westrheinhessischen Plateau und auf dem mit Löß bedeckten Glacis westlich und östlich des Wörrstädter Plateaus beobachtet worden und auf den Glacisabschnitten der Partenheimer Ausraumbucht sowie den Lößlagen auf dem Pfadberg-Wurmberg-Höhenzug anzutreffen (Abb. 104).

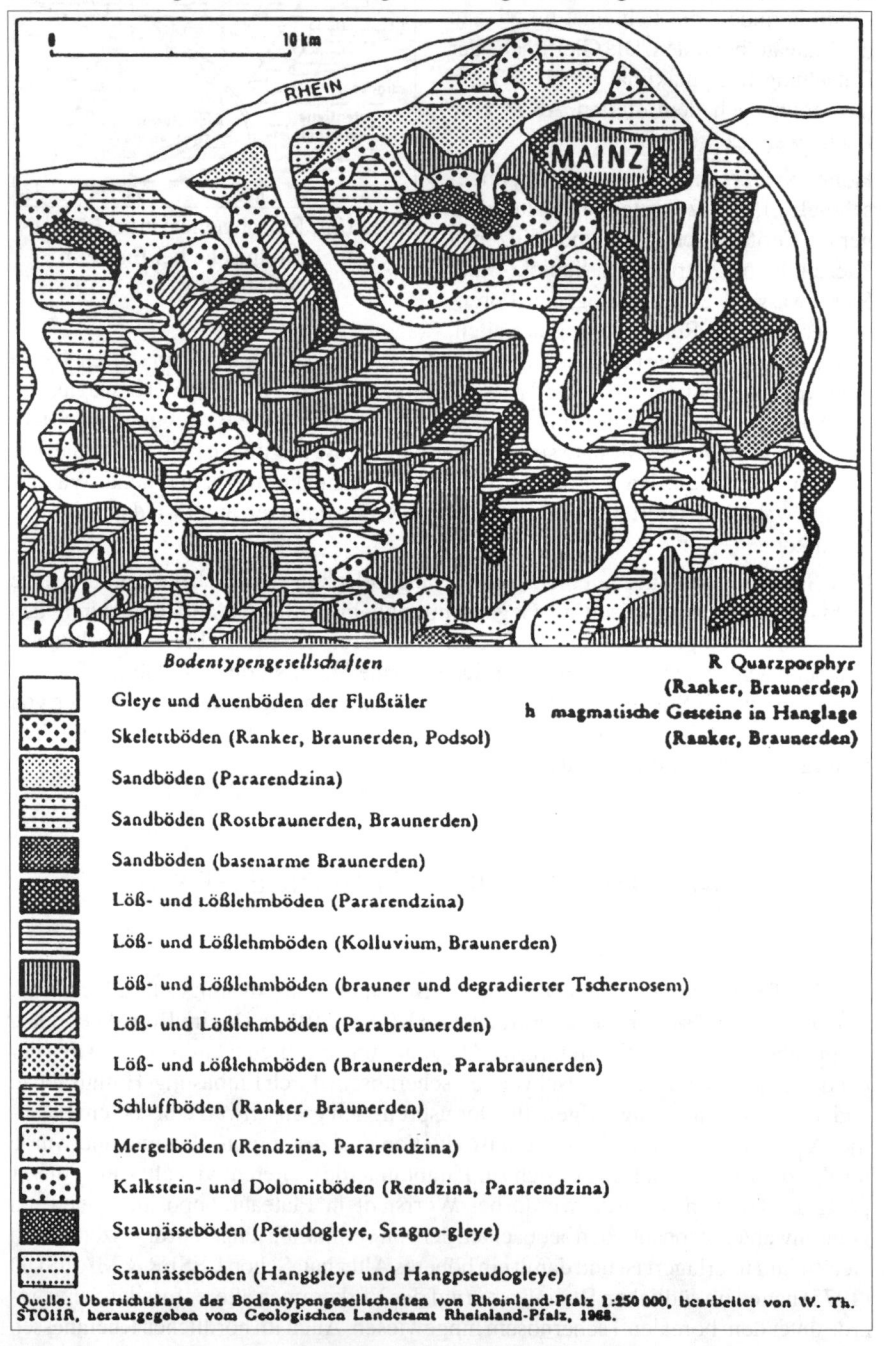

Abb. 104: Böden im nördlichen Rheinhessen (nach STÖHR 1966, LUDWIG 1977)

Ebenso sind sie auf den Restbergen des Zornheimer Plateaus und auf dem nach Osten versetzten N-S verlaufenden, in Kuppen aufgelösten ehemaligen Flächenzug zwischen dem Gauberg im Süden und dem Hechtsheimer Berg im Norden verbreitet sowie in dem von Lössen überzogenen zerschnittenen Flächengebiet, das als „Bretzenheimer Höhe" bezeichnet wird (SONNE 1989, S. 56) und von der Verbindungslinie der Orte Hechtsheim, Marienborn und Ebersheim nach Süden hin abgegrenzt wird.

Auf den plattigen Corbicula-Kalken am Steinberg bei Sprendlingen ist eine terra fusca entwickelt. In den hangenden Dinotheriensanden wurde ein lateritischer Paläoboden angetroffen. Auf dem Nordostrheinhessischen Plateau sind drei fossile Interglazialböden (vgl. Bohrprofile 725 und 730) über den Arvernensis-Schottern erhalten. In den Lößdeckschichten des Nordwestrheinhessischen Plateaus auf dem Kisselberg war ein Interglazialboden aufgeschlossen, und am Steinberg wurde von PREUß (1983, S. 48) die Würmlößabfolge im Sinne von SCHÖNHALS, ROHDENBURG & SEMMEL (1964) angetroffen, die durch die Untersuchungen von SEMMEL (1968, 1969) noch erweitert und vervollständigt worden war.

STÖHR & AGSTEN (1970) beobachteten auf den oligozänen Arvernensis- Schottern im Ober-Olmer Wald Latosole. Auch auf den älteren Weisenauer Sanden sind von SEMMEL (1983, S. 244 f.) intensiv gefärbte Latosole beschrieben worden. Die pleistozänen sandigen Deckschichten tragen dagegen Braunerden.

Im Bereich des abgeschrägten Plateaurandes sind auf ausgedünntem Löß Parabraunerden ausgebildet. Auf den abgedeckten miozänen Kalken der Cerithien-, Corbicula- und Hydrobienschichten ist im Plateaubereich örtlich fossiler Kalksteinbraunlehm erhalten. Greift die Schnittfläche am Plateaurand hier über den Kalkstein hinweg, so haben sich auf ihm Rendzinen entwickelt, die nicht nur am Plateaurand, sondern auch auf den freigelegten Kalksteinen am Hang des Zaybachtales beobachtet werden können. Wird das Substrat schluffig-lehmig, treten auch Pararendzinen auf. Im Bereich der Nord- und Westflanke des Westrheinhessischen Plateaus von Gau-Algesheim, Ockenheim, Dromersheim, St. Johann, Wolfsheim, Armsheim bis Ensheim, in denen die Kalkdecke und die darunter liegenden Mergelschichten ausstreichen, sind Rendzinen und Pararendzinen ausgebildet. Der Ostabfall des Zornheimer Plateaus und des östlichen Steilhanges zur Rheinaue vom Gauberg bis zur Hechtsheimer Höhe werden von Pararendzinen eingenommen. Typisch für diesen Raum in der Hanglage ist der kleinräumige Wechsel der Böden in der Abhängigkeit vom Substrat.

In einem Straßenaufschluß südlich Nieder-Olm bei Mainz (Abb. 105) wurden oberhalb der Würmterrasse am Hang vier fossile Schwarzerdehorizonte beobachtet und ^{14}C-datiert. Die Untersuchungen wurden am Niedersächsischen Landesamt für Bodenforschung durchgeführt.

Horizont	Fundtiefe	^{14}C Alter vor 1950
Bo I	3,00-3,20 m	24430 ± 1290
Bo II	2,40-2,60 m	21510 ± 475
Bo III	2,00-2,20 m	24020 ± 1190
Bo IV	1,40-1,60 m	16760 ± 640

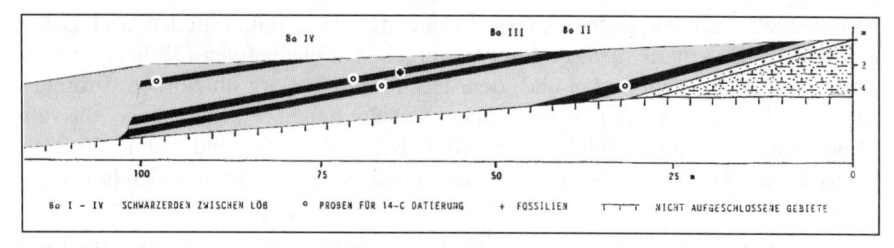

Abb. 105: Schwarzerden im Aufschluß an der Straße südlich Nieder-Olm

Auffällig ist der zeitliche Sprung zwischen den Horizonten Bo II und Bo III. Prof. Geyh weist in diesem Zusammenhang darauf hin, daß ähnlich früherer Erfahrungen beim Profil Sedlec CSSR (1971) hier der Verdacht naheliegt, daß die Ergebnisse durch Kontaminationen, den Abtransport von Huminsäuren und leichte Durchwurzelung beeinträchtigt sind.

Zur weiteren Klärung der zeitlichen Stellung des Schwarzerdehorizontes Bo III wurden in ihm angetroffene Pferdeknochen ^{14}C-datiert. Die ^{14}C-Datierung des Pferdeknochens ergab ein Alter von 24675 ± 415 vor 1950. Dieser ermittelte Zeitwert stimmt gut mit der ^{14}C-Datierung der Schwarzerde Bo III überein, die das Alter von 24020 ± 1190 vor 1950 erbrachte. Wir gehen daher davon aus, daß bei der Bo III Schwarzerde nahezu das reale Alter ermittelt werden konnte, die Kontamination also besonders den Horizont Bo II betraf. Auch für die übrigen Böden kann ebenfalls eine Kontamination nicht ausgeschlossen werden.

Lößdecken bilden das Substrat für die fruchtbare, degradierte subrezente Rheintal-Schwarzerde, die wegen ihres reichen Nährstoffgehaltes, der lockeren Struktur, der hohen Porosität und großen Wasserkapazität, der guten Durchlüftung und der leichten Bodenbearbeitung von großer Bedeutung für die Landwirtschaft ist. So finden wir auf den Glacis östlich des Wörrstädter Plateaus in Undenheim große Bauernhöfe, deren Wohlhabenheit sich auf die fruchtbare und ertragsreiche Schwarzerde ihrer Felder gründet.

STÖHR (1972, S. 58) hat am südlichen Ortsrand von Undenheim bei der ehemaligen Lehmgrube einer Ziegelei das folgende Profil eines degradierten braunen Rheintal-Tschernosems auf Löß aufgenommen:

0-23 cm A_p humoser, lehmiger Schluff, kalkhaltig, graubraun (10 YR 3/3), sehr locker, durchwurzelt

23-35 cm $A B_v$ humoser, stark lehmiger Schluff, kalkhaltig, graubraun (10 YR 4/4), schwach blättrig, Ziegelbröckchen (Verbraunungshorizont)

35-67 cm f A_h wie oben, dunkelgraubraun (10 YR 3/3-3/2), schwachprismatisch bis polyedrisch, Kotkrümel, Wurmgänge und Krotowinen (Grabgänge von bodenwühlenden Säugetieren wie Hamster, Maulwürfen usw.)

67-84 cm f $A_h C_c$ wie oben, dunkelgraubraun (10 YR 3/3-3/2), gelbgraufleckig (10 YR 5/3-4/3), schwach prismatisch, Kotkrümel („Spatzendreckzone"), viele Krotowinen (7-8 cm Durchmesser), Mischhorizont aus A- und C-Material

84-125 cm C_{cv} schwach humoser, lehmiger Schluff (Löß), sehr stark kalkhaltig, fahlbräunlichgelb (10 YR 7/3-6/3), säulig-prismatisch, Krotowinen, Wurm- und Wurzelgänge

In den Süßwasserschichten variieren die Sand-, Schluff- und Tongehalte. Entsprechend sind von den Pararendzinen bis zu den Pelosolen alle Bodenübergänge verbreitet. Auf dem Rupelton und kleinen tonigen Arealen ist der kalte feuchte und trockenrissige Pelosol vorherrschend. Die sandig-schluffigen Schleichsandmergel, die Schluffe und Lehme des Cyrenenmergels tragen Rendzinen und Pararendzinen. Die Fußzonen der Hänge in Lößgebieten sind örtlich mit kolluvialen humosen Lößböden bedeckt. Auch in den Dellen und Seitentälchen der Selz werden abgetragene Schwarzerden als Kolluvium angehäuft.

Die sandbedeckten Hänge und Teile der Niederterrasse des Rheintales sind von Pararendzinen bedeckt. Im Nahetal sind auf den Flugsanden Parabraunerde und Braunerde entwickelt. Diese treten örtlich auch an der unteren Selz und bei Budenheim auf.

Der Hügellandgürtel südlich des Appelbach und westlich der Selz, der über den Raum von Alzey südlich des Westrheinhessischen Plateaus und östlich der Selz bis zum Kinzbachgebiet zieht, trägt auf den Tonen und Mergeln des Untergrundes örtlich noch Lößüberzüge. Durch die Abspülung und Solifluktion sind auf den lößfreien süd- und westexponierten Hängen in dem lehmigen Ton des Rupeltones Pelosole und in den lehmig-schluffigen Mergeln des Schleichsandes Pararendzinen ausgebildet. Die ostexponierten Hänge weisen in der Leelage mächtigere Lößdecken auf und werden dann auf größeren Flächen von brauner Rheintal-Schwarzerde eingenommen. Im Weinbaugebiet sind durch die intensive Bewirtschaftung und Rodung die natürlichen Bodenprofile zerstört und Rigosole ausgebildet.

Auf den Sanden und Tonen der permischen Rotliegend-Schichten sind basenarme Braunerden entwickelt.

Im nördlichen Rheinhessen sind in den Talsohlen und an den Rändern des Wiesbach, Appelbach, der Nahe, der Selz und des Welzbaches in schluffig bis sandig-tonigem und tonigem Lehm durch den Wechsel im Grundwasserstand kalkhaltige Auengleye ausgebildet.

Die Aue der Selz wird jahreszeitlich überstaut; bei sommerlichen Gewitterregen und bei raschem Tauwetter werden in der Talsohle Auelehme sedimentiert. Der allochthone Auenboden ist durch junge Aufschüttungen aus wechselnden Einzugsgebieten gekennzeichnet. Er setzt sich zusammen aus umgelagertem Bodenmaterial und dem Substrat, das in der Nachbarschaft die Hänge aufbaut. Daher schwankt der Ton- und

Mergel- sowie der Sand- und Lößanteil der Auenböden. Auch die Nebentälchen sind vielfach mit jungen Abschwemmassen ausgekleidet.

4.3 BODENEROSION UND HANGKOLLUVIEN

Auf den Hangflächen werden durch die anthropogenen Eingriffe der landwirtschaftlichen Nutzung Formungsprozesse ausgelöst, die nach MORTENSEN (1954/55) und Bremer (1965) quasinatürliche Oberflächenformen entstehen lassen. Bodenabspülungen sind nach RICHTER (1965) in Weinbergen zu jeder Jahreszeit zu beobachten.

Da die Vegetationsdecke durch die Bewirtschaftung stark aufgelockert ist, kommt es während der Starkregen bei Gewittern von Mai bis August an den Weinbergshängen und den Hackfruchtfeldern in Hanglage sowie auf den geneigten Plateaurändern (Abb. 106) zu beträchtlichen Abspülungsbeträgen, die in Löß- und Sandlößgebieten ihr

Abb. 106: Ausgestrudelte Abflußgräben und -wannen in verschwemmten Schwarzerden des Plateaurandbereiches

Maximum erreichen. Werden die Weinberge im Sommer zur Vernichtung des Unkrautes mit den Entenfußpflugscharen beackert, dann entstehen in den Weinbergszeilen kleine Rinnen. Der Abfluß orientiert sich an den durch Auflockerung vorgezeichneten Tiefenlinien und reißt dann in vegetationsfreien Hanglagen im Löß der Rigosole 40 cm breite und 20 cm tiefe Rinnen auf (Abb. 107). Die durch falsche Bewirtschaftung ausgelöste Bodenerosion führt nach sommerlichen Gewitterregen und Wolkenbrüchen zur Verschüttung von Wegen (Abb. 108) und zu mehreren Dezimeter mächtigen hellen Schluffakkumulationen am Hangfuß, die sich gelegentlich bis auf die Auen der Talböden fortsetzen.

Abb. 107: Erosionsrinne in dem Rigosol eines im Vorjahr gerodeten Weinbergjungfeldes

Abb. 108: Auf der künstlichen Hangverflachung eines Feldweges bei Udenheim kam es zur Bildung eines kolluvialen Schwemmkegels

Die Erhöhung der Humusgehalte der Böden (KRIETER 1986), die Begrünung des Bodens und der Eintrag von Stroh haben in Steillagen zu einer Verminderung der Erosion geführt.

An den Hängen der Rheinfront oder den lößbedeckten Glacisrändern kommt es bei stärkerer Hangneigung während sommerlicher Gewitterregen zu Abspülungen, die in den Fahrwegen kanalisiert, bedeutende Einschnitte hervorgebracht haben. Diese Hohlwege durchschneiden eine mehrere Meter mächtige Lößdecke und erreichen vielfach die an der Basis liegenden Gelisolifluktions- und Spülschuttdecken (vgl. RICHTER 1972, S. 154-155; BRÜNING 1975, S. 69-71).

Durch die Wirkung des abschwemmenden Niederschlagwassers wurden in historischer Zeit kolluviale Lehme und dunkelbraun bis schwarz gefärbte und locker gelagerte humose sandig-tonige Schluffe sedimentiert, die vorwiegend aus zusammengeschwemmtem Mutterboden (A_h-Horizonten) bestehen. Auch Lösse und Lößlehme können beigemengt sein. Bedeutende Mächtigkeiten erreichen die Kolluvien am Hangfuß nahe des inaktiven Dellengrundes. Auf Böden in tonigem und sandigem Mergelsubstrat kam es in Hanglage durch die Wirtschaftsmethoden des Weinbaus zu verstärkter Bodenerosion. Die kolluvialen Bildungen am Unterhang sind dann aus abgeschwemmten Pararendzinen und Pelosolen zusammengesetzt. Am Fuß des Spiesheimer Hanges in der Flur „Schild" erreichen derartige Kolluvien über 2 m Mächtigkeit. In Sedimentfallen von Rutschungsnischen können dagegen bis 4 m mächtige kolluviale Ablagerungen angetroffen werden.

Südlich von Wolfsheim wurden in einem Lößgebiet am unteren Hang des Plateaurandes Tschernosem-Kolluvien angetroffen, die 4,50 m mächtig sind. Im oberen Abschnitt des Profils hat das Kolluvium höhere Lößanteile in sich aufgenommen, was durch den abnehmenden Humusgehalt, die wachsende Schluffkomponente und die hellere Farbe deutlich wird (Abb. 109).

Westlich der Selz verlief 1983 zwischen Sörgenloch und Udenheim der Graben der Wasserleitung Nieder-Olm-Hahnheim. Wie die Aufschlüsse zeigten, variiert die Bodenmächtigkeit in Abhängigkeit vom Relief. Während auf dem geneigten Hang bis 1 m mächtige Rheintal-Schwarzerde liegt, dünnt diese am Dellenhang auf 0,50 m aus und erreicht im Dellenboden über 2,50 m. Es liegt in der Delle über gelegentlich angetroffenem Schluff und Gehängelehm eine Folge von verschütteten Schwarzerdekolluvien, deren kalkhaltiges dunkles Material durch schluffige Lehme ausgezeichnet ist. Liefergebiet

Abb. 109: Mehrschichtiges Hangkolluvium südlich Wolfsheim

sind die Schwarzerdegebiete der sie umgebenden Lößhänge. Es fällt immer wieder auf, daß der basale in situ liegende Boden besonders dunkel gefärbt ist. Die darüber gelagerten humosen Kolluvien sind durch die Umlagerung oxidiert und farblich heller und haben auch nach oben hin gelegentlich Lößanteile aufgenommen (Abb. 110). Die Abschwemmassen blieben in den Seitentälchen und Dellen stecken und schwächen die Reliefierung ab. Auch der Vorfluter, die Selz, verfügt nicht über genügend Erosionskraft, ihren Talboden tieferzuschalten. So finden wir im Mündungsgebiet des Udenheimer Baches Auelehme und Abschwemmassen, die eine Mächtigkeit von 4,50 m erreichen. In den dunklen basalen Ablagerungen hat sich vielfach Faulschlamm gebildet. In diesen Horizonten wurden auch Schneckenschalen angetroffen. Neben umgelagerten Tertiärfossilien wurden auch häufig Wassermollusken wie Bitynia tentaculata und Planorbis planorbis und eingeschwemmte Landmollusken beobachtet, die von GEISSERT (freundliche schriftliche Mitteilung vom 01.04.1986) als historisch eingestuft wurden.

Abb. 110: Bodensedimente in einer verschütteten Erosionsrinne bei Udenheim

4.4 AUESEDIMENTE

Die Niederterrassen von Selz und Wiesbach sind mit mächtigem kalkhaltigem schluffigem und tonigem Auelehm bedeckt. Aus dem Wiesbachtal sind 2-3 m mächtige Auesedimente bekannt. Im Selztal erreichen die beobachteten Auesedimente zwischen 1,20 und 4,50 m. Gelegentlich ist auch Kulturschutt in den Auesedimenten anzutreffen. WAGNER (1972, S. 195) berichtet von Tonscherben in den Abschwemmassen, die bei Grabungen im Tal des Saulheimer Baches gefunden wurden. Sie gehören dem Mittelalter an und sind wahrscheinlich noch jünger.

In den Sedimenten desselben Gewässers, das im Unterlauf Mühlbach genannt wird, wurden über einer 50 cm mächtigen Kiesterrasse und 50 cm mächtigem grünlichgrauem umgelagertem Tertiär im unteren Abschnitt einer 1,50 m starken grauschwarzen humosen Lehmabfolge, die nach oben hin in einen Faulschlamm übergeht und mit einem 1 m mächtigen Auengley abschließt, in 2 bis 2,20 m Tiefe unter Flur Bruchstücke von römischen Gefäßen aus terra sigilata gefunden. Je nach der Größe der Talsohle, der Lage zu den Liefergebieten, den benachbarten Hängen und dem Vorfluter wurde eine unterschiedliche Zusammensetzung und Mächtigkeit beobachtet.

In dem Talabschnitt der Selz südlich Friesenheim wurden über der sandig-kiesigen Würmterrasse 40 cm mächtige dunkle humose schluffig-tonige Lehme beobachtet, die von 50 cm mächtigen gelblichen schluffreichen Schichten, umgelagerten Lössen überdeckt sind, die von den beiderseits des Flusses anstehenden Lößhängen geliefert wurden. Auf den Lößderivaten der Aue ist bis 30 cm unter Flur eine Rendzina entwickelt (Abb. 111). Talabwärts im Bereich der Bruchwiesen mit hohen Wasserständen und Überschwemmungsphasen östlich von Stadecken waren 1985 Auesedimente durch Baumaßnahmen bis zum Grundwasserstand aufgeschlossen. Unter dem 50 cm mächtigen kalkhaltigen schluffig-tonigen Lehm des Auengleys, der aus Abspülmassen der Mergelhänge und den sie bedeckenden Lössen besteht, folgt zwischen 50 und 65 cm unter Flur ein graues schwaches rostfleckiges Schluffband. Darunter nimmt von 65 cm bis 1,10 m der Anteil des stark durchwurzelten Faulschlammsedimentes zu, das mit bis 3 cm Durchmesser messenden Schneckenschalen durchsetzt ist. Von 1,10 m bis 1,47 m folgt eine Schicht, die sehr hohen Anteil an organogenen Resten und verkohlten Wurzeln aufweist und dazu viele Schneckenschalen führt. Darunter folgt bis 1,70 m Schluff, der durch Lößabschwemmung von den benachbarten Hängen geliefert wurde.

Abb. 111: Die würmzeitliche Terrasse bei Friesenheim

In der schmalen Sohle des Durchbruchtales zwischen Schwabenheim und Ingelheim befindet sich das Bohrprofil 729 (Abb. 112), an der Eulenmühle. Unter einem 70 cm mächtigen humosen Auelehm liegt bis 3,00 m Tiefe umgelagertes Löß- und Mergelmaterial. Darunter folgt abgeschwemmter humoser schluffreicher schwach sandiger Lehm. In der Tiefe von 4,28 m wurde Holzkohle gefunden und ^{14}C-datiert. Die Altersbestimmung ergab, daß die

Ablagerungen um 1250 erfolgten, also in die hochmittelalterliche Blütezeit fällt, die mit einer Ausweitung des Rodungs- und Siedlungsgebietes verbunden war. Da die humosen Ablagerungen bis 6,50 m unter Flur reichen, dürfte das liegende Bodensediment die Landnahmezeit und die karolingische Ausbauphase einschließen.

Im unteren Selztal wurde die mächtigste rezente Akkumulationsdecke beobachtet. Hier ist ein junger 2-3 m mächtiger Schwemmlöß eingeschaltet, der von den unteren Talhängen eingetragen wurde. Außerdem wurde Feinmaterial durch den Pfauengrund bei Schwabenheim und die Talkerbe bei Groß-Winternheim aus dem verzweigten Lößdellensystem des Nordostplateaus herantransportiert.

Die Niederterrasse des Rheins an der Bodenheimer Aue wurde im Holozän mit maximal 2 m mächtigen schluffig-tonigen, örtlich sandigen Auesedimenten bedeckt. Die darin ausgebildeten Altlaufrinnen sind verlandet und im unteren Teil

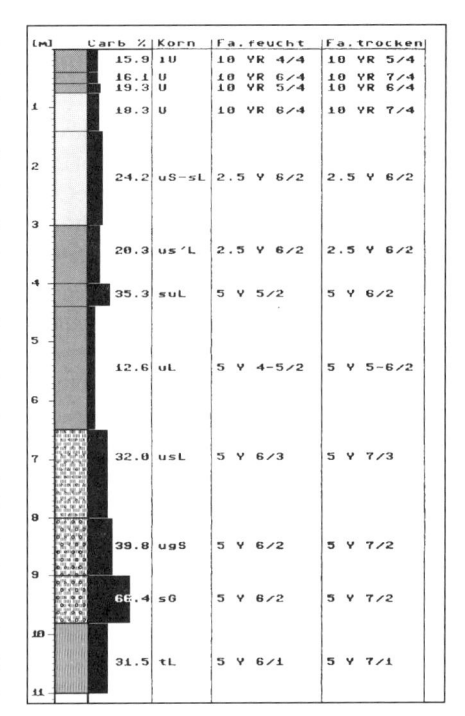

Abb. 112: Bohrprofil 729

mit bis zu 1 m mächtigen tonigen humosen kalkarmen Sedimenten aufgefüllt. Im Mündungsgebiet des Spatzenbaches sind darüber umgelagerte Lösse und Lehme sedimentiert, die von dem Bach eingetragen wurden (SCHEER 1989, S. 34). Auch bei Sporkenheim ist ein grauschwarzer bis grauer Schlick bis 1,85 m unter Flur verbreitet. Die Ablagerungen des Rheins bestehen aus sandigen teilweise humosen Schlicken und schlickhaltigen Sanden, die selten mit Kiesen vermischt sind (WAGNER 1931, S. 81).

4.5 CARBONATGEHALTE IN BÖDEN UND SEDIMENTEN

Auffällig sind die unterschiedlichen Carbonatgehalte, die bei der Analyse des humosen Oberbodens der Schwarzerden festgestellt wurden. Die weite Skala der ermittelten Meßwerte zeigt eine deutliche Abhängigkeit des Bodens von der jeweiligen Reliefposition. Geringe Kalkgehalte wurden auf dem ± horizontal liegenden Plateau gemessen. Auf den leicht geneigten Plateauarealen wurden Kalkgehalte zwischen 5 und 10 % ermittelt. Im Bereich der Plateauränder und den Hängen, gleich ob es sich um obere oder untere Hangabschnitte handelt, wurden 19-27 % und bei lokaler Aufkalkung ca. 33 % gemessen.

Die Carbonatgehalte in den oberen Horizonten, die auch von ZAKOSEK (1962, S. 40) beschrieben wurden, erweisen sich in den ebenen Plateaulagen und auf dem Glacis als sekundär. Nach der Bildung der Schwarzerde führte in einer trockenen Periode die sommerliche Verdunstungsspannung zu dem kapillaren Aufstieg bicarbonathaltiger Wässer und zu einer sekundären Aufkalkung der Schwarzerde.

Höhere Kalkgehalte, die über 18 % erreichen sind in Hangbereichen beobachtet worden. Diese Profile befinden sich vielfach in den erosionsgefährdeten Lagen und waren bereits gekappt. Im verkürzten Profil konnte es beim Tiefpflügen, den Rodungsarbeiten im Wein- und Obstbaugebiet zur Durchmischung mit dem liegenden Löß und den stärker aufgekalkten basalen Schwarzerdebereichen kommen, so daß die erhöhten Kalkwerte auf anthropogene Ursachen zurückzuführen sind.

Auch bei den Lössen lassen sich ähnlich wie bei den Schwarzerden in der Feldflur Beobachtungen über den Carbonatgehalt durchführen. Für den Löß kann kein einheitlicher Carbonatgehalt angegeben werden. Es wurden in den Profilen nur Lößschichten beobachtet, die wechselnde Carbonatgehalte aufwiesen. Es wechseln carbonathaltige und weniger carbonathaltige Lößstraten miteinander ab. Dabei spielt das Alter der Lösse keine übergeordnete Rolle. Lösse können an der Basis eines älteren Bodenhorizontes aufgekalkt sein und dann auch als alte Lösse hohe Kalkwerte erreichen, wenn die Infiltration im liegenden Löß ausklingt. Andererseits wurden auch völlig entkalkte Lösse beobachtet, die im Liegenden sandiges Material hatten, in die sich die Infiltration fortsetzen konnte. Von entscheidender Bedeutung ist die hydrographische Situation des liegenden Materials und die Infiltrationsintensität und -tiefe. Im Mittel konnte für den primären Würmlöß ein Wert von 28 % Gesamtcarbonatgehalt ermittelt werden. Die durch Solifluktion und Abspülung umgelagerten Schichten an der Basis der Deckschichten im Kontaktbereich der allochthonen Lösse und der autochthonen miozänen und oligozänen Sedimente des Anstehenden zeigen in der Regel gegenüber den Lössen einen sprungartigen Anstieg der Kalkwerte. Dadurch wird deutlich, daß sie einen großen Anteil des kalkreichen tertiären Untergrundes aufgenommen haben, als das Anstehende in der aktiven Phase der frühkaltzeitlichen Reliefbildung überformt wurde.

Die höchsten Carbonatgehalte werden in miozänen Kalken erreicht, in denen er bis zu 98 % ansteigt. In dem Bereich der Mergel- und Toneinschaltungen finden wir auch Carbonatgehalte unter 10 bis über 30 %. Die bei den oligozänen Sedimenten ermittelten Werte konzentrieren sich in der Regel auf Werte zwischen 29 bis 34 %. Sie liegen also nahe bei den Höchstwerten der relativ unbeeinflußten Lösse. Auch die Gebiete der oligozänen Sedimente stellen mit ihren Ton-, Sand- und Schlufflagen ein potentielles Liefergebiet für die Lösse dar.

5 NATURRÄUMLICHE EINHEITEN

Das nördliche Rheinhessen gliedert sich in 5 naturräumliche Einheiten: die Ebenen von Rhein und Nahe, das Nordwestrheinhessische Tafel-, Glacis- und Pedimentland, das Nordostrheinhessische Tafel- und Bruchschollenland und das sich im Südwesten, Süden und Südosten anschließende Rheinhessische Hügelland (Abb. 113).

Der Westteil des Nordostrheinhessischen Tafel- und Bruchschollenlandes tritt infolge der geringen Verstellungsbeträge der pliozänen Flächenreste östlich des Westerberges

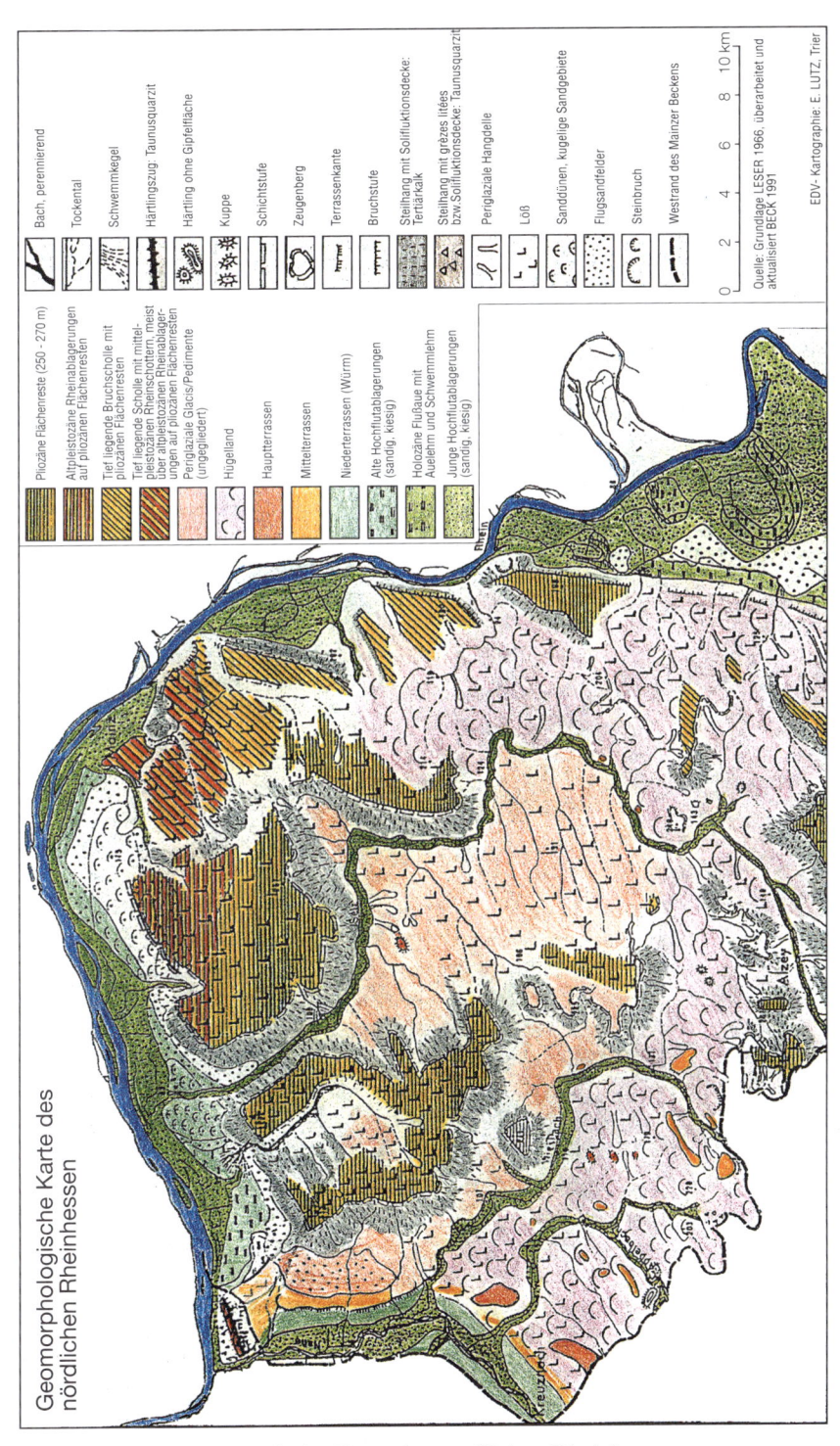

Abb. 113: Geomorphologische Karte des nördlichen Rheinhessen

noch als geschlossenes Plateau in Erscheinung. Der Ostteil der pliozänen Flächen hat an der Budenheim-Marienborner Störung dagegen eine bedeutende Verstellung erfahren. Auf der sich absenkenden Scholle haben sich örtlich plio-pleistozäne Sedimente (SEMMEL 1989, S. 23-28) erhalten, die im flußnahen Bereich der Oberstadt von Mainz und ihren westlichen Vororten von altpleistozänen Rheinschottern überdeckt wurden, auf denen im Mittelpleistozän erneut Rheinschotter abgelagert werden konnten (KANDLER 1970, S. 36 und 37). Die nach Süden leicht ansteigende lößbedeckte Bretzenheimer Fläche ist durch kleine Trockentälchen, die zum „Kesseltal" hin ausgerichtet sind, gegliedert. Der Sporn des Nordostrheinhessischen Plateaus, auf dem die Laubenheimer Höhe (196 m ü. NN) liegt, grenzt den Raum der Bretzenheimer Fläche nach Osten ab und leitet in Steilhängen zur holozänen Niederung des Rheins, der Bodenheimer Aue (85 m ü. NN) über.

Im östlichen Vorland des südlichen Teiles des Ostrheinhessischen Plateaus mit den Höhen „Auf der Muhl" (245 m ü. NN) und „Zornheimer Berg" (244 m ü. NN) lag zwischen 170 und 140 m südlich von Harxheim ein zerschnittenes Fußflächenareal, das in den Süßwasserschichten, dem Cyrenenmergel und dem Schleichsand ausgebildet war und auf dem vereinzelt noch Reste von Lokalschottern angetroffen wurden. Durch die rückschreitende Erosion, die von der nahen und tiefliegenden Erosionsbasis des Rheins zurückgriff, wurden diese Fußflächen am Plateaurand derart fluviatil zerschnitten, daß sie den Charakter eines Hügellandes angenommen haben. Der stark tektonisch gestörte Randbereich der Grabenregion, der Raum um Lörzweiler ist durch den Spatzenbach, den Kinzbach und seine Tributäre sowie den Eichelbach in ein Hügelland aufgelöst worden.

Zu dem fluviatil zerschnittenen Hügelland, das sich im Süden als halbmondförmige Zone zwischen Bad Kreuznach-Alzey und Nackenheim erstreckt, gehören nach der Gliederung von LESER (1969) die Tertiärhügelländer mit den Flußterrassen des Appelbaches und des Wiesbaches im Westen, das Hügelland um Alzey mit dem Petersberg im Süden und Südosten und die fluviatil zerschnittene Gau-Bischofsheim-Lörzweiler Senke im Nordosten.

Das Innere des Nordwestrheinhessischen Tafellandes bilden zwei Plateaus, zwei etwa gleich hoch liegende pliozäne Flächenreste. Der nördliche Flächenrest wird lokal im N als Laurenziberg, im SW als Steinberg und im S als Affenberg bezeichnet. Die südlich davon gelegene Restfläche wird von dem Wörrstädter Plateau eingenommen. Das Nordwestrheinhessische Tafelland ist bis auf den Bereich des Welzbachtales und den Ostrand des Wörrstädter Plateaus durch eine Schichtstufe gekennzeichnet. Östlich des Wörrstädter Plateaus und unterhalb der Schichtstufe sind um die Plateaus Glacis/ Pedimente ausgebildet, die zu den Flußterrassen der Nahe, des Wiesbaches und der Selz überleiten.

Die Abgrenzung der unteren Nahebene (UHLIG 1964) ist nach morphogenetischen Gesichtspunkten auf die Breite der Flußterrassen zu beschränken und lediglich als Naheebene zu bezeichnen (FISCHER 1989, S. 107-108), da der Hang der Schichtstufe und die davor liegenden Glacis genetisch zum Rheinhessischen Plateaukörper gehören. Das typische Bauprinzip des Reliefs, wie es am Nordwestrheinhessischen Plateau in der Abfolge Plateau, Schichtstufe, Glacis und Flußterrasse angetroffen wird, konnte im Hebungsbereich des Südwestens und dem Alzey-Niersteiner Horst und seinen Randgebieten nicht ausgebildet werden. Durch die Heraushebung wurde dort die schützende Kalkdecke abgetragen, so daß die liegenden Mergel und Tone freigelegt wurden, in denen sich durch fluviatile Zerschneidung ein Hügelland entwickelte.

6 ZUSAMMENFASSUNG

Da innerhalb der Arbeit mehrfach Teilergebnisse zusammengefaßt wurden, kann das abschließende Kapitel kurz gefaßt werden.

Nach einsetzender Hebung im Untermiozän wurden die tertiären Sedimente des Mainzer Beckens zum Festland. Eine Schichttafel mit petrographischem Stockwerkbau, die im oberen Teil aus miozänen Kalken, im unteren Abschnitt aus oligozänen Mergeln, Tonen und Sanden aufgebaut ist, wurde herausgehoben. Nach anfänglicher Zerschneidung wurde das wenig gegliederte tertiäre Flachrelief, das sich nur wenig über das Meer erhob, von Ablagerungen des Rheins und Mains bedeckt.

Die obermiozänen Dinotheriensande des Rheins mit ihren lateritischen Bodenrelikten und die pliozänen Arvernensis-Schotter des Mains mit rötlichgelben Latosolen, die auf der Höhe des Rheinhessischen Plateaus und auf den tiefer liegenden Randschollen des Oberrheingrabens vorkommen, sind wichtige Zeitmarken zur Abgrenzung der quartären Reliefentwicklung in Rheinhessen.

Während der kräftigen Heraushebung im Pleistozän zerbrach das Tafelland im nordöstlichen Rheinhessen in einzelne Schollen, die am Grabenrand unterschiedlich weit gehoben bzw. abgesenkt wurden. Die derartig bewegten Randschollen fungierten als Sedimentfallen, so daß auf ihnen mittelpleistozäne Rheinschotter über altpleistozänen Rheinablagerungen angetroffen werden.

In dem tektonisch stabileren Nordwestrheinhessischen Tafelland verlief die pleistozäne Heraushebung und die damit verbundene Zerschneidung ungestörter. Am Außenrand des durch Selz, Wiesbach und Nahe herausgeschnittenen Nordwestrheinhessischen Plateaus führte die Erosion zur Bildung eines Kranzes von sanft abfallenden Vorlandflächen (Fußflächen), die in Sequenzen gestuft vor der Schichtstufe angelegt wurden (Abb. 113). Die Glacis, die im Lockergestein, und die Pedimente, die im Felsgestein eingearbeitet wurden, waren auf die Flußterrassen des Vorfluters eingestellt (vgl. 3.4.6., 3.5.6., 3.5.7.).

Die älteren höher liegenden Fußflächen sind vielfach durch vielgliedrige Deckschichten verhüllt. Ihre Mächtigkeit, Korngröße, Zusammensetzung und Beschaffenheit lassen Rückschlüsse auf die Formungsprozesse und ihre Intensität zu und geben Hinweise auf die jeweiligen Klimaphasen, die an ihrer Entstehung beteiligt waren. Aus der wechselnden Abfolge warmzeitlicher Böden (B_t) und kaltzeitlicher fluviatiler, solifluidaler und äolischer Sedimente kann mit Hilfe der Stratigraphie eine relative Chronologie der Formungsprozesse erstellt werden, aus der das Mindestalter der Überprägung des Reliefsockels erschlossen werden kann. Zu diesem Zweck wurden anhand eines Rasters im Bereich der Plateaus und der Fußflächen Bohrungen durchgeführt. Bodenchemische Analysen, mit deren Hilfe die Kalk-, Eisen- und Humusgehalte ermittelt wurden und die Bestimmung der Korngröße, der Farbe und der Fossilinhalte der Sedimente sowie die ^{14}C-Datierungen waren für die Erstellung der Stratigraphie der Deckschichten erforderlich.

Auf dem Ostrheinhessischen Plateau wurden über pliozänen Schottern des Rheins 5 kaltzeitliche Lösse und 3 interglaziale Verwitterungsböden sowie eine subrezente Schwarzerde beobachtet.

Auf dem Wörrstädter Plateau konnten auf einer abgesunkenen Scholle sogar Sedimente aus der 5. Kaltzeit und der vorangegangenen Warmzeit beobachtet werden.

Zu den älteren Fußflächenresten westlich des Wörrstädter Plateaus gehören die Kalksteinpedimente, die auf die Hauptterrasse des Wiesbaches eingestellt waren. Durch den Fund des Molarrestes des Elephas meridionalis in den oberflächennahen Schotterlagen auf dem benachbarten Stubberg können die Kalksteinpedimente ins Altpleistozän gestellt werden.

Für die oberste Glacisterrasse, die östlich des Wörrstädter Plateaus liegt, kann aufgrund der Decksedimentstratigraphie als Mindestalter für ihre Bildung die 4. Kaltzeit angegeben werden.

Das darunter liegende Glacisterrassenniveau, das auf die Selz eingestellt war, konnte durch den Fund von Vitrina Kochi Andreae im Decksediment des Glacis in die Mindelkaltzeit eingestuft werden. Die Anlage des nächst tieferen Glacisniveaus fällt nach dem Decksedimentaufbau mindestens in die vorletzte Kaltzeit.

Glacisterrassen bei Sprendlingen (Abb. 114: Digitales Höhenmodell Sprendlingen), die auf den Wiesbach eingestellt waren, konnten ebenfalls ins Mittelpleistozän datiert

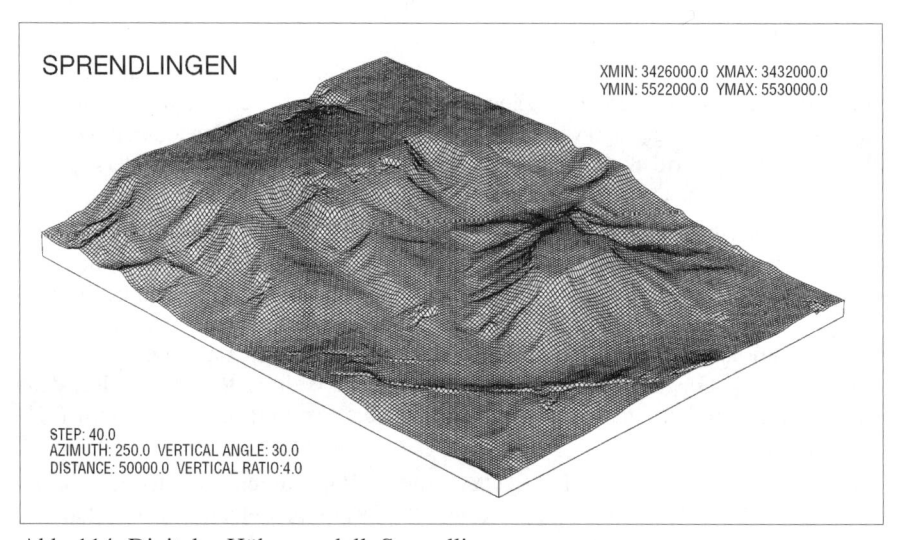

Abb. 114: Digitales Höhenmodell, Sprendlingen (Glacis vor dem Plateaurand und der Wißberg als Auslieger)

werden, da über den Glacisschottern der B_t einer eemzeitlichen pseudovergleyten Parabraunerde liegt, die von einem Würmlößprofil bedeckt ist. Auch im Nahteal sind mehrere Niveaus der mittelpleistozänen Glacis als Flächenreste örtlich vor der Schichtstufe erhalten (Abb. 115: Digitales Höhenmodell, Horrweiler).

Durch die Verzahnung der vom Plateaurand gelieferten Glacisschotter mit den Ablagerungen der Talwegterrasse der Nahe konnte auch ein rißzeitliches Glacis im Nahetal nachgewiesen werden. Das jüngste Glacis der Würmkaltzeit ist weitflächig im Tal der Nahe zwischen einem Rahmen höherer Glacisterrassen ausgebildet. Es zeigt

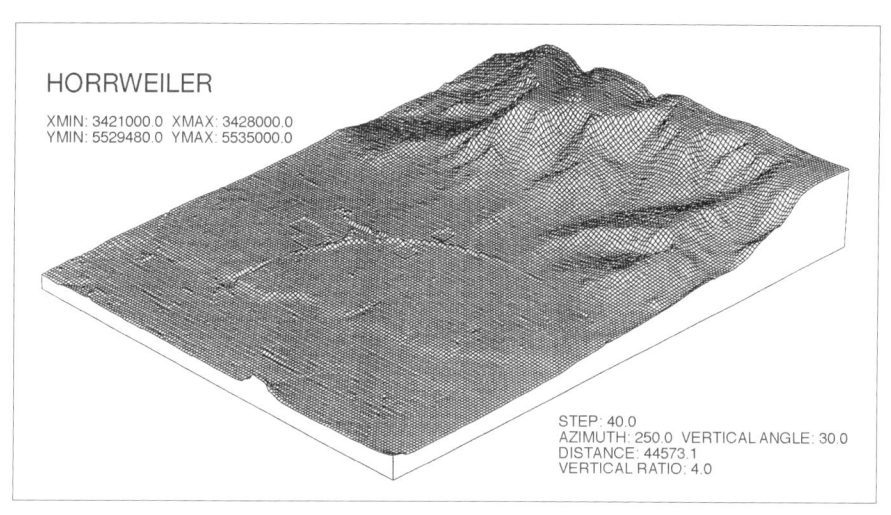

Abb. 115: Digitales Höhenmodell, Horrweiler (Ineinandergeschachtelte Glacisterrassen im Nahetal)

auf dem Glacissockel umgelagertes Schutt- und Schottermaterial, das von spätglazialen Flugsanden überlagert wird und örtlich von umgelagertem Lehm bzw. einer rezenten Braunerde überdeckt ist.

Die Reliefgenerationen im nördlichen Rheinhessen lassen Rückschlüsse darüber zu, wie ein herausgehobener Block mit Randschollenabsenkung und einem petrographischen Stockwerkbau sich unter pleistozänen Formungsbedingungen nach fluviatiler Erstzerschneidung umgestaltete.

Das tektonisch weniger gestörte, gleichmäßiger gehobene Nordwestrheinhessische Tafelland gewinnt als Untersuchungsraum den Charakter einer natürlichen Versuchsanordnung. Daher ist dieser Raum besonders geeignet für den Nachweis, daß am Rand der herausgehobenen Schichttafel nach fluviatiler Erstzerschneidung im Pleistozän in Mitteleuropa die periglaziale Erosion und Denudation zur Bildung eines Kranzes von gestuft übereinander liegenden Glacis und Pedimenten vor der Schichtstufe geführt hat.

Das Antlitz der Rheinhessischen Landschaft wurde im wesentlichen im Pleistozän gestaltet. Selbst die Ränder der tertiären Altflächen wurden im Pleistozän abgeschrägt und im Zentrum der Plateaus kaltzeitliche Lösse angehäuft, die durch fossile warmzeitliche Böden gegliedert sind.

Die holozänen Formbildungen und Prozesse führten nur zu einer unbedeutenden Umziselierung des ererbten Großreliefs. Es sind vor allem die episodischen Rutschungen, die Bodenabspülung an steilen Hängen und die Akkumulation von Abschwemmassen am unteren Hang und Talrand sowie die Ablagerung von Aueböden in den Talsohlen, die in Erscheinung treten.

Als Ergebnis der detaillierten Reliefanalyse kann das nördliche Rheinhessen in das Nordostrheinhessische Tafel- und Bruchschollenland und das Nordwestrheinhessische Tafel-, Glacis- und Pedimentland gegliedert werden, die beide im Süden vom Rheinhessischen Hügelland umgeben sind (Abb. 116: Digitales Höhenmodell, Petersberg).

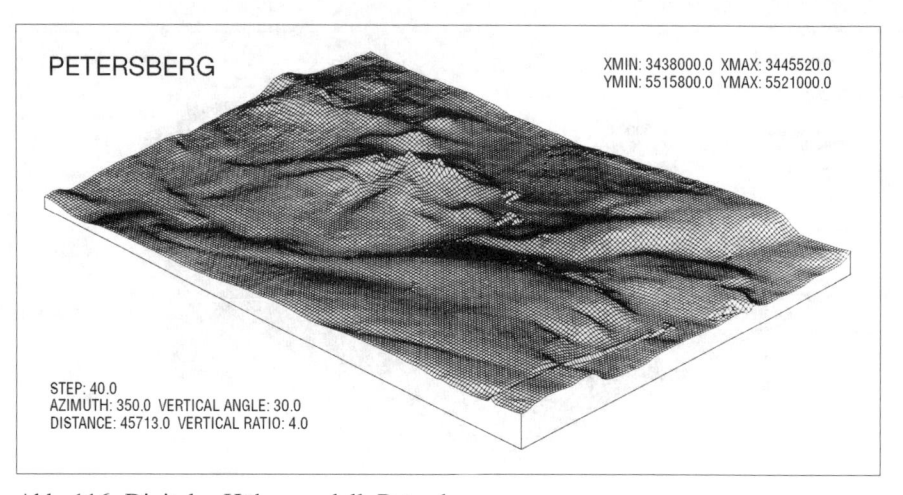

Abb. 116: Digitales Höhenmodell, Petersberg (Ausschnitt aus dem Rheinhessischen Hügelland)

7 VERZEICHNIS DER LABORMETHODEN

1. Korngrößenbestimmung

Die Korngrößen wurden in naturfeuchtem Zustand durch die Fingerprobe im Gelände bestimmt.

2. Farbwertbestimmung

Die Festlegung der Farbwerte der Proben in trockenem und feuchtem Zustand erfolgte mit den Munsell Soil Color Charts; Baltimore.

3. Die Grundlage für die folgenden Analysenmethoden wurden entnommen: Schlichting/Blume (1966): Bodenkundliches Praktikum; Berlin. Da nur geringe Bodenmengen zur Verfügung standen, wurden die Methoden von Dr. E. Burbach, Seminar für Chemie der Universität Koblenz-Landau modifiziert. Genauigkeit und Reproduzierbarkeit entsprachen hierbei mindestens der Originalmethode.

Die folgenden Methoden wurden angewandt:

1. Carbonatbestimmung nach SCHEIBLER (Schlichting/Blume 1966, S. 107-108)

2. Bestimmung der pedogenen Eisenoxide (dithionitlösliches Eisen, FeO) (Schlichting/Blume 1966, S. 110)

3. Bestimmung aktiver Eisenoxide (oxalatlösliches Eisen, FeO) (Schlichting/Blume 1966, S. 109-110)

4. Bestimmung des Kohlenstoffgehaltes durch nasse Veraschung (Schlichting/Blume 1966, S. 121-122)

5. Bestimmung des pH-Wertes (Schlichting/Blume 1966, S. 94)

8   LITERATUR

ABELE, G. (1977): Morphologie und Entwicklung des Rheinsystems aus der Sicht des Mainzer Raumes.- (= Mainzer geogr. Stud. 11, 245-259), Mainz.

AGSTEN, K. & STÖHR, W. (1972): Geologisch-bodenkundliche Untersuchungen im Bereich des Ober-Olmer-Waldes bei Mainz. Ein Beispiel der pliozänen und pleistozänen Schichtfolge am Südrand des Waldgebietes.- Mainzer naturwiss. Arch. 11, 239-256, Mainz.

AMBOS, R. & KANDLER, O. (1987): Einführung in die Naturlandschaft.- Mainzer naturwiss. Arch. 25, 1-28, Mainz.

ANDERSSON, J.G. (1906): Solifluction, a component of subaerial denudation.- I. Geol. 14, 91-112, Chicago.

AHNERT, F. (1954): Zur Frage der rückschreitenden Denudation und des dynamischen Gleichgewichts bei morphologischen Vorgängen.- Erdkunde 8, 61-64, Bonn.

AHNERT, F. (1955): Die Oberflächenformen des Dahner Felsenlandes.- Mitt. Pollichia III, 3-105, Bad Dürkheim.

ALEXANDER, A. (1954): Rheinhessen.- Geogr. Rdsch. 6, 170-177, Braunschweig.

ANDRES, W. (1968): Beobachtungen zur Gliederung eines Würmlößprofils und zur spätwürmzeitlichen und holozänen Hangüberformung bei Marienborn (Rheinhessen).- Mainzer naturwiss. Arch. 7, 131-140, Mainz.

ANDRES, W. (1969): Über vulkanisches Material unterschiedlichen Alters im Löß Rheinhessens.- Mainzer naturwiss. Arch. 8, 134-139, Mainz.

ANDRES, W. (1977): Hangrutschungen im Zellertal (Südrheinhessen) und die Ursachen ihrer Zunahme im 20. Jahrhundert.- Mainzer geogr. Stud. 11, 267-276, Mainz.

ANDRES, W. & PREUß, J. (1983): Erläuterungen zur geomorphologischen Karte 1:25.000 der Bundesrepublik Deutschland.- GMK 25, Blatt 11, 6013 Bingen, 68 S., Stuttgart.

BARTZ, J. (1936): Das Unterpliozän in Rheinhessen.- Jber. Mitt. oberrhein. geol. Ver., N.F. 25, 121-228, Stuttgart.

BARTZ, J. (1940): Die Bohnerzablagerungen in Rheinhessen und ihre Entstehung.- Arch. Lagerstättenforsch. 72, 1-57, Berlin.

BARTZ, J. (1949): Die Gliederung des Pleistozäns im Mainzer Becken.- Geol. Rdsch. 37, 113-114, Stuttgart.

BARTZ, J. (1950): Das Jungpliozän im nördlichen Rheinhessen.- Notizbl. hess. Landesamt Bodenforsch.(VI) 1, 201-243, Wiesbaden.

BARTZ, J. (1961): Die Entwicklung des Flußnetzes in Südwestdeutschland.- J. d. Geol. Landesamt Baden Württemberg 4, 127-135, Freiburg i. Br..

BECK, N. (1972): Studien zur klimagenetischen Geomorphologie im Hoch- und Mittelgebirge des Lukanisch-Kalabrischen Apennin (M. Pollino).- (= Mainzer geogr. Stud. 4, 1-112), Mainz.

BECK, N. (1974): Neuere Untersuchungen zur Geomorphologie im nördlichen Rheinhessen.- Eiszeitalter und Gegenwart 25, 213, Öhringen.

BECK, N. (1976): Untersuchungen zur Reliefentwicklung im nördlichen Rheinhessen.- Erdkunde 30, 73-83, Bonn.

BECK, N. (1977): Fußflächen im unteren Nahegebiet als Glieder der quartären Reliefentwicklung.- (= Mainzer geogr. Stud. 11, 261-266), Mainz.

BECK, N. (1979): Der Autobahnaufschluß Mörstadt-Pfeddersheim (Worms) und seine Bedeutung für die Quartärgeologie und die Reliefentwicklung in Südwestrheinhessen.- Z. dt. geol. Ges. 130, 289-302, Hannover.

BECK, N. (1989): Periglacial Glacis (Pediment) Generations at the Western Margin of the Rhine Hessian Plateau.- Catena Suppl. 15, 189-197, Cremlingen-Destedt.

BEEGER, H., GEIGER, M. & REH, K. (1989): Die Landschaften von Rheinhessen Pfalz - Benennung und räumliche Abgrenzung.- Ber. z. dt. Landeskunde 63, 327-359, Trier.

BENDER, F. (Hrsg., 1981): Angewandte Geowissenschaften.- Bd. 1, 628 S., Stuttgart.

BENDER, F. (Hrsg., 1984): Angewandte Geowissenschaften.- Bd. 3, 674 S., Stuttgart.

BERG, D.E. (1984): Amphibien und Reptilien im „prä-aquitanen" Tertiär des Mainzer Beckens.- Mainzer geowiss. Mitt. 13, 1-117, Mainz.

BIBUS, E. (1971): Zur Morphologie des südöstlichen Taunus und seines Randgebietes.- (= Rhein-Main. Forsch. 74, 1-279), Frankfurt a. M..

BIBUS, E., NAGEL, G. & SEMMEL, A. (1976): Periglaziale Reliefformung im zentralen Spitzbergen.- Catena 3, 29-44, Gießen.

BLACK, R.F. (1954): Permafrost.- A. Review Bull. Geol. Soc. Amer. 65, 839-855, New York.

BLEY, A. (1976): Sicherung von Hängen und Böschungen gegen Rutschungen durch Tiefdrainschlitze.- Vorgänge der Baugrundtagung 1976 in Nürnberg, Dt. Ges. f. Erd- und Grundbau, 699-714, Essen.

BLUME, H. (1971): Probleme der Schichtstufenlandschaft.- (= Erträge der Forschung Bd. 5, 1-177), Darmstadt.

BOENIGK, W. (1982): Der Einfluß des Rheingraben-Systems auf die Flußgeschichte des Rheins.- Z. Geomorph., N.F. Suppl.-Bd. 42, 167-175, Berlin.

BREMER, H. (1965): Quasinatürliche Oberflächenformen.- Methodisches Handbuch für Heimatforschung in Niedersachsen; Veröffentl. d. Inst. Historische Landesforsch. in Niedersachsen 1, 196-204, Göttingen.

BRÜNING, H. (1973): Der Mainzer Raum und das nördliche Rheinhessen im Quartär.- Natur und Museum 103, 284-293, 360-366 und 390-395, Frankfurt a. M..

BRÜNING, H. (1974): Das Quartär-Profil im Dyckerhoff-Steinbruch Wiesbaden (Hessen).- (= Rhein-Main. Forsch. 78, 57-81, Frankfurt a. M..

BRÜNING, H. (1975): Paläogeographisch-ökologische und quartärmorphologische Aspekte im nördlichen und östlichen Mainzer Becken.- Mainzer naturwiss. Arch. 14, 5-91, Mainz.

BRÜNING, H. (1977): Zur Oberflächengenese im zentralen Mainzer Becken.- (= Mainzer geogr. Stud. 11, 227-243), Mainz.

BRUNOTTE, E. (1978): Zur quartären Formung von Schichtkämmen und Fußflächen im Bereich des Markoldendorfer Beckens und seiner Umrahmung (Leine-Weser-Bergland).- (= Göttinger geogr. Abh. 12, 1-135), Göttingen.

BÜDEL, J. (1944): Die morphologischen Wirkungen des Eiszeitklimas im gletscherfreien Gebiet.- Geol. Rdsch. 34 (Klimaheft), 482-519, Stuttgart.

BÜDEL, J. (1959): Periodische und episodische Solifluktion im Rahmen der klimatischen Solifluktionstypen.- Erdkunde 13, 297-314, Bonn.

BÜDEL, J. (1960): Die Gliederung der Würmkaltzeit.- (= Würzburger geogr. Arb. 8, 5-45), Würzburg.

BÜDEL, J. (1969): Der Eisrinden-Effekt als Motor der Tiefenerosion in der exzessiven Talbildungs-Zone.- (= Würzburger geogr. Arb. 25, 1-41), Würzburg.

BÜDEL, J. (1970): Pedimente, Rumpfflächen und Rücklandsteilhänge; deren aktive und passive Rückverlegung in verschiedenen Klimaten.- Z. Geomorph., N.F. 14, 1-57, Berlin.

BÜDEL, J. (1972): Typen der Talbildung in verschiedenen klimamorphologischen Zonen.- Z. Geomorph., N.F. Suppl.- Bd. 14, 1-20, Berlin.

BÜDEL, J. (1981): Klima-Geomorphologie.- 2. Aufl., 304 S., Stuttgart.

BURTON, A.N. (1970): The influence of tectonics on the geotechnical properties of Calabrian Rocks and the mapping of slope instability using areal photographs.- Quart. Jour. Eng. Geology 2, 237-254, London.

CAILLEUX, A. (1952): Morphoskopische Analyse der Geschiebe und Sandkörner und ihre Bedeutung für die Paläoklimatologie.- Geol. Rdsch. 40, 11-19, Stuttgart.

CARRARA, A. & MERENDA, L. (1974): Metodologia per il censimento degli eventi franosi in Calabria.- Geol. Appl. Idrogeol 9, 237-255, Bari.

CARRARA, A. & MERENDA, L. (1976): Landslides Inventory in Northern Calabria, Southern Italy.- Geol. Soc. Amer. Bull. 87, 1229-1246, Boulder.

CARRARA, A., PUGLIESE CARRATELLI, E. & MERENDA, L. (1977): Computer-based data bank and statistical analysis of slope instability phenomena.- Z. Geomorph., N.F. 21, 187-222, Berlin.

COX, A. (1969): Geomagnetic Reversals.- Sci 163, 237-245, Washington.

DEMEK, J. (1978): Periglacial Geomorphology. Present problems and future prospects.- In: Geomorphology. Embleton, C., Brunsden, D. & Jones, D.K.C. (Hrsg.) 1978, 139-153, Oxford.

DEUTSCHER WETTERDIENST (1983): Monatliche Witterungsberichte und Beilage für den Wetteramtsbereich Trier 1978-1982.- Amtsbl. d. dt. Wetterdienstes 26-30, 1-12, Offenbach.

DICKMANN, H., GOEMAN, U., HARRES, H.-P. & SEUFFERT, O. (1981): Raumzeitliche Niederschlagsstrukturen und ihr Einfluß auf das Abtragungsgeschehen am Beispiel kleiner Einzugsgebiete.- Geoökodynamik 2, 219-244, Darmstadt.

DOEBL, F., MOWAHED-AWAL, H., ROTHE, P., SONNE, V., TOBIEN, H., WEILER, H. & WEILER, W. (1972): Ein Aquitan-Profil von Mainz-Weisenau (Tertiär, Mainzer Becken). Mikropaläontologische, sedimentpetrographische und geochemische Untersuchungen zu seiner Gliederung.- Geol. Jb. A 5, 1-41, Hannover.

DOMRÖS, M., EGGERS, H., GORMSEN, E., KANDLER, O., KLAER, W. (Hrsg., 1977): Mainz und der Rhein-Main-Nahe-Raum.- (= Mainzer geogr. Stud. 11, 1-421), Mainz.

DYLIK, J. (1972): Role du ruisellement dans le modele periglaciaire.- (= Göttinger geogr. Abh. 60, 169-180), Göttingen.

EMBLETON, C. & KING, C.A.M. (1975): Glacial and periglacial geomorphology.- 2. Aufl., 203 S., London.

FALKE, H. (1960): Rheinhessen und die Umgebung von Mainz.- (= Sammlung geol. Führer 38, 1-156), Berlin.

FISCHER, H. (1956): Asymmetrische Täler im südwestdeutschen Schichtstufenland, ihre Verbreitung, Entstehung und Abhängigkeit vom eiszeitlichen Klima.- Diss. Univ. Tübingen, 124 S.

FISCHER, H. (1981): Regionalkunde Rheinland-Pfalz und Saarland.- 152 S., München.

FISCHER, H. (1985): Geomorphologische Karte 1:100.000 der Bundesrepublik Deutschland.- GMK 100, Blatt 6, C 5910 Koblenz, Berlin.

FISCHER, H. (1986): Erläuterungen zur geomorphologischen Karte 1:100.000 der Bundesrepublik Deutschland.- GMK 100, Blatt 6, C 5910 Koblenz, 70 S., Berlin.

FISCHER, H. (1989): Rheinland-Pfalz und Saarland. Eine geographische Landeskunde.- Wiss. Länderkunden 8, Bundesrepublik Deutschland und Berlin (West) IV, 264 S., Darmstadt.

FRÄNZLE, O. (1969): Geomorphologie der Umgebung von Bonn. Erläuterungen zum Blatt NW der geomorphologischen Detailkarte 1:25.000.- (= Arb. rhein. Landeskunde 29, 1-58), Bonn.

FRENCH, H.M. (1970): Periglacial Geomorphology.- Process in Physical Geography 1, 126-133, London.

FRENCH, H.M. (1988): The Periglacial Environment.- 309 S., Harlow, Singapore.

FROMM, K. (1986): Der paläomagnetische Befund an der Pliozän-/Pleistozängrenze in Mainz-Weisenau.- Ber. niedersächs. Landesamt Bodenforsch., (unveröffentl.), 17 S., Hannover.

FROMM, K. (1987): Paläomagnetische Befunde in pliozänen und pleistozänen Sedimenten in Rheinhessen.- Ber. niedersächs. Landesamt Bodenforsch., 18 S., Hannover.

FÜCHTBAUER, H. (Hrsg., 1988): Sedimente und Sedimentgesteine.- Sediment-Petrologie II, 4. Aufl., 1141 S., Stuttgart.

FÜRST, M. (1980): Die photogeologische Linearanalyse und ihre Anwendung bei der indirekten Erkundung von Kluftwasser.- Mainzer geowiss. Mitt. 9, 53-81, Mainz.

GARLEFF, K. (1972): Geomorphologische Untersuchungen an Tälern der Hohen Heide.- (= Göttinger geogr. Abh. 60, 181-202), Göttingen.

GARLEFF, K. & LEONTARIS, S.N. (1971): Jungquartäre Taleintiefung und Flächenbildung im Wilseder Berg (Lüneburger Heide).- Eiszeitalter und Gegenwart 22, 148-155, Öhringen.

GEISSERT, F. (1970): Mollusken aus den pleistozänen Mosbacher Sanden bei Wiesbaden, Hessen.- Mainzer naturwiss. Arch. 9, 147-203, Mainz.

GEISSERT, F. (1983): Die Molluskenführung der plio-pleistozänen Deckschichten im Steinbruch Weisenau.- Geol. Jb. Hessen 111, 75-92, Wiesbaden.

GEYH, M.A., BENZLER, J.-H. & ROESCHMANN, G. (1971): Problems of dating Pleistocene and Holocene soils by radiometric methods.- In: Paleopedologyorigin, nature and dating of paleosols. Yaalon, D.H. (editor) 1971, 63-75, Jerusalem.

GEYH, M.A. (1983): Physikalische und chemische Datierungsmethoden in der Quartärforschung.- (= Clausthaler Tektonische Hefte 19, 1-163), Clauthal-Zellerfeld.

GEYH, M.A. & ROESCHMANN, G. (1983 a): The unreliability of ^{14}C dates obtained from buried sandy podzols.- Radiocarbon 25, 409-416.

GÖRG, L. (1984): Das System pleistozäner Terrassen im Unteren Nahetal zwischen Bingen und Bad Kreuznach (= Marburger geogr. Schr. 94), 1-202, Marburg.

GOSSMANN, H. (1981): Fragen und Einsichten zum Einsatz von Hangmodellen in der geomorphologischen Analyse.- Geoökodynamik 2, 205-218, Darmstadt.

GUDEHUS, G. (1981): Bodenmechanik.- 265 S., Stuttgart.

HANKE, L. & MAQSUD, N. (1985): Pedologisch-stratigraphische Untersuchungen in Flugsanden westlich von Mainz (Sandgrube Walter und Lennebergwald).- Mainzer naturwiss. Arch. 23, 201-222, Mainz.

HEITELE, H. & SONNE, V. (1973): Gutachten über die ingenieurgeologischen Gegebenheiten entlang der B 40 im Bereich des Streckenabschnittes Marienborn-Nieder-Olm.- Gutachten des Geol. Landesamtes Rheinland-Pfalz (unveröffentlicht), Az.: 32/967/72, Mainz.

HEITELE, H. & SONNE, V. (1976): Gutachten über die ingenieurgeologischen Verhältnisse im Bereich des Trassenabschnittes der BAB A 63 von Bau-km 11 bis Bau-km 13 (Hang bei Spiesheim).- Gutachten des Geol. Landesamtes Rheinland-Pfalz (unveröffentlicht), Az.: 32/152/74, Mainz.

HEITELE, H. & SONNE, V. (1976 a): Gutachten des Geologischen Landesamtes Rheinland-Pfalz über die ingenieurgeologischen Verhältnisse im Bereich des Trassenabschnittes der BAB A 63 von Bau-km 13 bis Bau-km 23 (Spiesheim-Nieder-Olm).- Gutachten des Geol. Landesamtes Rheinland-Pfalz (unveröffentlicht), Az.: 32/152/74, Mainz.

HJÜLSTRÖM, F. (1932): Das Transportvermögen der Flüsse und die Bestimmung des Erosionsbetrages.- Geogr. Ann. 14, 244-258, Stockholm.

HJÜLSTRÖM, F. (1935): Studies of the morphological activity of rivers as illustrated by the River Fyris.- Bull. Geol. Inst. Univ. Uppsala 25, 221-452.

HOFFMANN, D. (1975): Baugrundgutachten-erdbautechnisches Streckengutachten-Projekt: BAB A 60 vom BAB Kreuz A 61/A 60 zur AS Bingen-Gaulsheim.- (unveröffentlicht), Straßenverwaltung Rheinland-Pfalz in Koblenz, Straßenbauamt Bad Kreuznach, 2.12. 1975, Bad Kreuznach.

ILLIES, H. & BAUMANN, H. (1982): Crustal dynamics and morphodynamics of the Western European Rift System.- Z. Geomorph., N.F. Suppl.-Bd. 42, 135-165, Berlin.

ILLIES, H. & GREINER, G. (1978): Rhinegraben and the Alpine System.- Bull. Geol. Soc. Amer. 89, 770-782, New York.

JAHN, A. (1960): Some remarks on evolution of slopes on Spitzbergen.- Z. Geomorph., N.F. Suppl.-Bd. 1, 49-58, Berlin.

JAHN, A. (1975): Problems of the periglacial Zone.- 223 S., Washington.

JAHNEL, CH. (1982): Gutachten über die ingenieurgeologischen Verhältnisse im Bereich der Rutschung an der B 40 in Ensheim.- Gutachten des Geol. Landesamtes Rheinland-Pfalz (unveröffentlicht), Az.: 32/552/82, Mainz.

KANDLER, O. (1970): Untersuchungen zur quartären Entwicklung des Rheintales zwischen Mainz/Wiesbaden und Bingen/Rüdesheim.- (= Mainzer geogr. Stud. 3, 1-92), Mainz.

KANDLER, O. (1971): Die pleistozänen Flußterrassen im Rheingau und im nördlichen Rheinhessen.- Mainzer naturwiss. Arch. 10, 5-25, Mainz.

KANDLER, O. (1977): Das Klima des Rhein-Main-Nahe-Raumes.- (= Mainzer geogr. Stud. 11, 285-298), Mainz.

KARRASCH, H. (1970). Das Phänomen der klimabedingten Reliefasymmetrie in Mitteleuropa.- (= Göttinger geogr. Abh. 56, 1-299), Göttingen.

KARTE, J. (1979): Räumliche Abgrenzung und regionale Differenzierung des Periglaziärs.- (= Bochumer geogr. Arb. 35, 1-211), Bochum.

KEIL, K. (1954): Ingenieurgeologie und Geotechnik.- 2. Aufl., 1132 S., Halle.

KLAER, W. (1977): Grundzüge der Naturlandschaftsentwicklung von Rheinhessen.- (= Mainzer geogr. Stud. 11, 211-225), Mainz.

KLUG, H. (1959): Das Zellertal. Eine geographische Monographie.- Diss. Univ. Mainz, 214 S.

KLUG, H. (1960): Der Flurname „Horn" und die Morphologie Rheinhessens.- Mitteilungsblatt zur rheinhess. Landeskunde 9, 257-258, Mainz.

Klug, H. (1961): Das Klima Rheinhessens in seiner kleinräumigen Gliederung.- Mitteilungsblatt zur rheinhess. Landeskunde 10, 321-327, Mainz.

KLUG, H. (1964): „Reche" und „Rosseln" in Rheinhessen.- Mitteilungsblatt zur rheinhess. Landeskunde 13, 131-134, Mainz.

KLUPSCH, N.G. (1983): Carbonate Facies and Palaeogeography of the Upper Cerithienschichten and Corbiculaschichten (Tertiary, Mainz Basin, West Germany).- Thesis, 285 S., Swansea (unpubl.).

KLUTE, F. (1949): Rekonstruktion der letzten Eiszeit in Mitteleuropa aufgrund morphologischer und pflanzengeographischer Tatsachen.- Geogr. Rdsch. 1, 121-126 u. 181-189, Braunschweig.

KNIERIEM, F. (1927): Landeskundliche Skizze von Rheinhessen.- Beitr. z. oberrhein. Landeskunde.- (= Festschr. 22. Deutscher Geographentag 91-101), Breslau.

KRAUTER, E. (1980): Möglichkeiten der Klassifizierung und Sanierung von Rutschungen.- Erd- und Grundbautechnik im Straßenbau 3, 83-88, Köln.

KRAUTER, E. & SONNE, V. (1967): Über periglaziale Strukturen im Raume Mainz.- Mainzer naturwiss. Arch. 5/6, 5-15, Mainz.

KRAUTER, E. & STEINGÖTTER, K. (1983): Die Hangstabilitätskarte des linksrheinischen Mainzer Beckens.- Geol. Jb. C 34, 3-31, Hannover.

KRAUTER, E., PLATEN, H. von, QEISSER, A. & STEINGÖTTER, K. (1985): In: Ingenieurgeologische Probleme im Grenzbereich zwischen Locker- und Festgesteinen. HEITFELD, K.-H. (Hrsg.) 1985, 280-295, Berlin.

KRIETER, M. (1977): Standortökologische Untersuchungen in rheinhessischen Weinbaukulturen.- (= Mainzer geogr. Stud. 11, 309-313), Mainz.

KRIETER, M. (1986): Bodenerosion in rheinhessischen Weinbergen-Ursachen, Folgen und Verhinderung aus landschaftsökologischer Sicht.- (= Mainzer geogr. Stud. 20, 1-139), Mainz.

KUGLER, H. (1985): Allgemeine Geomorphologie.- In: Lehrbuch der Physischen Geographie. HENDL, M. (Hrsg.) 1985, 77-89, Frankfurt.

LACHENBRUCH, A. (1966): Contraction theory of the ice-wedge polygons: A qualitative discussion.- Permafrost Internat. Conf. (Lafayette 1963).- Proc. Nat. Acad. Sci., Nat. Res. Counc. Publ., 1287, 63-71, Washington.

LACHENBRUCH, A. (1969): Mechanics of thermal contraction cracks and ice-wedge polygons in permafrost-Special GSA Papers 70, 1-69, New York.

LAUBER, H.L. (1941): Untersuchungen über die Rutschungen im Tertiär des Mainzer Beckens, speziell die vom Jakobsberg bei Ockenheim (Bingen).- Geologie und Bauwesen 13, 27-59, Wien.

LESER, H. (1966): Geomorphologische Übersichtskarte des Rheinhessischen Hügellandes.- Ber. z. dt. Landeskunde 36, 65-88, Bad Godesberg.

LESER, H. (1967): Beobachtungen und Studien zur quartären Landschaftsentwicklung des Pfrimmgebietes (Südrheinhessen).- (= Arb. rhein. Landeskunde 24, 1-442), Bonn.

LESER, H. (1967 a): Geomorphologische Spezialkarte des rheinhessischen Tafel- und Hügellandes.- Erdkunde 21, 161-168, Bonn.

LESER, H. (1969): Landeskundlicher Führer durch Rheinhessen.- (= Sammlung geogr. Führer 5, 1-253), Berlin.

LESER, H. (1970): Die fossilen Böden im Lößprofil Wallertheim.- Eiszeitalter und Gegenwart 21, 108-121, Öhringen.

LESER, H. & MAQSUD, N. (1975): Spätglaziale bis frühholozäne Steppenbodenbildung und Klimaentwicklung im südlichen Rheinhessischen Tafel- und Hügelland.- Eiszeitalter und Gegenwart 26, 118-130, Öhringen.

LIEDTKE, H. (1969): Grundzüge und Probleme der Entwicklung der Oberflächenformen des Saarlandes und seiner Umgebung.- (=Forsch. z. dt. Landeskunde 183, 1-63), Trier.

LIEDTKE, H. (1981): Die nordische Vereisung in Mitteleuropa.- 2. Aufl. (= Forsch. z. dt. Landeskunde 204, 1-307), Trier.

LIEDTKE, H. (1981 a): Die Haverbecker Platte als Beispiel einer abluaen Abdachung.- In: Beiträge zur Glazialmorphologie und zum periglaziären Formenschatz. LIEDTKE, H. (Hrsg.), (= Bochumer geogr. Arb. 40, 122-124), Paderborn.

LOUIS, H. (1966): Heterolithische und homolithische Schichtstufen.- Tijschr. v. h. koninkl. ned. aerd. genootsch., Tw. R. 83, 266-271, Amsterdam.

LOUIS, H. (1968): Allgemeine Geomorphologie.- 3. Aufl., 522 S., Berlin.

LOUIS, H. & FISCHER, K. (1979): Allgemeine Geomorphologie.- 4. Aufl., 814 S., Berlin.

LOZINSKI, W. v. (1909): Über die mechanische Verwitterung der Sandsteine im gemäßigten Klima.- Bulletin International de l'Academic des Sciences de Cracovie Classe des Sciences Mathematiques et Naturelles 1, 1-25, Krakau.

LUDWIG, M. (1974): Beobachtungen zum Hangperiglazial an der Hechtsheimer Höhe; Ziegeleigrube Richardt- Mainz-Hechstheim.- Mainzer naturwiss. Arch. 12/13, 181-195, Mainz.

LUDWIG, M. (1977): Zur Bodengeographie des Rheinhessischen Tafel- und Hügellandes.- (= Mainzer geogr. Stud. 11, 277-282), Mainz.

MATTHES, F.E. (1900): Glacial sculpture of the Bighorn Mountains, Wyoming.- US. Geol. Surv. Annu. Rep. 21, 167-190, Washington.

MENSCHING, H. (1960): Periglazialmorphologie und quartäre Entwicklungsgeschichte der Hohen Rhön und ihres östlichen Vorlandes.- (= Würzburger geogr. Arb. 7, 1-40), Würzburg.

MENSCHING, H. (1964): Die regionale und klimatisch-morphologische Differenzierung von Bergfußflächen auf der Iberischen Halbinsel.- (= Würzburger geogr. Arb. 12, 141-158), Würzburg.

MEYER, H.-H. & KOTTMEIR, C. (1989): Die atmosphärische Zirkulation im Hochglazial der Weichsel-Eiszeit-abgeleitet Paläowind-Indikatoren und Modellsimulationen.- Eiszeitalter und Gegenwart 39, 10-18, Hannover.

MOSLER, H. (1964): Studien zur Oberflächengestalt des östlichen Hunsrücks und seiner Abdachung zur Nahe.- (= Forsch z. dt. Landeskunde 158, 1-84), Bad Godesberg.

MORTENSEN, H. (1955): Die quasinatürlichen Oberflächenformen als Forschungsproblem.- Wiss. Z. Univ. Greifswald 4, Math.-Nat. R. 6/7, 625-628, Greifswald.

MÜLLER-MINY, H. & BÜRGENER, M. (1971): Die naturräumlichen Einheiten auf Blatt 138 Koblenz.- Geographische Landesaufnahme 1:200.000, Naturräumliche Gliederung Deutschlands, 82 S., Bad Godesberg.

NEGENDANK, J. (1969): Über permische und tertiäre Magmatite im Untergrund des Mainzer Beckens.- Geol. Rdsch. 58, 502-512, Stuttgart.

NEUFFER, F.O. (1973): Die Bivalven des Unteren Meeressandes (Rupelium) im Mainzer Becken.- Abh. hess. Landesamt Bodenforsch. 68, 1-113, Wiesbaden.

PANZER, W. (1959): Der Nahedurchbruch bei Bingen.- Mitteilungsbl. z. rheinhess. Landeskunde 8, 198-203, Mainz.

PANZER, W. (1962): Das Gesicht der Landschaft.- In: Rheinhessen und das Nahetal. MARTIN, G. (Hrsg.) 1962, 11-17, Essen.

PANZER, W. (1966): Zur Frage des Nahedurchbruchs bei Bingen.- Z. rhein. naturf. Ges. 4, 9-16, Koblenz.

PANZER, W. & KMITTA, E. (1968): Topographisch-morphologische Kartenprobe 1:25.000 II, Mittelgebirge, 4. Durchbruchstal der Nahe bei Bingen.- 14 S., Koblenz.

PECSI, M. (1987): Loess and Environment.- XIIth International Congress of the International Union for Quaternary Research (INQUA) Ottawa 1987, Catena Suppl. Bd. 9, 1-144, Cremlingen-Destedt.

PLASS, W. (1973): Pliozäne Latosole in Rheinhessen.- Notizbl. hess. Landesamt Bodenforsch. 101, 337-345, Wiesbaden.

PLASS, W., SCHEER, H.D. & SEMMEL, A. (1977): Löß-Sedimente und rote Böden im Altpleistozän Rheinhessens.- Catena 4, 181-188, Gießen.

POSER, H. (1932): Einige Untersuchungen zur Morphologie Ostgrönlands.- Medd. Grönland 94, 5, 1-55, Kopenhagen.

POSER, H. (1947): Dauerfrostboden und Temperaturverhältnisse während der Würmeiszeit im nicht vereisten Mittel- und Westeuropa.- Naturwiss. 34, 10-18, Berlin-Göttingen.

POSER, H. (1947 a): Auftautiefe und Frostzersetzung im Boden Mitteleuropas während der Würmeiszeit.- Naturwiss. 34, 232-238 u. 262-267, Berlin-Göttingen.

POSER, H. (1948): Boden- und Klimaverhältnisse in Mittel- und Westeuropa während der Würmzeit.- Erdkunde 2, 53-68, Bonn.

POSER, H. & MÜLLER, TH. (1951): Studien an den asymmetrischen Tälern des niederbayerischen Hügellandes.- Nachr. Akad. Wiss. Göttingen, math.-phys. Kl., Jg. 1951, Nr. 1, 1-32, Göttingen.

PREUß, J. (1983): Pleistozäne und postpleistozäne Geomorphodynamik an der nordwestlichen Randstufe des Rheinhessischen Tafellandes.- (= Marburger geogr. Schr. 93, 1-175), Marburg.

PUTNAM, W.C. (1969): Geologie.- 559 S., Berlin.

RATHJENS, C. (1953): Über Klima und Formenschatz der Späteiszeit.- Geologica Bavarica 19, 186-194, München.

RICHTER, G. (1965): Bodenerosion; Schäden und gefährdete Gebiete in der Bundesrepublik Deutschland.- (= Forsch. z. dt. Landeskunde 152, 1-592), Bad Godesberg.

RICHTER, G. (1972): Hohlwege bei Alsheim.- In: Neuer Luftbildatlas Rheinland-Pfalz, Bd. 2. SPERLING, W. & STRUNK, E. (Hrsg.) 1972, 154-155, Neumünster.

ROHDENBURG, H. (1965): Untersuchungen zur pleistozänen Formung am Beispiel der Westabdachung des Göttinger Waldes.- (= Gießener geogr. Schr. 7, 1-76), Gießen.

ROHDENBURG, H. (1968): Jungholozäne Hangformung in Mitteleuropa-Beiträge zur Kenntnis, Deutung und Bedeutung ihrer räumlichen und zeitlichen Differenzierung.- Göttinger bodenkundl. Ber. 6, 3-107, Göttingen.

ROHDENBURG, H. & SEMMEL, A. (1971): Bemerkungen zur Stratigraphie des Würmlösses im westlichen Mitteleuropa.- Notizbl. hess. Landesamt Bodenforsch. 99, 246-252, Wiesbaden.

ROTHAUSEN, K. H. & SONNE, V. (1984): Mainzer Becken.- (= Sammlung geol. Führer 79, 1-203), Stuttgart.

ROTHAUSEN, K. H. & SONNE, V. (1987): Das Mainzer Becken.- (Exkursion D am 23. und 24. April 1987). Jber. Mitt. oberrhein. Geol. Ver., N.F. 69, 91-108, Stuttgart.

SCHEER, H.-D. (1989): Pleistozän/Holozän.- In: Erläuterungen zur geologischen Karte von Rheinland-Pfalz 1:25.000, Blatt 6015 Mainz. SONNE, V. (Hrsg.) 1989, 28-36, Mainz.

SCHENK, E. (1955): Die Mechanik der periglazialen Strukturböden.- Abh. hess. Landesamt Bodenforsch. 13, 92 S., Wiesbaden.

SCHMIDTGEN, O. & WAGNER, W. (1929): Eine altpleistozäne Jagdstelle bei Wallertheim in Rheinhessen.- Notizbl. Ver. Erdkunde. hess. geol. Landesanstalt (V) 11, 59-89, Darmstadt.

SCHÖNHALS, E., ROHDENBURG, H. & SEMMEL, A. (1964): Ergebnisse neuerer Untersuchungen zur Würmlöß-Gliederung in Hessen.- Eiszeitalter und Gegenwart 15, 199-206, Öhringen.

SCHUNKE, E. (1974): Formungsvorgänge an Schneeflecken im isländischen Hochland.- Abh. Akad. Wiss. Göttingen, Math.-Phys.-Kl. 3, Folge 29, 274-286, Göttingen.

SCHWARZBACH, M. (1966): Das Klima des rheinischen Tertiärs.- Z. dt. geol. Ges. 118, 33-68, Hannover.

SCHWARZBACH, M. (1974): Das Klima der Voreiszeit.- 3. Aufl., 380 S., Stuttgart.

SEMMEL, A. (1961): Beobachtungen zur Genese von Dellen und Kerbtälchen im Löß.- (= Rhein-Main. Forsch. 50, 135-140), Frankfurt a. M..

SEMMEL, A. (1964): Junge Schuttdecken in hessischen Mittelgebirgen.- Notizbl. hess. Landesamt für Bodenforsch. 92, 275-285, Wiesbaden.

SEMMEL, A. (1966): Zur Entstehung von Flächen und Stufen im nördlichen Rhönvorland.- Tag.-Ber. und wiss. Abh. Deutscher Geographentag Bochum 1965, 340-349, Wiesbaden.

SEMMEL, A. (1967): Neue Fundstellen von vulkanischem Material in hessischen Lössen.- Notizbl. hess. Landesamt Bodenforsch. 95, 1o4-108, Wiesbaden.

SEMMEL, A. (1968): Studien über den Verlauf jungpleistozäner Formung in Hessen.- (= Frankfurter geogr. Hefte 45, 1-133), Frankfurt a. M..

SEMMEL, A. (1969): Das Quartär.- In: Erläuterungen zur geologischen Karte von Hessen 1:25.000, Blatt 5919 Hochheim a. Main. KÜMMERLE, E. & SEMMEL, A. (Hrsg.) 1969, 51-99, Wiesbaden.

SEMMEL, A. (1969 a): Verwitterung und Abtragungserscheinungen in rezenten Periglazialgebieten (Lappland und Spitzbergen).- (= Würburger geogr. Arb. 26, 1-82), Würzburg.

SEMMEL, A. (1969 b): Bemerkungen zur Würmlößgliederung im Rhein-Main-Gebiet.- Notizbl. hess. Landesamt Bodenforsch. 97, 395-399, Wiesbaden.

SEMMEL, A. (1972): Geomorphologie der Bundesrepublik Deutschland.- (= Beihefte der Geogr. Z. 30, 1-149), Wiesbaden.

SEMMEL, A. (1972 a): Untersuchungen zur jungpleistozänen Talentwicklung in deutschen Mittelgebirgen.- Z. Geomorph.,N.F. Suppl.- Bd. 14, 104-112, Berlin.

SEMMEL, A. (1972 b): Fragen der Quartärstratigraphie im Mittel- und Oberrhein-Gebiet.- Jber. Mitt. oberrhein. geol. Ver., N.F., 61-71, Stuttgart.

SEMMEL, A. (1974): Der Stand der Eiszeitforschung im Rhein-Main-Gebiet.- (= Rhein-Main. Forsch 78, 9-56, Frankfurt a.M..

SEMMEL, A. (1977): Grundzüge der Bodengeographie.- 120 S., Stuttgart.

SEMMEL, A. (1983): Die plio-pleistozänen Deckschichten im Steinbruch Mainz-Weisenau.- Geol. Jb. Hessen 11, 219-233, Wiesbaden.

SEMMEL, A. (1985): Periglazialmorphologie.- (= Erträge der Forschung Bd. 231, 1-116), Darmstadt.

SEMMEL, A. (1989): Tertiär/Quartär.- In: Erläuterungen zur geologischen Karte von Rheinland-Pfalz 1:25.000, Blatt 6015 Mainz. SONNE, V. (Hrsg.) 1989, 23-33, Mainz.

SEMMEL, A. & STÖHR, W. (1974): Schuttdeckengliederung im Taunus und auf dem Rheinhessischen Plateau.- (= Rhein-Main. Forsch 78, 187-189), Frankfurt a. M..

SEMMEL, A. & FROMM, K. (1976): Ergebnisse paläomagnetischer Untersuchungen an quartären Sedimenten des Rhein-Main-Gebietes.- Eiszeitalter und Gegenwart 27, 18-25, Öhringen.

SEUFFERT, O. (1968): Klimatische und nichtklimatische Faktoren der Fußflächenbildung im Bereich der Gebirgsvorländer und Grabenregionen Sardiniens.- Geol. Rdsch. 58, 98-110, Stuttgart.

SEUFFERT, O. (1970): Die Reliefentwicklung der Grabenregion Sardiniens (Ein Beitrag zur Frage der Entstehung von Fußflächen und Flächensystemen).- (= Würzburger geogr. Arb. 24, 1-129), Würzburg.

SEUFFERT, O. (1976): Formenstile im Relief der Erde. Programmierung, Prozesse und Produkte der Morphodynamik im Abtragungsbereich.- (= Braunschweiger geogr. Stud., Sonderheft 1, 1-171), Braunschweig.

SEUFFERT, O. (1981): Zur Theorie der Fließwassererosion.- In: Geoökodynamik 2, 141-164, Darmstadt.

SEUFFERT, O. (1981 a): Geomorphodynamik und Niederschlagsstruktur.- (= Würzburger geogr. Arb. 53, 217-243), Würzburg.

SINDOWSKI, K.H. (1937): Zur Sedimentpetrographie des Oberpliozäns und Altdiluviums der mittleren Oberrheinebene.- Z. dt. geol. Ges. 89, 409-418, Berlin.

SKEMPTON, A.W. (1964): Long-term Stability of Clay Slopes.- Geotechnique 14, 77-101, London.

SONNE, V. (1965): Die Ablagerungen des Aquitans in der Umgebung von Mainz.- In: Wilhelm-Weiler Festschrift (= Senkenbergiana lethaea 46 a, 377-388), Frankfurt a. M..

SONNE, V. (1969): Das Mainzer Becken.- Führer zur Oligozän-Exkursion 1969, 84-113, Marburg.

SONNE, V. (1969 a): Die Entwicklung des Alzey-Niersteiner Horstes seit Beginn des Tertiärs.- Jber. Mitt. oberrhein. geol. Ver., N.F.-Bd. 51, 81-86, Stuttgart.

SONNE, V. (1972): Erläuterungen zur geologischen Karte von Rheinland-Pfalz 1:25.000, Blatt 6115 Undenheim, 102 S., Mainz.

SONNE, V. (1972 a): Geologische Karte von Rheinland-Pfalz im Maßstab 1:25.000, Blatt 6115 Undenheim, Mainz.

SONNE, V. (1973): Ein Profil im Grenzbereich Schleichsand/Cyrenen-Mergel in Rheinhessen (Tertiär, Mainzer Becken).- Mainzer geowiss. Mitt. 2, 105-114, Mainz.

SONNE, V. (1973 a): Zur Geologie des Niersteiner Horstes und seiner Umgebung.- In: Topogr. Atlas Rheinland-Pfalz. LIEDTKE, H., SCHARF, G. & SPERLING, W. (Hrsg.) 1973, 168-169, Neumünster.

SONNE, V. (1974): Einführung in die Geologie des Mainzer Beckens.- Jber. Mitt. oberrhein. geol. Ver., N.F.-Bd. 56, 35-41, Stuttgart.

SONNE, V. (1978): Tiefenlinienplan des Talbodens der Rhein-Nieder-Terrasse zwischen Budenheim bei Mainz und Bingen-Kempten.- Mainzer naturwiss. Arch. 16, 83-90, Mainz.

SONNE, V. (1989): Erläuterungen zur geologischen Karte von Rheinland-Pfalz 1:25.000, Blatt 6015 Mainz, 106 S., Mainz.

SONNE, V. & HEITELE, H. (1971): Gutachten über Geologie und ingenieurgeologische Hinweise zur Autobahntrasse A 14 im Abschnitt Frankenthal-Bingen.- Gutachten des Geol. Landesamtes Rheinland-Pfalz (unveröffentlicht), Az.: 32/644/69, Mainz.

SONNE, V. & STÖHR, W. TH. (1959): Bimsvorkommen im Flugsandgebiet zwischen Mainz und Ingelheim.- Jber. Mitt. oberrhein. geol. Ver., N.F.-Bd. 41, 103-116, Stuttgart.

SPANG, F.J. (1923): Der Wißberg und seine Umgebung.- Rheinhessen in seiner Vergangenheit 3, 1-114, Mainz.

SPERLING, W. (1970): Landeskundliche Einleitung.- In: Luftbildatlas Rheinland-Pfalz. SPERLING, W. & STRUNK, E. (Hrsg.) 1970, 9-23, Neumünster.

SPERLING, W. (1973): Landeskundliche Einleitung.- In: Topographischer Atlas Rheinland-Pfalz. LIEDTKE, H., SCHARF, G. & SPERLING, G. (Hrsg.) 1973, 9-19, Neumünster.

STÄBLEIN, G. (1968): Reliefgenerationen der Vorderpfalz.- (= Würzburger geogr. Arb. 23, 1-191, Würzburg.

STÄBLEIN, G. (1983): Polarer Permafrost - klimatische Bedingungen und geomorphodynamische Auswirkungen.- Geoökodynamik 4, 227-248, Darmstadt.

STEINGÖTTER, K. (1984): Hangstabilitäten im linksrheinischen Mainzer Becken.- Ingenieurgeologische Untersuchungen und kartenmäßige Darstellung.- Diss. Univ. Mainz, 208 S., Mainz.

STEUER, A. (1911): Erläuterungen zur geologischen Karte des Großherzogtums Hessen im Maßstab 1:250.000, Blatt Oppenheim.- 32 S., Darmstadt.

STEUER, A. (1911 a): Über die Rutschungen im Cyrenenmergel bei Mölsheim und anderen Orten in Rheinhessen.- Notizbl. d. Ver. f. Erdkunde u. d. Großherz. Geol. Landesanstalt Darmstadt (IV) 31, 106-114, Darmstadt.

STÖHR, W. TH. (1966): Die Bimseruptionen im Laacher-See-Gebiet, ihre Bedeutung für die Quartärforschung und Bodenkunde im Mainzer Becken und in den südlichen Teilen des Rheinischen Schiefergebirges.- Z. dt. Geol. Ges. 116, 994-1003, Hannover.

STÖHR, W. TH. (1966 a): Übersichtskarte der Bodentypen-Gesellschaften von Rheinland-Pfalz, 1:25.000, Mainz.

STÖHR, W. TH. (1967): Der Mainzer Sand und seine Randgebiete im Wandel der Erd- und Landschaftsgeschichte.- Mainzer naturwiss. Arch. 5/6, 5-15, Mainz.

STÖHR, W. TH. (1967 a): Die Böden des Landes Rheinland-Pfalz.- Mitt. dt. bodenkundl. Ges. 6, 17-30.

STÖHR, W. TH. (1972): Böden.- In: Erläuterungen zur geologischen Karte von Rheinland-Pfalz, 1:25.000, Blatt 6115 Undenheim. SONNE, V. (Hrsg.) 1972, 53-65, Mainz.

STÖHR, W. TH. (1972 a): Über Funde von Großresten der allerödzeitlichen Berg- und Haken-Kiefer und des Wacholders aus dem Mainzer Sand.- Mainzer naturwiss. Arch. 11, 129-140, Mainz.

STÖHR, W. TH. (1974): Paläoboden und Bodenrelikte im Mainzer Becken und ihre Umformung durch das Periglazialklima im Pleistozän.- Mitt. dt. bodenkundl. Ges. 18, 354-359, Göttingen.

STÖHR, W. TH. (1974 a): Aufgrabung im Ober-Olmer Wald westlich Mainz.- In: Das Eiszeitalter im Rhein-Main-Gebiet. SEMMEL, A. (Hrsg.) 1974, (= Rhein-Main. Forsch. 78, 189), Frankfurt a. M..

STÖHR, W. TH. & AGSTEN, K. (1970): Quartärgeologisch-bodenkundliche Untersuchungen im Bereich des Ober-Olmer-Waldes bei Mainz. Vorläufige Ergebnisse der Untersuchungen über Ausmaß und Entstehungsgeschichte von Periglazial-Erscheinungen.- Mainzer naturwiss. Arch. 9, 66-82, Mainz.

TERZAGHI, K. (1951): Mechanism of Landslides.- Havard Soil Mech. Ser. 36, 83-123, (Havard Univ. Press), Cambrigde, Mass.

THIEM, W. (1972): Geomorphologie des westlichen Harzrandes und seiner Fußregion.- (= Jb. geogr. Ges. Hannover, Sonderheft 6, 1-271), Hannover.

THÜNE, W. & STÖHR, W. TH. (1980): Zur Frage von Zirkulationsanomalien in Mitteleuropa während der Eiszeiten aufgrund von Lößablagerungen.- Berliner geowiss. Abh. 19, 235-236, Berlin.

TOBIEN, H. (1980): A Note on the Mastodont Taxa (Proboscidea, Mammalia) of the „Dinotheriensande" (Upper Miocene, Rheinhessen, Federal Republic of Germany).- Mainzer geowiss. Mitt. 9, 187-201, Mainz.

TOBIEN, H. (1980 a): Taxonomie Status of some Cenozoic mammalian local faunas from the Mainz Basin.- Mainzer geowiss. Mitt. 9, 203-235, Mainz.

TOBIEN, H. (1980 b): Säugerfaunen von der Grenze Pliozän/Pleistozän in Rheinhessen. Die Spaltenfüllungen von Gundersheim bei Worms.- Mainzer geowiss. Mitt. 8, 209-218, Mainz.

TOPP, M. (1966): Agrargeographie von Ingelheim.- (= Forsch. z. dt. Landeskunde 155, 1-119, Bad Godesberg.

TRICART, J. (1951): Die Entstehungsbedingungen des Schichtstufenreliefs im Pariser Becken.- Pet. Geogr. Mitt. 95, 98-105, Gotha.

TRICART, J. (1967): Le modele des regions periglaciares.- In: Traite de Geomorphologie 2. TRICART, J. & CAILLEUX, A. (Hrsg.) 1967, 512 S., Paris.

TROLL, C. (1944): Strukturböden, Solifluktion und Frostklimate der Erde.- Geol. Rdsch. 34, 7/8 (Klimaheft), 545-694, Stuttgart.

TROLL, C. (1947): Die Formen der Solifluktion und die periglaziale Bodenabtragung.- Erdkunde 1, 162-175, Bonn.

TROLL, C. (1948): Der subnivale oder periglaziale Zyklus der Denudation.- Erdkunde 2, 1-21, Bonn.

TROLL, C. (1973): Rasenabschälung (turf exfoliation) als periglaziales Phänomen der subpolaren Zonen und der Hochgebige.- Z. Geomorph., N.F. Suppl.-Bd. 17, 1-32, Berlin.

TUCKERMANN, W. (1927): Die oberrheinische Tiefebene und ihre Randgebiete als Verkehrsland.- Geogr. Z. 33, 264-274 u. 314-321.

UHLIG, H. (1953/61): Alzeyer Hügelland.- In: Handbuch der naturräumlichen Gliederung Deutschlands. MEYNEN, E. & SCHMITTHÜSEN, J. u.a. (Hrsg.) 1953/61, 332-333, Bad Godesberg.

UHLIG, H. (1953/62): Unteres Nahetal.- In: Handbuch der naturräumlichen Gliederung Deutschlands. MEYNEN, E. & SCHMITTHÜSEN, J. (Hrsg.) 1953/62, 334-336, Bad Godesberg.

UHLIG, H. (1964): Die naturräumlichen Einheiten auf Blatt 6150 Mainz.- Geographische Landesaufnahme 1:200.000, Naturräumliche Gliederung Deutschlands, 39 S., Bad Godesberg.

VEDER, C. (1979): Rutschungen und ihre Sanierung.- 227 S., Wien.

WAGNER, W. (1926): Geologische Karte von Hessen 1:25.000, Blatt 6113 Wöllstein-Kreuznach und Erläuterungen.- Darmstadt.

WAGNER, W. (1926 a): Erläuterungen zur geologischen Karte von Hessen 1:25.000, Blatt 6113 Wöllstein-Kreuznach.- 118 S., Darmstadt.

WAGNER, W. (1930): Geologische Karte von Hessen 1:25.000, Blatt 6013 Bingen-Rüdesheim.- Darmstadt.

WAGNER, W. (1930 a): Bemerkungen zur tektonischen Skizze des westlichen Mainzer Beckens.- Notizbl. Ver. Erdkunde, hess. geol. Landesanstalt (V) 12, 185-188, Darmstadt.

WAGNER, W. (1931): Erläuterungen zur geologischen Karte von Hessen 1:25.000, Blatt 6014 Ober-Ingelheim, 118 S., Darmstadt.

WAGNER, W. (1931 a): Die ältesten linksrheinischen Diluvialterrassen zwischen Oppenheim-Mainz und Bingen.- Notizbl. Ver. Erdkunde, hess. geol. Landesanstalt (V) 13, 177-187, Darmstadt.

WAGNER, W. (1932): Über die ältesten diluvialen Rhein-Main-Ablagerungen und Lösse zwischen Oppenheim, Mainz und Bingen.- Z. dt. geol. Ges. 83, 658-659, Berlin.

WAGNER, W. (1933): Die Schollentektonik des nordwestlichen Rheinhessens.- Notizbl. Ver. Erdkunde u. hess. geol. Landesanstalt (V) 14, 31-45, Darmstadt.

WAGNER, W. (1935): Geologische Karte von Hessen 1:25.000, Blatt 6114 Wörrstadt.- Darmstadt.

WAGNER, W. (1940): Bodenversetzungen und Bergrutsche im Mainzer Becken.- Geol. u. Bauwesen 13, 17-23, Wien.

WAGNER, W. (1941): Der Bergrutsch am Petersberg bei Gau-Odernheim 1940.- Bautechnik 19, 4-8, Berlin.

WAGNER, W. (1947): Das Gebiet des unterpliozänen Ur-Rheines in Rheinhessen und seine Tierwelt.- Naturwiss. 34, 171-176, Berlin-Göttingen.

WAGNER, W. (1950): Diluviale Tektonik im Senkungsbereich des nördlichen Rheintalgrabens und an seinen Rändern.- Notizbl. hess. Landesamt Bodenforsch. (VI) 1, 177-192, Wiesbaden.

WAGNER, W. (1960): Vom Urrhein zum heutigen Rhein im Raum Worms-Mainz-Bingen.- Boehringer Z. 1, 3-8, Ingelheim/Rhein.

WAGNER, W. (1961): Der Rheingraben zwischen Mainz und Bingen.- Z. dt. geol. Ges. 112, 591-592, Stuttgart.

WAGNER, W. (1962): Der Rhein im Rheingraben und im Mainzer Becken.- Beiträge zur Rheinkunde 14, 22-34, Koblenz.

WAGNER, W. (1972): Über Pleistozän und Holozän in Rheinhessen (Mainzer Becken).- Mainzer geowiss. Mitt. 1, 192-197, Mainz.

WAGNER, W. (1973): Die unterpliozänen Dinotherien-Sande und ihre Fauna im Gebiet des Blattes 6114 Wörrstadt (Mainzer Becken).- Mainzer geowiss. Mitt. 2, 149-160, Mainz.

WAGNER, W. & MICHELS, F. (1930): Erläuterungen zur geologischen Karte von Hessen 1:25.000, Blatt Bingen-Rüdesheim, 167 S., Darmstadt.

WAGNER, W. & SCHMIDTGEN, O. (1930): Alte Rheinkiese und ältester Flugsand am Lenneberg bei Mainz.- Notizbl. Ver. Erdkunde, hess. geol. Landesanstalt (V) 12, 119-127, Darmstadt.

WALLRAUCH, E. (1969): Verwitterung und Entspannung bei überkonsolidierten tonig-schluffigen Gesteinen Südwestdeutschlands.- Diss. Univ. Tübingen, 184 S..

WASHBURN, A.L. (1969): Weathering, frost action and patterned ground in the Mesters Vig district, Northeast Greenland.- Medd. om Gronland 176, 303 S., Kopenhagen.

WASHBURN, A.L. (1973): Periglacial Processes and Environments.- 320 S., London.

WASHBURN, A.L. (1979): Geocryology. A survey of periglacial processes and environments.- 406 S., London.

WEILER, W. (1952): Pliozän und Diluvium im südlichen Rheinhessen. I. Teil: Das Pliozän und seine organischen Einschlüsse.- Notizbl. hess. Landesamt Bodenforsch. (VI) 3, 147-170, Wiesbaden.

WEILER, W. (1953): Pliozän und Diluvium im südlichen Rheinhessen. II. Teil: Das Diluvium.- Notizbl. hess. Landesamt Bodenforsch. 81, 206-235, Wiesbaden.

WEILER, W. (1965): Ein Tuffband mit „Kissenboden" aus dem Jung-Pleistozän Süd-Rheinhessens.- Notizbl. hess. Landesamt Bodenforsch. 93, 193-195, Wiesbaden.

WEISCHET, W. (1954): Die gegenwärtige Kenntnis vom Klima in Mitteleuropa beim Maximum der letzten Vereisung.- Mitt. geogr. Ges. München 39, 95-116, München.

WEISE, O. (1983): Das Periglazial. Geomorphologie und Klima in gletscherfreien, kalten Regionen.- 199 S., Berlin.

WICHE, K. (1961): Beiträge zur Formenentwicklung der Sierren am unteren Segura (Südostspanien).- Mitt. Österr. geogr. Ges. 103 II, 125-127, Wien.

WICHE, K. (1963): Fußflächen und ihre Deutung.- Mitt. Österr. geogr. Ges. 105, 519-532, Wien.

WICHE, K. (1970): Die Fußflächentreppe des Mittleren Burgenlandes.- Arb. BGLD 44, 5-58, Eisenstadt.

WIRTHMANN, A. (1961): Zur Geomorphologie der nördlichen Oberpfälzer Senke.- (= Würzburger geogr. Arb. 9, 1-41), Würzburg.

WIRTHMANN, A. (1977): Erosive Hangentwicklung in verschiedenen Klimaten.- Z. Geomorph., N.F.-Bd. 28, 42-61, Berlin.

ZAKOSEK, H. (1962): Zur Genese und Gliederung der Steppenböden im nördlichen Oberrheintal.- (= Abh. hess. Landesamt Bodenforsch. 37, 1-46), Wiesbaden.

ZIEHEN, W. (1969): Über Osteokollen.- Natur und Museum 99, 145-154, Frankfurt a. M..

ZIEHEN, W. (1970): Wald und Steppe in Rheinhessen. Ein Beitrag zur Geschichte der Naturlandschaft.- (= Forsch. z. dt. Landeskunde 196, 1-154), Bad Godesberg.

ZIEHEN, W. (1972): Altersbestimmungen an Osteokollen.- Natur und Museum 102, 353-357, Frankfurt a. M..

Forschungen zur deutschen Landeskunde

Auszug aus dem Verzeichnis der lieferbaren Bände:

Bd 150 P. Schöller: Neugliederung, Prinzipien und Probleme der politisch-geographischen Neuordnung Deutschlands und das Beispiel des Mittelrheingebietes. 1965.   DM 24,00

Bd 151 M. Fesl: Die Städte um Wien und ihre Rolle im Wandel der Zeit. 1968.   DM 33,00

Bd 153 I. Kretschmer: Die thematische Karte als wissenschaftliche Aussageform der Volkskunde. Eine Untersuchung zur volkskundlichen Kartographie. 1965.   DM 8,50

Bd 154 H.W. Hahn: Die Wandlungen der Raumfunktion des zwischenstädtischen Gebietes zwischen Ruhr und Wupper. 1966.   DM 27,50

Bd 155 M. Topp: Agrargeographie von Ingelheim. Eine wirtschaftsgeographische Untersuchung. 1966.   DM 22,50

Bd 156 H. Brüning: Vorkommen und Entwicklungsrhythmus oberpleistozäner Periglazial-Erscheinungn und ihr Wert für pleistozäne Hangformung. Dargestellt an Beispielen aus dem Bereich der nördlichen Lößgrenze, aus dem Leinetal und den Leinetalrandgebieten. 1966.   DM 24,00

Bd 157 W. Schaefer: Hochrhein. Landschafts- und Siedlungsveränderung im Zeitalter der Industrialisierung. 1966   DM 18,80

Bd 158 H. Mosler: Studien zur Oberflächengestaltung des östlichen Hunsrücks und seiner Abdachung zur Nahe. 1966.   DM 10,50

Bd 159 H.-J. Klink: Naturräumliche Gliederung des Ith-Hils-Berglandes. Art und Anordnung der Physiotope und Ökotope. 1966.   DM 27,50

Bd 160 W. Wendling: Sozialbrache und Flurwüstung in der Weinbaulandschaft des Ahrtals. 1966.   DM 23,00

Bd 161 A. Rühl: Das hessische Bergland. Eine forstlich-vegetationsgeographische Übersicht. 1967.   DM 30,50

Bd 162 J. Dodt: Der Fremdenverkehr im Moseltal zwischen Trier und Koblenz. 1967.   DM 24,00

Bd 163 W. Taubmann: Bayreuth und sein Verflechtungsbereich. Wirtschafts- und sozialgeographische Entwicklung in der neueren Zeit. 1968.   DM 38,00

Bd 164 L. Bierwirth: Siedlung und Wirtschaft im Lande Hadeln. Eine kulturgeographische Untersuchung. 1967.   DM 12,00

Bd 165 Th. Eisenhardt: Klimaschwankungen im Rhein-Main-Gebiet seit 1880. 1968.   DM 12,50

Bd 166 H.-G. Steinberg: Sozialräumliche Entwicklung und Gliederung des Ruhrgebietes. 1967. DM 29,50

Bd 167 A. Siebert: Der Baustoff als gestaltender Faktor niederländischer Kulturlandschaften. Beitrag zur niedersächsischen Landeskunde und allgemeinen Kulturgeographie. 1969.   DM 22,50

Bd 168 H. Friedmann: Alt-Mannheim im Wandel seiner Physiognomie, Struktur und Funktionen. (1606-1965). 1968.   DM 27,00

Bd 169 K.-D. Wiek: Regionale Schwerpunkte und Schwächezonen in der Bevölkerungs-, Erwerbs- und Infrastruktur Deutschlands. Bemerkungen zu ihrer Erfassung. 1967.   DM 8,80

Bd 170 H. Klages: Die Entwicklung der Kulturlandschaft im ehemaligen Fürstentum Blankenburg. Historisch-geographische Untersuchungen über das Werk des Oberjägermeisters Johann Georg von Langen im Harz. 1968.   DM 25,00

Bd 171 R. Graafen: Die Verteilung und Entwicklung (1817-1965) der Bevölkerung in den Landschaften des Kreises Neuwied un in der (Koblenz-) Neuwieder Talweitung. 1969.   DM 30,50

Bd 172 W. Framke. Die deutsch-dänische Grenz in ihrem Einfluß auf die Differenzierung der Kulturlandschaft. 1968   DM 62,00

Bd 173 I. Ferger: Lüneburg. Eine siedlungsgeographische Untersuchung. 1969.   DM 34,50

Bd 174 L. Bäuerle: Verstädterte Siedlungen im Moor beiderseits der deutsch-niederländischen Grenze. 1969.   DM 30,50

Bd 176 E. Glässer: Der Dülmener Raum. Neuere Untersuchungen zur Frage des ländlichen Siedlungs- und Wirtschaftswesens im Sand- und Lehmmünsterlandin der Auseinandersetzung mit dem Naturraumgeschehen. 1968.   DM 17,50

Bd 177 H. Dierschke: Die naturräumliche Gliederung der Verdener Geest. Landschaftsökologische Untersuchungen im nordwestdeutschen Altmoränengebiet. 1969.   DM 43,00

Bd 178 P. Ergenzinger u. G. Jannsen: Grundsätze für geomorphologische Karten am Beispiel des Entwurfs zu einer geomorphologischen Übersichtskarte von West-Mitteleuropa im Maßstab 1:500 00. 1969.   DM 8,70

Bd 179 L. Hempel: Bodenerosion in Süddeutschland. Erläuterungen zu Karten von Baden-Württemberg, Bayern, Hessen, Rheinland-Pfalz und Saarland. 1968.   DM 21,00

Bd 180 H. Schaefer: Gonsenheim und Bretzenheim. Ein stadtgeographischer Vergleich zweier Mainzer Außenbezirke. 1968. DM 16,50

Bd 181 K. Mausch: Häufigkeit und Verteilung bodengefährdender sommerlicher Niederschläge in Westdeutschland nördlich des Mains zwischen Weser und Rhein. 1970. DM 10,50

Bd 185 I. Dörrer: Die tertiäre und periglaziale Formengestaltung des Steigerwaldes, insbesondere des Schwanberg-Friedrichsberg-Gebietes. Eine morphologische Untersuchung zum Problem der Schichtstufenlandschaft. 1970. DM 18,00

Bd 186 W. Rutz: Die Brennerverkehrswege: Straße, Schiene, Autobahn-Verlauf und Leistungsfähigkeit. 1970. DM 19,50

Bd 187 H.-J. Klink II: Das naturräumliche Gefüge des Ith-Hils-Berglandes. Begleittext zu den Karten. 1969. DM 22,90

Bd 188 F. Scholz: Die Schwarzwald-Randplatten. Ein Beitrag zur Kulturgeographie des nördlichen Schwarzwaldes. 1971. DM 36,00

Bd 189 Ch. Hoppe: Die großen Flußverlagerungen des Niederrheins in den letzten zweitausend Jahren und ihre Auswirkungen auf Lage und Entwicklung der Siedlungen. 1970. DM 25,50

Bd 190 H. Boehm: Das Paznauntal. Die Bodennutzung eines alpinen Tales auf geländeklimatischer, agrarökologischer und sozialgeographischer Grundlage. 1970. DM 72,00

Bd 191 H. Lehmann: Die Agrarlandschaft in den linken Nebentälern des oberen Mittelrheins und ihr Strukturwandel. 1972. DM 26,50

Bd 192 F. Disch: Studien zur Kulturgeographie des Dinkelberges. 1971. DM 46,00

Bd 195 E. Riffel: Mineralöl-Fernleitungen im Oberrheingebiet und in Bayern. 1970. DM 19,00

Bd 196 W. Ziehen: Wald und Steppe in Rheinhessen. Ein Beitrag zur Geschichte der Naturlandschaft. 1970. DM 20,00

Bd 197 J. Rechtmann: Zentralörtliche Bereiche und zentrale Orte in Nord- und Westniedersachsen. 1970. DM 35,00

Bd 198 W. Hassenpflug: Studien zur rezenten Hangüberformung in der Knicklandschaft Schleswig-Holsteins. 1971. DM 35,00

Bd 200 R. Pertsch: Landschaftsentwicklung und Bodenbildung auf der Stader Geest. 1970. DM 50,00

Bd 201 H.P. Dorfs: Wesel. Eine stadtgeographische Monographie mit einem Vergleich zu anderen Festungsstädten. 1972. DM 21,00

Bd 202 K. Filipp: Frühformen und Entwicklungsphasen südwestdeutscher Altsiedellandschaften unter besonderer Berücksichtigung des Rieses und Lechfelds. 1972. DM 16,50

Bd 203 S. Kutscher: Bocholt in Westfalen. Eine stadtgeographische Untersuchung unter besonderer Berücksichtigung des inneren Raumgefüges 1971. DM 52,00

Bd 205 H. Schirmer: Die räumliche Verteilung der Bänderstruktur des Niederschlags in Süd- und Südwestdeutschland. Klimatologische Studie für Zwecke der Landesplanung. 1973.
(kl. Restbestand) DM 47,50

Bd 206 W. Plapper: Die kartographische Darstellung von Bevölkerungsentwicklungen. Veranschaulicht am Beispiel ausgewählter Landkreise Niedersachsens, insbesondere des Landkreises Neustadt am Rübenberge. 1975. DM 16,50

Bd 207 M.J. Müller: Untersuchungen zur pleistozänen Entwicklungsgeschichte des Trierer Moseltals und der „Wittlicher Senke". 1976. (kl. Restbestand) DM 30,00

Bd 209 H. Vogel: Das Einkaufszentrum als Ausdruck einer kulturlandschaftlichen Innovation. 1978. DM 66,00

Bd 211 J.F.W. Negendank: Zur känozoischen Geschichte von Eifel und Hunsrück (Sedimentpetrographische Untersuchungen im Moselbereich) 1978. DM 39,00

Bd 212 R. Kurz: Ferienzentren an der Ostsee. Geographische Untersuchungen zu einer neuen Angebotsform im Fremdenverkehrsraum. 1979. DM 52,00

Bd 214 G. Richter, M.J. Müller, J.F.W. Negendank: Landschaftsökologische Untersuchungen zwischen Mosel und unterer Ruwer (in Vorbereitung)

Bd 215 H.-M. Closs: Die nordbadische Agrarlandschaft - Asekte räumlicher Differenzierung. 1980. DM 62,00

Bd 216 W. Weber: Die Entwicklung der nördlichen Weinbaugrenze in Europa. 1980. DM 76,00

Bd 218 R. Ruppert: Räumliche Strukturen und Orientierungen der Industrie in Bayern. 1981. DM 75,00

Bd 219 M. Hofmann: Belastung der Landschaft durch Sand- und Kiesabgrabungen, dargestellt am Niederrheinischen Tiefland. 1981. DM 58,00

Bd 220 D. Barsch / G. Richter: Geowissenschaftliche Kartenwerke als Grundlage einer Erfassung des Naturraumpotentials. 1983. DM 58,00

Bd 221 H. Leser: Geographisch-landeskundliche Erläuterungen der topographischen Karte 1:100 00 des Raumordnungsverbandes Rhein-Neckar. 1984. DM 38,00

Bd 222 H. Liedtke: Namen und Abgrenzungen von Landschaften in der Bundesrepublik Deutschland. 1984. DM 36,00

Bd 223 Deutsche Landeskunde: 100 Jahre Zentralausschuß zur deutschen Landeskunde 1882-1982; 100 Jahre Forschungen zur deutschen Landeskunde 1885-1985. (in Vorbereitung)

Bd 224 V. Hempel: Staatliches Handeln im Raum und politisch-räumlicher Konflikt (mit Beispielen aus Baden-Württemberg). 1985. DM 78,00

Bd 225 L. Zöller: Geomorphologische und quartärgeologische Untersuchungen im Humsrück-Saar-Nahe-Raum. 1985. DM 75,00

Bd 226 F. Schaffer: Angewandte Stadtgeographie. Projektstudie Augsburg. 1986. DM 72,00

Bd 227 K. Eckart: Veränderungen der agraren Nutzungsstruktur in beiden Staaten Deutschlands. 1985. DM 49,50

Bd 228 H. Leser / H.-J. Klink (Hrsg.): Handbuch und Kartieranleitung Geoökologische Karte 1:25 000 (KA GÖK 25). Bearbeitet vom Arbeitskreis Geoökologische Karte und Naturräumpotential des Zentralausschusses für deutsche Landeskunde. 1988. DM 24,80

Bd 229 R. Marks / M.J. Müller / H. Leser / H.-J. Klink (Hrsg.): Anleitung zur Bewertung des Leistungsvermögens des Landschaftshaushaltes (BA LVL). 2. Auflage 1992. DM 24,80

Bd 230 J. Alexander: Das Zusammenwirken radiometrischer, anemometrischer und topologischer Faktoren im Geländeklima des Weinbaugebietes an der Mittelmosel. 1988. DM 49,00

Bd 231 H. Möller: Das deutsche Messe- und Ausstellungswesen. Standortsstruktur und räumliche entwicklung seit dem 19. Jahrhundert. 1989. DM 65,00

Bd 232 H. Kreft-Kettermann: Die Nebenbahnen im österreichischen Alpenraum - Entstehung, Entwicklung und Problemanalyse vor dem Hintergrund gewandelter Verkehrs- und Raumstrukturen. 1989. DM 76,70

Bd 233 K.-A. Boesler u. H. Breuer: Standortrisiken und Standortbedeutung der Nichteisen-Metallhütten in der Bundesrepublik Deutschland. 1989. DM 47,60

Bd 234 R. Gerlach: Die Flußdynamik des Mains unter dem Einfluß des Menschen seit dem Spätmittelalter. 1990. DM 75,00

Bd 235 M. Renners: Geoökologische Raumgliederung der Bundesrepublik Deutschland. DM 49,00

Bd 236 S. Pacher: Die Schwaighofkolonisation im Alpenraum. Neue Forschungen aus historisch-geographischer Sicht. 1993. DM 59,00

Bd 237 N. Beck: Reliefentwicklung im nördlichen Rheinhessen unter besonderer Berücksichtigung der periglazialen Glacis- und Pedimentbildung. 1995. (im Druck)

Bd 238 K. Mannsfeld u. H. Richter (Hrsg.): Naturräume in Sachsen. 1995. (im Druck)

Bd 239 H. Liedtke: Namen und Abgrenzungen von Landschaften in der Bundesrepublik Deutschland. Mit Karte im Maßstab 1 : 1 000 000. 1994. DM 39,00

Bd 240 H. Greiner: Die Chancen neuer Städte im Zentralitätsgefüge unter Berücksichtigung benachbarter gewachsener Städte - dargestellt am Beispiel des Einzelhandels in Traunreut und Waldkraiburg (im Druck)

Neudruck/Neubearbeitung älterer Hefte:

Bd XXVIII, 1 Th. Kraus: Das Siegerland. Ein Industriegebiet im Rheinischen Schiefergebirge. 1969. DM 13,75

Bd XXVIII, 4 A. Krenzlin: Die Kulturlandschaft des hannoverschen Wendlands. 1969. DM 9,50

Bd XXVI, 3 E. Meynen: Das Bitburger Land. 1967. DM 12,10

Bd 199 B. Andreae u. E. Greiser: Strukturen deutscher Agrarlandschaft. Landbaugebiete und Fruchtfolgesysteme in der Bundesrepublik Deutschland. 2. überarb. Aufl. 1978. DM 38,00

Bd 204 H. Liedtke: Die nordischen Vereisungen in Mitteleuropa. Erläuterung zu einer farbigen Übersichtskarte im Maßstab 1:1 000 000. 2. überarb. Aufl. 1981. DM 75,00